W0268977

Harry Lehmann
Torsten Reetz

Zukunftsenergien

Strategien einer neuen Energiepolitik

Springer Basel AG

Die Deutsche Bibliothek – CIP-Einheitsaufnahme

Lehmann, Harry:
Zukunftsenergien : Strategien einer neuen Energiepolitik /
Harry Lehmann ; Torsten Reetz. – Berlin ; Basel ; Boston :
Birkhäuser, 1995
  (Wuppertal-Paperbacks)
  ISBN 978-3-7643-5144-1   ISBN 978-3-0348-5653-9 (eBook)
  DOI 10.1007/978-3-0348-5653-9
NE: Reetz, Torsten:

© 1995 Springer Basel AG
Ursprünglich erschienen bei Birkhäuser Verlag GmbH 1995.
Umschlaggestaltung: Matlik und Schelenz, Essenheim
Gedruckt auf säurefreiem Papier, hergestellt aus chlorfrei gebleichtem Zellstoff

Inhaltsverzeichnis

Geleitwort von
Ernst Ulrich von Weizsäcker

Tschernobyl und der Treibhauseffekt haben uns zum Umdenken gezwungen. Vor zehn Jahren konnte man noch glauben, die Alternative hieße entweder Kohle oder Kernkraft. Heute wissen wir, daß diese beiden Energiequellen hoch problematisch sind. Die Solarenergie ist im Kommen. Die Marktpreise sinken. Deutschland ist im Begriff, zum führenden Windenergieland Europas zu werden. Die Geschäftswelt fängt an, sich ernstlich zu interessieren.

Parallel zur Entwicklung der erneuerbaren Energiequellen gilt es, eine »Effizienzrevolution« im Umgang mit dem knappen Faktor Energie auszulösen. Eine Vervierfachung der Energieproduktivität ist technisch in Reichweite. Viele Schritte sind sogar noch kostengünstiger als die erneuerbaren Energiequellen.

Effizienzrevolution und erneuerbare Energiequellen werden irgendwann im 21. Jahrhundert die Energiepolitik dominieren. Diejenigen Länder, die sich auf diese Realität frühzeitig einstellen, werden den Vorsprung haben und damit entsprechende Exportchancen.

Dieses Buch ist nicht von Romantikern für Romantiker geschrieben. Es wendet sich vielmehr an die Pragmatiker mit Blick für die Zukunft. Nützliche technologische Übersichten und politische Einsichten kennzeichnen das Buch. Jetzt ist die Politik an der Reihe.

Das »Perpetuum solare« ist möglich: Ein politisches Wort von Hermann Scheer

Viele Jahrzehnte galt im politischen Alltagsbewußtsein Energiepolitik als ein unpolitisches Thema. Sie stand außerhalb des ideellen oder tagespolitischen Parteienstreits. Über die beiden Grundziele der Energieversorgung bestand Einigkeit aller, ob Sozialdemokrat oder Christdemokrat, ob in »West« oder in »Ost«: Es galt, eine kontinuierliche und möglichst billige Energieversorgung sicherzustellen. Diese Aufgaben wurden an die Energiewirtschaft delegiert, und diese formulierte sachverständig die Rahmenbedingungen, die von der Politik dann gesetzlich festgelegt wurden. Die Energiepolitik war ein Arkanum der energiewirtschaftlichen Fachleute. Es gab »Energiekonsens«.

Dieses innenpolitische Verständnis von Energiepolitik stand im merkwürdigen Kontrast zu den energiepolitischen Konflikten früherer Jahrzehnte und der außenpolitischen Behandlung der Energiefrage, die stets hochpolitisch war. Innenpolitisch gab es in den ersten Jahrzehnten unseres Jahrhunderts massive Auseinandersetzungen zwischen den Kommunen, die mittels ihrer Stadtwerke eine eigene kommunale Energiewirtschaft betrieben (und daraus auch – insbesondere in ihrer Finanzkrise in der Weimarer Republik – teilweise erhebliche kommunale Einnahmen erzielten) und den sich herausbildenden Großunternehmen der Stromversorgung. Dieser Konflikt wurde mit dem Energiewirtschaftsgesetz von 1935 – tatsächlich eine Art Energieermächtigungsgesetz – zugunsten letzterer entschieden. Und in der internationalen Politik stand die, notfalls erpresserische, Sicherung der Energiequellen stets im Vordergrund von außenpolitischen Strategien, was jedoch in den Jahren nach dem zweiten Weltkrieg aus den innenpolitischen Konsensidyllen über die Energieversorgung verdrängt wurde.

Letzteres änderte sich schlagartig seit den Konflikten um die Atomenergie, die Mitte der siebziger Jahre entbrannten und die den Start der Ökologiebewegung markierten. Der Konflikt eskalierte: anfangs zwischen der Anti-AKW-Bewegung und den Parteien und politischen Institutionen; danach in den Parteien und zwischen den Parteien, besonders nach dem Einzug der Grünen ins Parlament; danach auch zwischen politischen Institutionen. Er spitzte sich weiter zu, als mit der seit Mitte der achziger Jahre aufkeimenden Klimadebatte auch die fossilen Energieträger mehr und mehr grundsätzlich infragegestellt wurden. Je konfliktreicher die Energiedebatte wurde, desto mehr erschallte die Forderung der Energiewirtschaft an die Politik, doch endlich wieder einen Energiekonsens sicherzustellen. Sie meinen damit, daß sie doch bitte wieder in Ruhe gelassen werden sollen. Sie wollen endlich wieder als »Fachleute« unter sich sein, beanspruchen das Monopol des Sachverstands und verwahren sich gegen »ideologische«, vermeintlich sachfremde und irrationale Interventionen einer irregeleiteten Öffentlichkeit.

Doch ein Konsens wird erst wieder möglich sein, wenn die grundlegende Weichenstellung zu den Energiequellen definitiv und unumkehrbar eingeleitet ist, die als einzige die Bezeichnung »Zukunftsenergie« verdienen: die erneuerbaren Energien. Der Grund ist eindeutig: da die Gefahren der Atomenergie und der fossilen Energien keine eingebildeten, sondern höchst reale sind, wird sich die Infragestellung der auf sich diese Energien stützenden Unternehmen der Energiewirtschaft und Strukturen der Energieversorgung zuspitzen – korrespondierend zu den sich dadurch zuspitzenden Gefahren. Irrational und »ideologisch« ist nicht die Forderung nach einer Ablösung des atomar/fossilen Energiesystems, sondern das Festhalten daran.

Die Politik steht damit immer deutlicher vor der Wahl, ob sie sich zum Sachverwalter einer strukturkonservativen Energiewirtschaft macht, und damit eine zunehmende Entfremdung zwischen Bürgern und politischen Institutionen riskiert – oder ob sie sich zum Entscheidungsträger für die Durchsetzung der regenerativen und ökologisch verträglichen Zukunftsenergien macht, und dafür den unvermeidlichen Konflikt mit der gegenwärtigen Energiewirtschaft auszuhalten bereit ist. Sie steht damit vor der Frage, ob sie bereit ist, das öffentliche Interesse vor das Interesse eines mächtigen Wirtschaftszweiges zu stellen. Die Frage, wie sich die einzelnen Parteien, die Parlamente und die öffentlichen Institutionen auf diesen objektiven Konflikt subjektiv einstellen, entscheidet künftig über das Schicksal der jeweiligen Parteien und über die Akzeptanz des politischen Systems – und damit über die Instabilität oder Stabilität des Gemeinwesens. Denn eines ist sicher: Die verheerenden Konsequenzen der atomar/fossilen Energiewandlung sind weltweit unübersehbar geworden, und mit dem wachsenden Energiebedürfnis einer wachsenden Menschheit breiten sich die unbezahlbaren Hypotheken für die kommende Generation und die Verwüstungen der Ökosphäre rapide aus. Gleichzeitig drohen, wegen der dabei zusehends knapper werdenden Energieressourcen, dramatische internationale Konflikte.

Die erneuerbaren Energien sind angesichts dessen eine einzigartige Chance: kein »deus machina«, sondern ein »deus ex sole«. Es ist nachvollziehbar, warum sich die Energiewirtschaft in einer breiten Ablehnungshaltung befindet. Ihre Investitionen in die herkömmlichen Energieträger und in die darauf zugeschnittenen Versorgungsstrukturen stehen bei einem grundlegenden energiepolitischen Prioritätenwechsel in einem Ausmaß zur Disposition, wie es bei keinem Wirtschaftszweig bisher auch nur annähernd vergleichbar der Fall war. Die Energiewirtschaft befindet sich in der Situation eines selbstgefesselten Dinosauriers. Doch nicht nachvollziehbar ist, warum die Politik die sich mit den erneuerbaren Energien ergebenden handgreiflichen Zukunftschancen nicht schon lange mit vollen Händen ergriffen hat. Sie zeigen, wie in diesem Buch ausgeführt, daß – bei konsequenter Nutzung und forcierter Weiterentwicklung der Technologien zur Umwandlung der erneuerbaren Energien in nutzbare Energien – ein »perpetuum solare« möglich ist, das die Eigenschaften eines »perpetuum mobile« erfüllt, wenn wir uns die von der Natur kostenlos angebotene Sonnenenergie hinzudenken.

Die Sonnenenergie, so erklärte uns bereits der Chemienobelpreisträger Wilhelm Ostwald Anfang des 20. Jahrhunderts in seinem Buch über »Die energetischen Grundlagen der Kulturwissenschaft«, ist das einzige wirkliche Zusatzeinkommen, das die Erde regelmäßig hat. Demgegenüber ist die Nutzung der in der Erde gelagerten Energiespeicher nichts weiter als eine grandiose Umverteilung vorhandener Ressourcen, und bekanntlich geht jede Umverteilung zu Lasten anderer. Wirtschaftliches Wachstum, aufbauend auf atomarer und fossiler Energienutzung, ist deshalb ein endliches Konzept für die Zivilisation – endlich in bezug auf die Verfügbarkeit der Ressourcen und auf die ökologischen Umwandlungsfolgen, die uns eine »Ökonomie des Todes« bescheren. Es ist naturwissenschaftlich eindeutig, daß dauerhaftes Wirtschaften nur mit dem »perpetuum solare« möglich ist – und damit eine Perspektive für die Menschheit ohne fatale Folgen und fatalistische Rücksichtslosigkeiten in den zwischengesellschaftlichen und zwischenmenschlichen Beziehungen. Deshalb sind die erneuerbaren Energien weit mehr als nur alternative, umweltfreundlichere Energietechniken – sie sind eine neue Basis für ein tragfähigeres Zivilisationsmodell, ein neues politisches Grundlagenprogramm für Wirtschaft und Gesellschaft.

Dennoch überwiegen immer noch Einstellungen bei politischen Repräsentanten, das gute Einvernehmen mit den Interessen der strukturkonservativen Energiewirtschaft einem neuen Einvernehmen mit dem öffentlichen Interesse vorzuziehen, das heute ohne konsequenten ökologischen Bezug nicht mehr zu definieren ist. Was auch immer die Gründe dafür sind (in meinem Buch »Sonnenstrategie« mit dem Untertitel »Politik ohne Alternative« habe ich sie zu beschreiben versucht), sie sind nicht hinnehmbar, vor allem nicht von den politischen Akteuren selbst. Soweit diese aber über die solare Zukunftsenergie uninformiert sind, weil sie von den Experten der atomar/fossilen Vergangenheitsenergien desinformiert sind, so kann dem abgeholfen werden, mit Hilfe des hier vorliegenden Buches.

12

Ein Vorwort:
Lasset uns endlich seßhaft werden

Abbildung 1: Erde mit schaufelnden Männern und Photovoltaikmodul. Es gibt eine Grenze für Fläche, Material und Energieverbrauch.

Weit draußen in den unerforschten Einöden eines total aus der Mode gekommenen Ausläufers des westlichen Spiralarms der Galaxis leuchtet unbeachtet eine kleine gelbe Sonne. Um sie kreist in einer Entfernung von ungefähr achtundneunzig Millionen Meilen ein absolut unbedeutender, kleiner blau-grüner Planet, dessen vom Affen stammende Bioformen so erstaunlich primitiv sind, daß sie Digitaluhren noch immer für eine unwahrscheinlich tolle Erfindung halten.

Dieser Planet hat – oder besser gesagt, hatte – ein Problem: Die meisten seiner Bewohner waren fast immer unglücklich. Zur Lösung dieses Problems wurden viele Vorschläge gemacht, aber die drehten sich meistens um das Hin und Her kleiner bedruckter Papierscheinchen, und das ist einfach drollig, weil es im großen und ganzen ja nicht die kleinen bedruckten Papierscheinchen waren, die sich unglücklich fühlten.

Und so blieb das Problem bestehen. Vielen Leuten ging es schlecht, den meisten sogar miserabel, selbst denen mit Digitaluhren.

Viele kamen allmählich zu der Überzeugung, einen großen Fehler gemacht zu haben, als sie von den Bäumen heruntergekommen waren. Und einige sagten schon, die Bäume seien ein Holzweg gewesen, die Ozeane hätte man niemals verlassen dürfen.

Und eines Donnerstags dann, fast zweitausend Jahre, nachdem ein Mann an einen Baumstamm genagelt worden war, weil er gesagt hatte, wie phantastisch er sich das vorstelle, wenn die Leute zur Abwechslung mal nett zueinander wären, kam ein Mädchen, das ganz allein in einem kleinen Café in Rickmansworth saß, plötzlich auf den Trichter, was die ganze Zeit so schiefgelaufen war, und sie wußte endlich, wie die Welt gut und glücklich werden könnte. Diesmal hatte sie sich nicht getäuscht, es würde funktionieren, und niemand würde dafür an irgendwas genagelt werden.

Nur brach traurigerweise, ehe sie ans Telefon gehen und jemandem davon erzählen konnte, eine furchtbar dumme Katastrophe herein, und Ihre Idee ging für immer verloren.

Auszug aus »Per Anhalter durch die Galaxis« von Douglas Adams, Ullstein Verlag

Einige furchtbar dumme Katastrophen kündigen sich in nächster Zukunft an, und sie bedrohen nicht nur unsere, sondern auch die nachkommenden Generationen. Damit diese weiter darüber nachdenken können, »wie die Welt gut und glücklich werden könnte«, muß die Welt, unser einzig verfügbarer unbedeutender, blau-grüner Planet, in einem Zustand erhalten werden, daß man in einem Café oder an einem Meer oder wo auch immer noch über sie, die Welt, nachdenken kann.

Diese dummen Katastrophen bedrohen die Lebensgrundlagen auf diesem Planeten. Angefangen bei dem Boden, der uns buchstäblich von der Erosion unter den Füßen weggeschwemmt wird, über das Wasser, das durch die moderne und legalisierte Form der Brunnenvergiftung ungenießbar wird, bis hin zum Klima sind die Lebensgrundlagen auf diesem Planeten gefährdet. Der Mensch und seine Form des Wirtschaftens sind Ursache all dieser Probleme. Während einer langen Zeit (etwa zwei Millionen Jahre) sind wir als Jäger und Sammler über diesen Planeten gezogen. Vor ungefähr zwölftausend Jahren, bei einer Weltbevölkerung von ungefähr zehn Millionen, ist die Landwirtschaft erfunden worden. Der Mensch ist zum erstenmal seßhaft geworden, er lebte eingebunden in die natürlichen Flüsse von Energie und Materie in seiner Region. Verglichen mit der Spanne der menschlichen Geschichte vollzog sich der Übergang vom Jäger und Sammler zum Landwirten in einer Schnelligkeit, die ihren Tribut forderte. Die Bibel ist voller Geschichten über Hungersnöte, Überschwemmungen und Seuchen, Ereignisse, die das Lehrgeld waren, das die neuen Gesellschaften zahlten, um seßhaft werden zu können. Ein Teil dieses Lehrgeldes waren große regionale Umweltveränderungen. Arten starben aus, der Mensch kultivierte Tiere und Pflanzen, und neue regionale Gleichgewichte stellten sich ein.

Die Folgen der Seßhaftigkeit waren bald sichtbar. Da der mühsame Transport aller Gerätschaften auf seinen Wanderungen fortan wegfiel, konnte der Mensch seinen Besitz vermehren und übergehen zur systematischen Herstellung von Werkzeugen und Gebrauchsgegenständen. Diese technische Entwicklung führte über viele Umwege zum Beginn des »eisernen« oder »fossilen« Zeitalters am Ende des 17. Jahrhunderts. In der Mitte des 17. Jahrhunderts hat sich die Menschheit auf etwa 500 Millionen vergrößert; bis dahin hatte sich die Zahl der Menschen alle tausend Jahre verdoppelt. Die Landwirtschaft hatte sich zu einer einigermaßen dauerhaften Form der Bewirtschaftung von Regionen entwickelt.

Francis Bacon of Verulam formuliert die induktive, auf Erfahrung, Beobachtung und Versuch gegründete, vom Einzelexperiment zum allgemeinen Gesetz fortschreitende Forschungsmethode, und Galileo Galilei, ihr erster Vorkämpfer, setzt sie mit großen wissenschaftlichen Erfolgen um. Binnen eines Jahrhunderts schaffen Wissenschaftler wie Newton, Leibniz, Boyle, Hooke, Torricelli, Picard, Locke, Gericke – um nur einige zu nennen – die Basis für die heutigen Naturwissenschaften. Die Dampfmaschine und die Einführung mechanisierter Produktionsverfahren schaffen die Grundlagen unserer heutigen Industriegesellschaft. Schon Mitte des 18. Jahrhunderts war die Bevölkerung auf etwa 800 Millionen gewachsen, ein Jahrhundert später auf etwa 1200 Millionen, und in unserem Jahrhundert wächst die Bevölkerung exponentiell mit hohen Wachstumsraten. In einigen Jahrzehnten wird sich die Menschheit nach neueren Schätzungen auf 8000 oder 10000 Millionen stabilisiert haben. Sie wird sich binnen vierhundert Jahren vervierzigfacht haben – auf Kosten der Naturressourcen.

In diesen letzten Jahrhunderten wurden die Schatzkammern der Erde von dem Teil der Welt geplündert, der als erster die moderne Technik und die heutigen Formen des Wirtschaftens entwickelt hat, den Industrieländern. Und wenn irgendwo keine »Kohle« mehr zu machen war, zog man weiter, eroberte Zug um Zug neue Gebiete (Amerika, Sibirien, Australien etc.), verseuchte nach und nach die Erde und glaubte an die freie, kostenlose Verfügbarkeit der Güter der Umwelt. Nach dem ersten Weltkrieg begann der massenhafte Einsatz der Kunstdünger. Seit dieser Zeit, und erst recht seit dem Zweiten Weltkrieg, als die agrochemische Industrie zunehmend Einfluß auf die Landwirtschaft bekam, verkam sogar dieser Teil der menschlichen Kultur zur Ausbeutung von Natur und Ressourcen. Der Mensch war nicht mehr Teil der Welt, die Welt war Teil seiner Güter.

Aus dieser Erde lassen sich beim besten Willen weder durch Schaufeln noch durch Planieren oder moderne Energietechnik

(Photovoltaik) mehr Masse und Fläche gewinnen, als die Erde nun mal hat, und auch nicht mehr Energie, als auf sie von der Sonne einströmt (Siehe Abbildung 1). In den sechziger und siebziger Jahren dieses Jahrhunderts hat man dann die Begrenztheit der Erde entdeckt, zuerst durch die optische Wahrnehmung der Ausmaße der Erde auf den Fotografien der Astro- und Kosmonauten der beiden konkurrierenden Großmächte. Die Weite und Umwirtlichkeit des Weltraums, die Einzigartigkeit dieses unbedeutenden blaugrünen Planeten in unserem Sonnensystem und die Ferne der Nachbarn – wenn es denn überhaupt welche gibt – fanden den Weg in das Bewußtsein der Menschen. Die Bilder aus dem Weltraum zeigten, wie klein der Bereich ist, in dem Menschen leben können. Kurz darauf machte der Bericht des »Club of Rome« auf die »Grenzen des Wachstums«, die Endlichkeit der Naturressourcen dieses Planeten, aufmerksam. Die Gefahr eines Nuklearkrieges und des damit verbundenen Nuklearen Winters und die Gefahr eines biologischen Krieges rückten dann auch noch die Möglichkeit eines endgültigen Endes der menschlichen Existenz in vorstellbare Nähe. In den Siebzigern wurde die Erwärmung der Erdatmosphäre durch Treibhausgase entdeckt (allerdings war schon im 19. Jahrhundert davor gewarnt worden). Und zuletzt das Ozonloch über dem Südpol – auch die Biosphäre, das Überlebenssystem der Erde, zeigte die Grenzen ihrer Aufnahmefähigkeit.

Nach einer Phase der Verschwendung von Naturressourcen, nach einer Phase des Wirtschaftens, als ob wir wie die Jäger und Sammler der Frühzeit demnächst an einen anderen Ort, zu einer Ersatzerde, weiterziehen könnten, ist wieder der seßhafte Mensch gefragt, der Ökonom. Ökonom bedeutet »Haushalter«, »Verwalter« und »Landwirt«. Die sichere, rationelle und sparsame Haushaltung, die gehörige Einteilung der Vorräte: dies sind die ursprünglichen Bedeutungen des Wortes Ökonomie im Lateinischen und Griechischen. Sichere Haushaltung heißt, von den Erträgen zu leben, ohne die Substanz anzugreifen; rationelle Haushaltung heißt, diese Erträge vernünftig zu nutzen; Sparsamkeit bedeutet, nichts zu verschwenden; und gehörige Einteilung bedeutet, den Wohlstand, der erwirtschaftet wird, untereinander zu teilen. Nach dieser Begriffsbestimmung gibt es keinen Widerspruch zwischen Ökonomie und

Ökologie, denn zur sicheren und rationellen Verwaltung gehört auch der Erhalt der Erde. Nur von den Erträgen zu leben heißt, nur von den Überschüssen an Rohstoffen leben zu können, die auf der Erde erwirtschaftet werden können. Dies bedeutet eine Gesellschaft, die in der Energiewirtschaft nur noch von erneuerbaren Rohstoffen lebt. Ob dies auch in vollem Maße für die anderen Rohstoffen geht, wird die Entwicklung zeigen. Die Forderung, nichts zu verschwenden, weist uns sofort auf die Kreislaufwirtschaft und auf die möglichst produktive Nutzung der Ressourcen hin. Teilen, verteilen innerhalb dieser Generation ist letztlich die Teilnahme aller Regionen an dem Wohlstand und die Bescheidung derjenigen, die zu viel haben. Wirtschaften in den Grenzen dieser Erde ist zukunftsfähig nur unter der Sichtweise des Seßhaften möglich, des Haushälters, der Leben auf dieser Erde auch noch nach vielen Generationen möglich machen möchte.

In den letzten Jahren sind Strategien entwickelt worden, unser Wirtschaften auf diese alte und gleichzeitig neue Form einzustellen und innerhalb der Grenzen von Materie, Fläche und Energie unterschiedliche Arten der Entwicklung zu erlauben. Diese Strategien sind nicht in allen Fällen bis ins Detail im voraus planbar, doch ist zumindest die Richtung der Entwicklung bekannt, so daß man sagen kann: Die Probleme von Boden, Wasser, Klima und andere sind im Prinzip lösbar. Im Prinzip weiß man, wie man mittels anderer Technik, einer um den Faktor zehn höheren Ressourcenproduktivität, einem neuen Wohlstandsbegriff, anderen ökonomischen Modellen, richtiger Entwicklungshilfe und anderer Politik auf diesem unbedeutenden blau-grünen Planeten auf Dauer seßhaft werden kann. Für eines der Teile unseres sozioökonomischen und technischen Systems, das Energiesystem, liegen schon sehr klare Vorstellungen vor, wie und in welche Richtung es verändert werden muß. Dank der Ölkrise und der Probleme mit der Nukleartechnik ist schon sehr früh über eine zukunftsfähige Versorgung der Menschheit mit Energie nachgedacht worden.

Mit dem Verständnis des Begriffes Ökonomie, wie wir es hier entwickelt haben, kann eine zukünftige Energiewirtschaft nur auf solaren Technologien basieren. Solare Technologien, das sind alle Technologien, die die Sonnenenergie direkt nutzbar machen, zum

Beispiel die Photovoltaik, und auch indirekt, zum Beispiel in Form von Biomasse oder Wind. Daß die Sonnenenergie mit höchster Produktivität genutzt werden muß, ist selbstverständlich. Sichere und friedliche Rahmenbedingungen gehören aber zu einer vernünftigen Verwaltung, und Frieden und Sicherheit lassen sich auf diesem Planeten nur mit einer gerechteren Verteilung von Wohlstand erreichen. Und da heute die Nutzung der Energie ungerecht über die Menschen und Regionen stattfindet, heißt es auch, neu zu verteilen.

Im folgenden soll das »un«-ökonomische des heutigen Energiesystems aufgezeigt werden. Wir wollen vorstellen, wie ein Wirtschaften im Dreieck von *Sonne* (Leben von Erträgen), *Effizienz* (sparsames Haushalten) und *Suffizienz* (vernünftiges Haushalten und gehörige Einteilung) aussehen könnte, und wollen die Auswirkungen eines solchen »SES«-Pfades auf verschiedene Bereiche deutlich machen. Eine Analyse der Hemmnisse und eine Liste möglicher Maßnahmen, Schritte in Richtung auf diese Zukunft, folgt am Schluß. Garniert wird dieses mit einigen »Worten«, Kommentaren und »Zukunftsreportagen«, Berichterstattungen aus dem Morgen.

Reportage aus der Zukunft (2028):
150 Jahre solarthermische Maschinen

In Freiburg startet heute die Firma AM Solar ein sowohl ökonomisches wie auch arbeits-ökologisches Experiment: Eine neue Fabrik zur Herstellung von Vakuumkollektoren wird eröffnet. Ökologische Kriterien flossen nicht nur in den Bau des Gebäudes ein, sondern auch in die Gestaltung des Arbeitsumfelds in den neuen Hallen.

Alfons Rittinger, der Firmeninhaber, hat an alles gedacht, selbst an den richtigen Termin für die Eröffnung. Rittinger ist nämlich nicht nur Solarenergietechniker, sondern er hat auch viel Sinn für die Geschichte dieses Technikzweiges. So legte er den Festtag seiner Firma exakt auf den Tag, an dem 150 Jahre zuvor, im Jahre 1878, der französische Visionär Augustin Mouchot auf der Pariser Weltausstellung zum erstenmal der Öffentlichkeit eine solar betriebene Maschine vorführte. Rittingers Kommentar dazu zeigt, daß er neben Technik und Geschichte auch die Literatur nicht vergißt. Er zitiert Johann Wolfgang Goethe mit den Worten: »Alles Gute ist schon einmal erdacht worden, es kommt nur darauf an, es noch einmal zu denken.«

Mit anderen Worten: Die Idee, die eingestrahlte Wärme der Sonne zu nutzen, um industrielle Prozesse anzutreiben oder zur Erwärmung von Brauchwasser und Wohnräumen zu verwenden, ist so alt, daß sie schon fast wieder neu ist. Augustin Mouchot war auch einer der ersten, der die Gewinnung von Wasserstoff durch Wasserspaltung mit Hilfe von solar erzeugter Elektrizität anregte. Hintergrund seiner Überlegungen war schon damals eine Energiekrise. Denn Frankreich war zu dieser Zeit abhängig von Energieträgerimporten aus Großbritannien und anderen europäischen Staaten. Die Exploration der eigenen Kohlevorräte begann erst später – und bedeutete das Aus für die Erfindungen von Augustin Mouchot. Seit damals ist viel Zeit vergangen. Bis auf kleine Neuerungen tat sich ein ganzes Jahrhundert lang so gut wie nichts auf dem Gebiet der solaren Energiegewinnung.

Heute erinnert die Eröffnung des Neubaus von AM Solar an den französischen Solar-Pionier. AM Solar vertreibt schon lange Solarkollektoren und andere Produkte zur solarthermischen Nutzung der Sonnenergie. »Am Anfang«, so Alfons Rittinger, »waren wir nicht mehr als eine kleine Hinterhof-Klitsche. Meine Frau und ich haben die Kollektoren in Handarbeit gebaut. Geradezu maßgeschneidert wurde jede der einzelnen Anlagen. Später dann kam ein größerer Auftrag für ein kleines Nahwärmekonzept in Hamburg, und ich war gezwungen, die ersten Mitarbeiter einzustellen. Heute beschäftigen wir weit über tausend Mitarbeiter und produzieren für die ganze Welt.«

AM Solar ist nicht die größte Firma; eine israelische, eine indische und eine amerikanische Firma sind mit jeweils zirka zwanzigtausend Mitarbeitern die größten Produzenten von Kollektoranlagen, Solarkochern und Entsalzungssystemen. Stärke der indischen Konkurrenz sind insbesondere Systemkombinationen aus Kollektoren, Wärmepumpen und Biomassesystemen.

Aber die Planung der neuen Fabrik in Freiburg hat noch mehrere Überraschungen aufzuweisen. Die Produktionshallen wurden von einer namhaften Architektin aus der Eifel nach sehr weit gefaßten ökologischen Kriterien geplant und dem Stadtbild angepaßt. Zusätzlich zu einer äußerst energiearmen Bauweise wurden passiv und aktiv solare Elemente eingebaut. Diese sind derart in die Gebäudehülle integriert, daß sie das Stadtbild nicht stören. Ökologische Baustoffe wurden verwendet, und natürlich stammen die eingebauten Solarkollektoren für die notwendige Prozeßenergie aus der eigenen Produktion.

Das wichtigste aber sagte die Architektin: »Mich hat schon immer gestört, daß die Arbeit in der Fabrik etwas schrecklich Menschenfeindliches hat. Am Morgen werden die Arbeiter praktisch eingesogen, die Tore schließen sich, und am Abend werden sie wieder ausgespuckt. Zudem waren die Arbeitsabläufe ausschließlich nach dem Gesichtspunkt der höchsten Produktivität ausgelegt und hatten nur wenig übrig für die Menschen, die diese Maschinerie in Gang hielten. Gerade um die Innenaufteilung und Gestaltung der Produktionshalle und des Produktionsablaufes haben wir uns besonders bemüht. Denn durch unser Konzept erreichen wir heute eine höhere Effizienz in der Produktion, ganz einfach dadurch, daß die Mitarbeiter sich wohlfühlen und den Sinn ihrer Arbeit und sich selbst im Produkt wiedererkennen.« Die Mitarbeiter der neuen Firma stammen fast ausschließlich aus der näheren Umgebung, so daß der Berufsverkehr auf ein Minimum reduziert wurde.

Alleine in dem neuen Werk in Freiburg sollen 600 000 Quadratmeter Kollektorfläche im Jahr produziert werden. Eine neue selektive Beschichtung soll auf die Absorber aufgetragen werden. Damit können die Verluste reduziert und die nutzbare Wärmegewinnung gesteigert werden.

Ebenfalls am heutigen Tage legt übrigens ein großer Energiekonzern in Bayern den Grundstein für eine Tochterfirma. Hier sollen in zwei Jahren ebenfalls Solarkollektoren produziert werden. Der Firmenchef von AM Solar beobachtet diesen erst allmählichen, mittlerweile aber immer schnelleren Wandel der Großen mit Gelassenheit: »Ach wissen Sie, darum kümmere ich mich schon lange nicht mehr. Alle guten Ideen werden von den Lobbyisten zuerst belächelt, dann heftig bekämpft und dann plötzlich heißt es ganz weltmännisch: Das haben wir doch immer schon so gemacht.«

Anlaß für diesen Wandel ist sicher, daß in den letzten dreißig Jahren die erneuerbaren Energiequellen fast die Hälfte der Energieversorgung der Welt übernommen haben – mit großen regionalen Unterschieden, natürlich. Das hat einen Arbeitsmarkt geschaffen, den man nur mit dem vergleichen kann, den die Automobilindustrie Ende des 20. Jahrhunderts hatte. Diese Arbeitsplätze wurden in den Ländern geschaffen, die früh, noch am Ende des letzten Jahrhunderts, konsequent in die Techniken zur Nutzung erneuerbarer Energien eingestiegen sind, so daß heute zu den industrialisierten Ländern ehemalige Entwicklungsländer gehören, und Industrieländer, die zu spät den Umstieg versucht haben, heute als Neo-Entwicklungsländer gelten. Die großen Energiekonzerne, sofern sie diese Entwicklung überlebt haben, haben daraus inzwischen ihre Konsequenzen gezogen.

»Sustainable Development«
Zukunftsfähige Entwicklung und Energietechnologien

Humanity has the ability to make development sustainable – to ensure that it meets the needs of the present without compromising the ability of future generations to meet their own needs. The concept of sustainable development does imply limits – not absolute limits but limitations imposed by the present state of technology and social organization on environmental resources and by the ability of the biosphere to absorb the effects of human activities.

...sustainable development requires meeting the basic needs of all and extending to all the opportunity to fulfil their aspirations for a better life.

»World Council on Environment and Development«, Brundtland Report, 1987

Von dem Begriff »Sustainable Development«, der die umweltpolitische Diskussion in der ersten Hälfte der neunziger Jahre prägte, hörte eine breite Öffentlichkeit erstmals in der Weltnaturschutzstrategie von 1980. »Sustainability« bedeutet, ein System nur derart zu nutzen, daß es langfristig in seinen wesentlichen Charakteristika erhalten bleibt. Die deutsche Übersetzung »nachhaltige Entwicklung« erinnert dagegen an den aus der Forstwirtschaft stammenden Begriff »Nachhaltigkeit«, der per Definition stabile Ernteerträge einschließt, nicht aber a priori auch den Schutz anderer Systemparameter wie Artenvielfalt, Bodenqualität, Erholungsnutzen etc..

»Nachhaltigkeit« ist demnach ein am Nutzen orientiertes, streng anthropozentrisches Konzept, während »Sustainability« über den Nutzen für den Menschen hinaus die Bewahrung des Systems an sich einschließt, also nicht ausschließlich anthropozentrisch verstanden werden sollte. Berücksichtigt man zusätzlich die soziale Dimension und die Verteilungsgerechtigkeit, so ist der Begriff »Nachhaltigkeit« vollends unangemessen. Wir wollen von vorneherein vermeiden, auch nur durch die verwendeten Begriffe in ein zu enges Denkschema zu geraten, und wollen deshalb in diesem Buch entweder den englischen Ausdruck verwenden oder den recht vagen Ausdruck »Zukunftsfähigkeit«, der zumindest keine der Dimensionen ausschließt, die im englischen Begriff mitschwingen.

Gleiches Recht auf die Erfüllung der Grundbedürfnisse und Lebensansprüche innerhalb einer Generation, innerhalb der Kontinente und über die Generationen und Zeiten hinweg ist Bestandteil der Idee der zukunftsfähigen Entwicklung. Grundlage eines solchen gleichberechtigten Strebens nach Lebensglück ist die Erhaltung einer Umwelt, in der der Mensch natürlich leben kann.

Die Erde und ihre Bewohner – Menschen, Tiere, Mikroorganismen und Pflanzen – sind in einem Netz gegenseitiger Abhängigkeiten verknüpft. Dieses Netz aus Wechselwirkungen verwobener Kreisläufe hat ein Bewohner, der Mensch, in den letzten Jahren aus dem Gleichgewicht gebracht. Das »Überlebens«-System der Erde besteht, grob schematisiert und aus der Sicht der Menschen betrachtet, aus zwei Teilen: der Technosphäre und der Biosphäre. Die Technosphäre »verdaut« Mineralien, Gesteine, Metalle, Wasser, Luft, Brennstoffe und Biomaterialien in ihren verschiedenen Ausprägungen und erzeugt dabei »Wohlstand« und Müll in allen Aggregatzuständen, fest, flüssig und gasförmig. Die Biosphäre ist der Raum, in dem Pflanzen und Tiere zu überleben suchen, unter der Herrschaft der Evolution und unter der Ausbeutung des Menschen. Zur Biosphäre gehören aber auch Boden, Luft und Wasser, in und auf denen diese Lebewesen existieren.

Das Überleben des Menschen ist von beiden Subsystemen abhängig, der Technosphäre und der Biosphäre. Die Wissenschaft weiß heute sehr wenig über diese Subsysteme. Sie hat gerade erst mit der Erforschung einiger Teilbereiche begonnen. Eines der am besten untersuchten Teilsysteme ist das Klimasystem der Erde. Es ist ein hoher personeller und technischer Aufwand nötig, um nur einige Aussagen über das zukünftige Verhalten des Klimasystems machen zu können, zum Beispiel Aussagen darüber, wie sich die mittlere Temperatur auf der Erdoberfläche entwickeln wird. Was die Wissenschaft bei dieser und anderen Analysen gelernt hat, ist, daß Bio- und Technosphäre extrem stark vernetzte Subsysteme sind, die sich permanent neu organisieren. Die naturwissenschaftlichen Gesetze, die das Verhalten von Bio- und Technosphäre beschreiben, sind nichtlinear, das heißt, kleine Ursachen können innerhalb kurzer Zeit große, sprunghafte Änderungen der Eigenschaften des Systems nach sich ziehen. Das oft genannte Extrembeispiel, poetisch gedacht und als Übertreibung gemeint, ist so absurd nicht: Der Flügelschlag eines Schmetterlings in China kann der Auslöser für einen Sturm über der Nordsee sein.

Die Wissenschaft kann nur wenige und in den meisten Fällen sogar keine Aussagen darüber machen, wie sich Eingriffe des Menschen auswirken werden; weder darüber, wie stark die Ökosphäre reagieren wird, noch über den Zeitpunkt oder den Ort. Als kleines Beispiel mag die Entdeckung des Ozonlochs dienen. Die Stoffe, die die Ozonschicht in der Stratosphäre bedrohen, hätten jeden »Ökobilanz«-Test bestanden, bevor man ihre Wirkungen in der Stratosphäre entdeckte. Solche »Ökobilanzen« können eben nur Folgen untersuchen, die bereits bekannt sind. Und selbst alle möglichen Folgen der Nutzung natürlich vorkommender Stoffe wie Wasser und Sand kennen wir nicht.

Die Menschheit muß zur Zeit – und vielleicht für alle Zeiten – im Bewußtsein großer Unkenntnis über ihr »Überlebens«-System Erde und seine Reaktionen auf das Einwirken des Menschen handeln. Vorsorglich sollten wir also durch unser Handeln so wenig wie möglich auf dieses System einwirken, um Störungen zu vermeiden. Das heißt: Wir sollten die natürlichen Stoffströme so wenig wie möglich verändern[1]. Dieses Vorsorgeprinzip muß Leitfaden allen menschlichen Handelns sein, wenn zukunftsfähige Entwicklung erreicht werden soll. Mit Blick auf den Ökonomiebegriff, wie er im Vorwort definiert wurde, heißt sichere und rationelle Haushaltung, von den Erträgen zu leben, ohne die Substanz anzugreifen, also einem solchen Vorsorgeprinzip zu folgen. Allen, die an dieser Stelle einwerfen, der Mensch könne doch Schäden an der Biosphäre »reparieren«, sei gesagt, daß es erstens anmaßend und unverantwortlich ist, zu meinen, man könne ein System reparieren, welches die Wissenschaft noch nicht verstanden hat, und daß es zweitens nicht möglich ist, globale Auswirkungen wie den Abbau der Ozonschicht in der Stratosphäre oder die Klimaschäden und deren Folgen zu »reparieren«.

Was bedeutet dies nun für unser Thema? Was bedeutet es für die Energietechnologien, die wir einsetzen, wenn wir erstens unsere Unwissenheit in Rechnung stellen, wenn wir zweitens das Vorsorgeprinzip berücksichtigen, das von uns verlangt, so wenig Energie- und Materialströme wie möglich zu erzeugen, und wenn wir drittens nach dem Prinzip der gerechten zukunftsfähigen Entwicklung der Menschheit handeln wollen?

Eine zukunftsfähige Energiequelle technisch zu nutzen, sollte weder direkt noch indirekt Risiken mit sich bringen, die die nächsten Generationen betreffen. Die Materialströme sollten so klein wie möglich sein, auch die von solchen Stoffen, die in der Natur vorkommen und »unschädlich« sind. Der »Abfall«, den eine Energienutzungstechnik hinterläßt, sollte, so er nicht vermeidbar ist, aus Naturstoffen zusammengesetzt sein, also aus solchen, die in der Biosphäre vorhanden sind. Wenn bei der Nutzung einer Energietechnik in der Natur nicht vorkommende Stoffe entstehen, sollten sie dauerhaft von der Ökosphäre getrennt lagerbar sein. Um diese Stoffe möglichst weitgehend aus der Biosphäre fernzuhalten, sollten die unvermeidlichen »dissipativen« Verluste sehr klein gehalten werden; es sollte sich also nur ein sehr geringer Teil der verwendeten Menge fein verteilt in der Biosphäre zerstreuen, etwa durch Abrieb, Lecks oder Verdunstung. Die Energietechniken dürften nicht von endlichen Ressourcen abhängig sein, denn früher oder später sind diese aufgebraucht und stehen späteren Generationen nicht mehr zur Verfügung. Nur von den Erträgen zu leben (siehe Ökonomiebegriff), heißt streng genommen, im Bereich der Energiewirtschaft nur die auf der Erde »erwirtschaftete« Energie zu nutzen, also die von der Erde eingefangene Sonnenenergie. Natürlich sind fossile Energieträger auch erwirtschaftete Energieressourcen; wollte man sie nutzen, dürfte man, unter diesem Ökonomieverständnis, nur so viel verbrauchen, wie die Erde in der gleichen Zeit neu schafft[2].

Ein letzter wichtiger Punkt: Dauerhaft nutzbare Energietechniken sind solche, die nicht politisch destabilisieren, das heißt, die kein Sicherheitsrisiko darstellen und in vielen Regionen der Erde eingesetzt werden können. Dies gilt insbesondere dort, wo Giftstoffe ins Spiel kommen oder wo Stoffe für militärische Zwecke mißbraucht werden können, wie zum Beispiel Plutonium. Beides verlangt einen hohen Überwachungsaufwand, der teuer ist und gesellschaftlich und politisch leicht mißbraucht werden kann. Eine zukunftsfähige Energietechnologie darf auf internationaler Ebene nicht destabilisierend sein, das heißt, die Ressourcen sollten allen Regionen der Welt in ausreichendem Maße zur Verfügung stehen und dadurch Monopolbildungen oder Abhängigkeiten einer Region von anderen verhindert werden.

Alle diese Bedingungen erfüllen heute benutzte Energietechniken nur teilweise oder gar nicht. In vollem Umfang lassen sie sich wahrscheinlich nie erfüllen, doch sie sollten den Hintergrund bilden, die Meßlatte für Entscheidungen, welche Techniken oder Technikkombinationen in einer zukünftigen Energiewirtschaft eingesetzt werden.

Das heutige Energiesystem

Die Versorgung der Welt mit Primärenergie stützt sich in erster Linie auf die fossilen Energieträger (Öl 32,5 Prozent, Kohle 26,5 Prozent und Erdgas 18 Prozent); an zweiter Stelle stehen die erneuerbaren Energieträger (Biomasse, Holz, sogenannte nicht kommerzielle Energieträger 11,5 Prozent, Wasser 6 Prozent und andere 0,5 Prozent), und an dritter Stelle folgt die Nuklearenergie mit 5 Prozent[3] (siehe Abbildung 2).

Nach einer anderen Quelle[4], die detaillierter die Biomasse untersucht, haben die erneuerbaren Energien sogar einen Anteil von 20 Prozent am Weltenergieverbrauch. Die Industrieländer setzen allerdings einen anderen Energiemix ein als die Entwicklungslän-

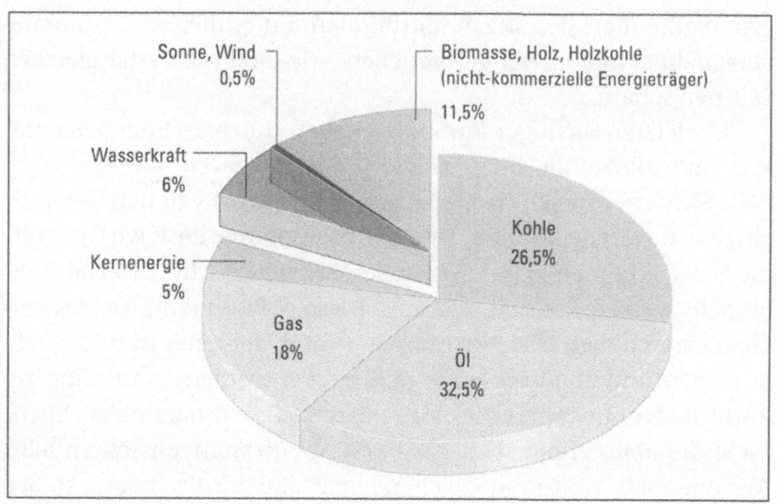

Abbildung 2: Derzeitige Anteile der Energieträger am Weltenergieverbrauch 1985

der. In den Industrieländern sind die fossilen Energien dominierend; sie haben einen Anteil von 86 Prozent. Erneuerbare Energien, vornehmlich Wasserkraft, schlagen nur mit 9 Prozent zu Buche, die Nuklearenergie mit 6 Prozent. In den Entwicklungsländern sieht dies anders aus; dort decken die fossilen Energien im Mittel 58 Prozent des Bedarfs, und die erneuerbaren Energien, unter ihnen mit 35 Prozent insbesondere die Biomasse, liefern etwa 41 Prozent. Der Anteil der Energiequelle Biomasse wechselt von Land zu Land sehr stark; er macht zum Beispiel in Burundi 95 Prozent aus, in Kenia 86 Prozent, in Guatemala 72 Prozent, in Indonesien 66 Prozent und geht hinunter bis zu 5 Prozent in Argentinien und 9 Prozent in Mexiko. Aber nicht nur in Entwicklungsländern hat die Biomasse einen hohen Stellenwert bei der Energieversorgung, wie man an den Beispielen Österreich (14 Prozent) und Schweden (16 Prozent) sehen kann. Der gesamte Energieverbrauch verteilt sich sehr ungleich auf entwickelte Länder und Entwicklungsländer. Die Industrieländer, 23 Prozent der Weltbevölkerung, verbrauchen 72 Prozent der gesamten Energie; auf jeden Menschen in den Entwicklungsländern kommt nur ein Sechstel des Energieverbrauchs eines Menschen in den Industrieländern.

Betrachtet man die Bevölkerungsverteilung und die Kohlendioxydemissionen über die Breitengrade der Welt (siehe Abbildung 3), wird schnell klar, wer der »CO_2-Schmutzfink« ist: die Länder im Norden, insbesondere Nordamerika, Japan und Europa, und Australien weit im Süden. Was nicht weiter verwundert. Die bevölkerungsreichen Länder der Mitte, wie China, oder des Südens, wie Indien, die Länder Afrikas, Mittel- und Südamerikas, sind vergleichsweise harmlos. Schaut man nun noch auf die Verteilung der Sonneneinstrahlung über die Erdkugel, dann wird klar, daß die energiearmen Länder von heute die energiereichen von morgen sein können. Der weitaus größte Teil der Menschen lebt in Regionen zwischen dem 10. und dem 40. Grad nördlicher Breite mit guten bis sehr guten Einstrahlungswerten. Für diese Nationen ist es wichtig, diese Energiequelle zu nutzen, um ihren Wohlstand zu mehren. Gerade in aufstrebenden Ländern wie China und Indien ist es wichtig, eine Sonnenenergiewirtschaft zu etablieren.

Im Jahr 1992 entsprach der Weltenergieverbrauch ohne die sogenannten nichtkommerziellen Energieträger – in der Regel lokal genutzte Biomasse, die nicht gehandelt wird und nicht in Energie-

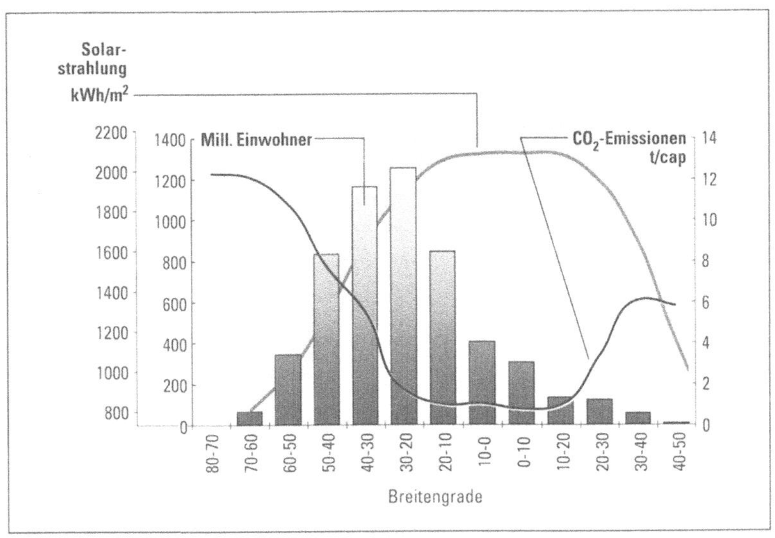

Abbildung 3: Verteilung der Bevölkerung, der Kohlendioxyd-Emissionen pro Kopf und der Solarstrahlung pro Quadratmeter nach Breitengraden

statistiken auftaucht – und ohne andere erneuerbare Energieträger einem Primärenergiebedarf von 11,3 Milliarden Steinkohleeinheiten[5].

Entwicklungsstand und Entwicklungstempo der Volkswirtschaften der verschiedenen Regionen der Welt haben den Zuwachs und die Höhe des Energieverbrauchs bestimmt. Noch in den siebziger Jahren herrschte die Meinung vor, Wirtschaftswachstum und Energieverbrauch seien aneinander gekoppelt; dies hat sich allerdings in den letzten Jahrzehnten nicht gezeigt. Im Zeitraum von 1973 bis 1992 hat sich der Primärenergieverbrauch um zirka 1,6 Prozent jährlich gesteigert. Im gleichen Zeitraum lag das Bevölkerungswachstum bei jährlich 1,9 Prozent, und das Bruttosozialprodukt ist um durchschnittliche 3,2 Prozent pro Jahr gestiegen.

Pro Einheit des Sozialprodukts wurde also immer weniger Energie verbraucht. Diese Verminderung ist regional sehr unterschiedlich ausgefallen. Die siebziger Jahre waren weltweit von dem Ölpreisschock gekennzeichnet; der Schock bewirkte, daß am Ende dieses Jahrzehnts Energie in zahllosen Bereichen wesentlich effizienter genutzt wurde. Die zweite Hälfte der achtziger Jahre stand unter dem Eindruck der Überschüsse und der gesunkenen Preise auf dem Weltmarkt für Energie. Doch auch dieses hat die zunehmende Entkopplung von Wirtschaftswachstum und Energieverbrauch noch nicht beendet. In dieser Zeit hat sich der Energiemix weltweit geändert. Der Ölverbrauch sank um neun Prozent, der Kohleverbrauch um 1,5 Prozent; zugenommen hat die Nutzung von Erdgas und Kernenergie. In den neunziger Jahren war auch in den Industrieländern ein Zuwachs der Nutzung von erneuerbaren Energien zu verzeichnen.

Fossile Energieträger – Öl, Kohle und Erdgas

Durch Klimaveränderungen vor 200 bis 400 Millionen Jahren sind riesige Waldgebiete untergegangen. Aus dem Holz entstand unter Druck und den Temperaturen, die in tieferen Erdschichten vorherrschen, die Kohle. Als Energiequelle wurde sie schon in der Antike entdeckt. Solange aber genug Holz zur Verfügung stand, wurde sie kaum genutzt. Im 12. Jahrhundert finden sich erste Hinweise auf eine intensivere Kohlenutzung. Als Brennstoff in Wohnhäusern setzte sich die Kohle erst im 18. Jahrhundert langsam durch, weil die Ressource Holz immer knapper und teurer wurde. Die Dampfmaschinen des 17. und 18. Jahrhunderts und die Verhüttung von Eisen sind eng verbunden mit dem Wachstum des Kohleverbrauchs. Am Beispiel des Ruhrgebiets, seinen Fördermengen und seiner Beschäftigtenzahl, läßt sich das exponentielle Wachstum des Energieverbrauchs im 19. Jahrhundert gut darstellen. Während noch im Jahr 1800 nur 1600 Bergleute 0,2 Millionen Tonnen Kohle förderten, war ihre Zahl fünfzig Jahre später auf 12 700 gestiegen, und sie brachten 1,96 Millionen Tonnen Kohle aus den Gruben. Weitere 15 Jahre später war die Fördermenge schon auf 8,5 Millionen Tonnen gestiegen. 1957, im Jahr der höchsten Produktion, waren es 137 Millionen Tonnen Kohle und 380 000 Bergleute. Ähnliche Zahlen in Großbritannien: exponentielles Wachstum um zwei Prozent pro Jahr bis 1910, dann ein langsamer, durch Wirtschaftskrisen und Weltkriege zusätzlich beeinflußter Rückgang der Produktionszahlen.

Wann der Mensch Öl zum erstenmal verwendet hat, ist unbekannt. Der Sage nach ist Erdöl das Blut der Drachen, die vor Millionen Jahren auf der Erde lebten. Wahrer Kern dieser Sage ist, daß sich Erdöl zur Zeit des Aussterbens der Dinosaurier gebildet hat. Als Steinöl, Petroleum, Teer, Naphta, Stinkstein und unter vielen anderen Namen ist Erdöl in den verschiedensten Formen und Anwendungsbereichen von der Antike bis in die Neuzeit genutzt worden. Die Entwicklung von Destillations-Techniken im Mittelalter machte unter anderem die Nutzung des Öls als Grundstoff für das »griechische Feuer« möglich, eine Brandwaffe, die bei den damals gebräuchlichen Holzbaustoffen insbesondere im Seekrieg verheerende Wirkung hatte. Der Ölboom im neunzehnten Jahrhundert ist teils auf die riesige Nachfrage nach Kohle und die damals verbreitete Theorie zurückzuführen, daß Erdölfunde auf Kohlereserven hinwiesen, teils auf den hohen Preis, den man für ein Faß (Barrel) Öl bekam (etwa 60 Mark). An den ersten Ölfundstellen verdiente man sein Geld einfach durch Abfüllen von Fässern. Der erste Ölrausch fand erst 1859 statt. Die in seiner Folge gegründeten Aktien-Gesellschaften wurden sehr schnell vom ersten Ölmonopolisten John D. Rockefeller aufgekauft. Seine Firma, die Standard Oil Company, heißt seit 1972 Exxon Corporation. Rockefeller hat während der Blütezeit seines Unternehmens die Erdölproduktion von Amerika, Teilen Europas und Asiens kontrolliert. In diesem Jahrhundert hat sich die Mehrzahl der ölfördernden Staaten in der »Organisation der erdölproduzierenden und -exportierenden Staaten« (OPEC) zusammengeschlossen. Die OPEC versucht, mit Fördermengenabsprachen die Preise auf dem Ölmarkt unter Kontrolle zu halten. Die OPEC war auch Mitverursacher der Ölkrisen der siebziger Jahre.

In Europa wurden gegen Ende des letzten Jahrhunderts Motoren erfunden (Diesel- und Ottomotor), für die Ölderivate die geeigneten Antriebsmittel waren. Diese Motoren waren leichter und leistungsfähiger als die bis Anfang unseres Jahrhunderts noch üblichen Dampfmaschinen und ersetzten diese in der Folgezeit. Die Automobil- und Luftfahrttechnik wurde erst möglich durch die Entdeckung von Treibstoffen mit hoher Energiedichte und die Erfindung leichter Motoren. Weltweit bestimmend wurde Öl erst nach dem Zweiten Weltkrieg. In den letzten Jahrzehnten wird es zunehmend vom Erdgas abgelöst[6].

Die Schwerpunkte des Verbrauchs von fossilen Energieträgern und die geographische Verteilung der Reserven und der Förderung fallen weit auseinander. Das größte räumliche »Ungleichgewicht« in Angebot und Nachfrage besteht beim Mineralöl. So gehörten 1992 aus dem Kreis der zehn größten Ölverbraucherländer der Welt nur vier zur Gruppe der zehn ölreichsten Länder. Die Reserven reichen im Weltdurchschnitt noch 43 Jahre; man spricht von einer »Reichweite« von 43 Jahren. Gemeint sind dabei die statischen Reserven, also die Reichweite bei gleichbleibender Förderung[7]. Im Laufe der Menschheitsgeschichte hat nur ein sehr geringer Anteil der Menschen Öl nutzen können, und das wird auch in Zukunft so bleiben (siehe Abbildung 4). Die Staaten des Mittleren Ostens haben wegen ihrer großen Reserven (Reichweite 102 Jahre) langfristig eine Schlüsselstellung. Diese Staaten waren mit 28 Prozent an der Ölförderung der Welt des Jahres 1992 beteiligt; sie

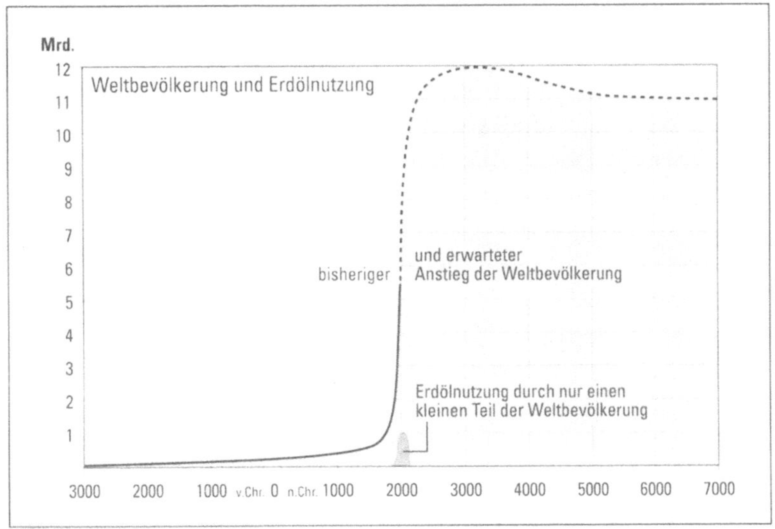

Abbildung 4: Bevölkerungsentwicklung und Erdölnutzung

selbst verbrauchten fünf Prozent. Westeuropa verbraucht dreimal
so viel Öl, wie es selbst fördert. Japan hat keine eigenen Ölreserven.

Die Verteilung der Erdgasreserven deckt sich in starkem Maße
mit der des Erdöls. Die Staaten des Mittleren Ostens und die ehemalige UdSSR verfügen über 70 Prozent der Erdöl- und Erdgasreserven der Welt. Die statische Reichweite der Erdgasreserven liegt
weltweit bei 65 Jahren. Im Gegensatz zum Erdöl, wo mehr als die
Hälfte der Fördermenge grenzüberschreitend gehandelt wird, wird
Erdgas hauptsächlich in den Förderländern genutzt; der grenzüberschreitende Handel macht etwa 14 Prozent aus.

Die Schwerpunkte der Kohlereserven liegen in den USA, in der
ehemaligen UdSSR und in Asien, dort insbesondere in China, Indien und Indonesien. Die Reserven verteilen sich, gemessen in
Tonnen, zu gleichen Teilen auf die Braunkohle und die Steinkohle;
gemessen am Energiegehalt macht die Steinkohle 70 Prozent der
Reserven aus. Die statische Reichweite der Kohle insgesamt liegt bei
233 Jahren[8]. Wegen des hohen Wassergehalts der Braunkohle und
des im Vergleich zu Erdöl und Steinkohle niedrigen Brennwerts ist

ein Transport über größere Entfernungen nicht wirtschaftlich. Dies drückt sich auch im Umfang des grenzüberschreitenden Handels aus: 0,4 Prozent der Braunkohleförderung werden jenseits der Grenze des Förderlandes verkauft. Steinkohle wird zu 12 Prozent grenzüberschreitend gehandelt.

Klima und fossile Energieträger

Fossile Energieträger zu nutzen, heißt stets, Kohlenstoff zu verbrennen; dabei entsteht Kohlendioxyd. Durch die Nutzung fossiler Energieträger hat die Menschheit seit Beginn der industriellen Revolution den Anteil des Kohlendioxyds in der Atmosphäre um etwa fünfundzwanzig Prozent erhöht, von 280 ppm (»parts per million«, also Teile Kohlendioxyd auf eine Million Teile Luft) auf 353 ppm. Kohlendioxyd ist ein Treibhausgas und damit ein wichtiges Element des sehr komplexen Klimasystems der Erde.

Die treibende Kraft für das Klima der Erde ist die Strahlung, die uns von der Sonne erreicht. Kurzwellige Strahlung der Sonne, das Sonnenlicht, erreicht die Erdoberfläche, wird in Wärme umgewandelt, und diese Wärme wird wieder in den Weltraum abgestrahlt (siehe Abbildung 5). Es entsteht ein Gleichgewicht zwischen der einfallenden Strahlung und der abgestrahlten Wärme der Erde. In diesem Gleichgewicht hätte die Erde eine Temperatur von minus 18 Grad Celsius. Tatsächlich liegt aber heute das Temperaturgleichgewicht an der Erdoberfläche im Durchschnitt bei plus 15 Grad Celsius. Das ist den Treibhausgasen zu verdanken: Wasserdampf, Kohlendioxyd, Ozon, den Stickoxyden und dem Methan (Sumpfgas). Treibhausgase lassen die kurzwellige Strahlung der Sonne auf die Oberfläche durch und absorbieren die herausgehende langwellige Wärmestrahlung, ähnlich wie die Glasflächen eines Treibhauses. Damit erhöhen sie die mittlere Oberflächentemperatur der Erde. Der Unterschied in der natürlichen Gleichgewichtstemperatur der Erde – plus 15 Grad statt minus 18 Grad – beträgt ungefähr 33 Grad Celsius; zu ihm trägt Wasserdampf 20,6 Grad bei, Kohlendioxyd 7,2 Grad, Ozon 2,4 Grad, Stickoxyde 1,4 Grad und Methan 0,8 Grad.

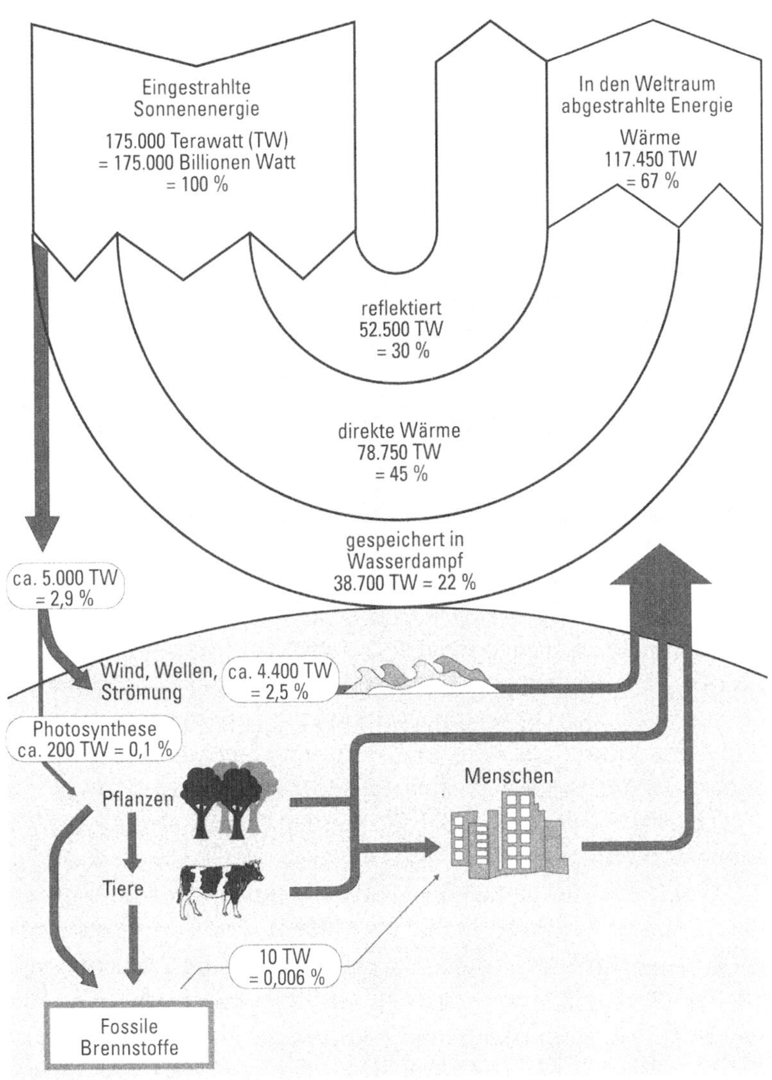

Abbildung 5: Strahlungshaushalt der Erde
Quelle: nach Carl-Jochen Winter, Stuttgart 1993

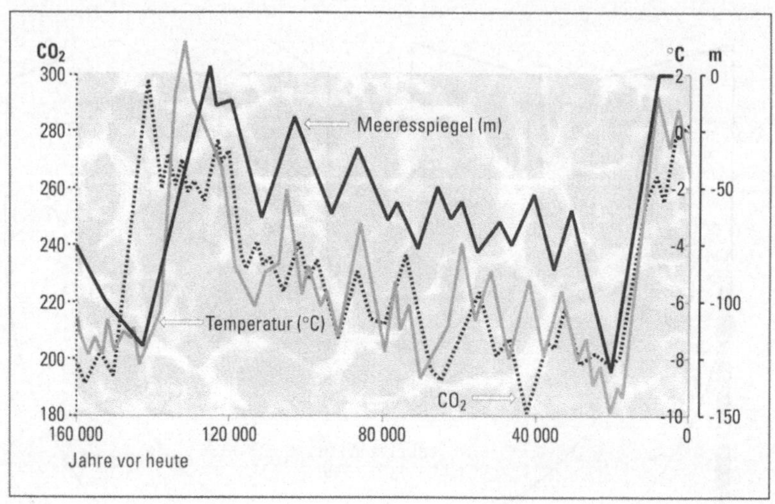

Abbildung 6: CO$_2$, Konzentration in der Atmosphäre (ppm) Temperatur und Meeresspiegel Korrelation
Quelle: nach M. Tooley; Nature 342, Seite 20-21, 1989

Vergleicht man die Änderungen der Kohlendioxydkonzentration der Erdatmosphäre in den letzten 160 000 Jahren mit der durchschnittlichen Umgebungstemperatur an der Erdoberfläche, so findet man einen deutlichen Zusammenhang. In derselben Zeit variierte der Meeresspiegel um rund 150 Meter; diese Schwankungen folgten mit einiger Verzögerung den Temperaturänderungen (siehe Abbildung 6).

Würde die Menschheit die fossilen Energieträger weiter nutzen, dann würde die Konzentration des Treibhausgases Kohlendioxyd in der Atmosphäre weiter steigen. Angenommen, die Emission würde auf dem Niveau des Jahres 1990 bis ins Jahr 2100 fortgesetzt, dann würde die Konzentration des Kohlendioxyds in der Erdatmosphäre auf 500 ppm steigen; dies sind 40 Prozent mehr als heute. Andere Emissionen, zum Beispiel aus der Landwirtschaft oder von Müllhalden, erhöhen die Konzentration von Methan und Stickoxyden in der Atmosphäre. Zusätzlich zu diesen natürlichen Treibhausgasen haben wir neue und künstliche Treibhausgase emittiert, die FCKW, von denen jedes einzelne Molekül einen vieltausendfach höheren Treibhauseffekt hat. All dies zusammengenommen, muß man

38

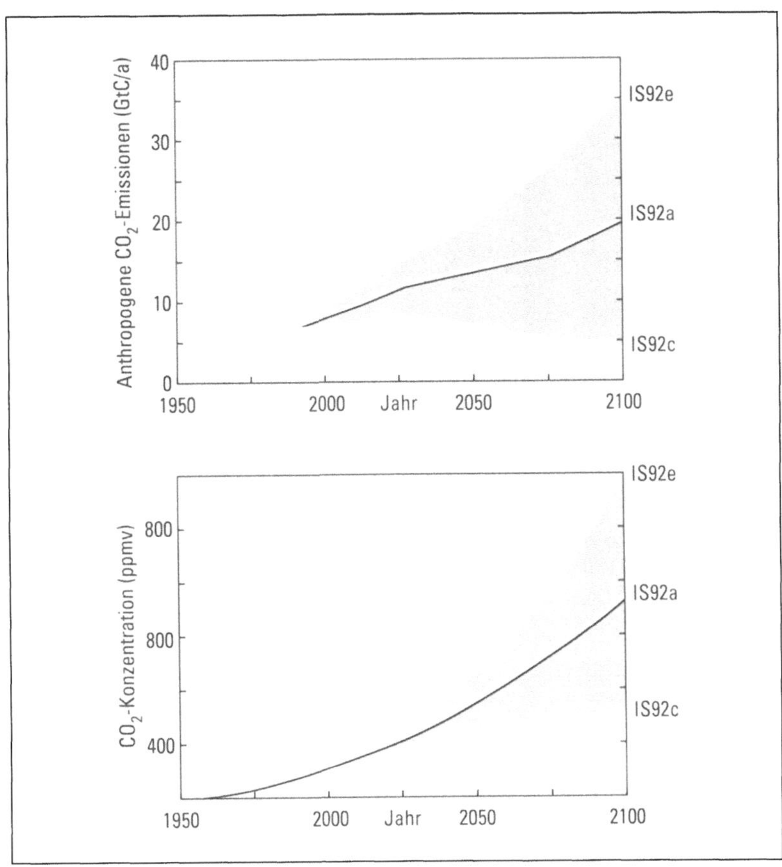

Abbildung 7: Anthropogene CO_2-Emissionen und -Konzentrationen in der Atmosphäre
Quelle: IPCC: Radiative Forcing of Climate Change, Intergovernmental Panel on Climate Change, 1994

schon allein nach dem gesunden Menschenverstand erwarten, daß sich der Treibhauseffekt verstärkt und die mittlere Temperatur der Erde erhöht.

Wie schnell wird sich das Klima der Erde ändern? Zwei Kommissionen haben dies zu beantworten versucht, die Enquête-Kommission »Vorsorge zum Schutz der Erdatmosphäre« des Deutschen Bundestages und das »Intergovernmental Panel on Climate Change« (IPCC) der Vereinten Nationen. Um die zukünftige Tem-

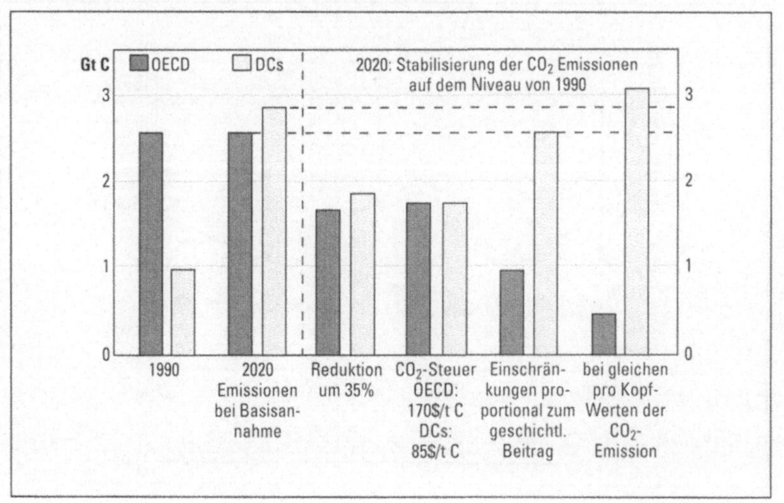

Abbildung 8: CO$_2$-Emissionen durch Energieverbrauch heute und 2020, OECD gegenüber Entwicklungsländer (DCs)
Quelle: IIASA

peraturerhöhung errechnen zu können, muß man Annahmen über die Entwicklung der Kohlendioxyd-Emissionen machen. Eine solche Annahme könnte lauten: Die Industrieländer verringern ihre Emissionen bis zum Ende des nächsten Jahrhunderts auf 25 Prozent und alle Länder der Welt zusammen auf die Hälfte des Wertes von 1990. Unter dieser Annahme steigt die mittlere Temperatur der Erde um einen Wert zwischen 1 und 2,4 Grad Celsius. Ein anderes Szenario ist das »business as usual«-Szenario, die Fortschreibung des Trends der Vergangenheit: Die Kohlendioxydemissionen steigen dann bis zum Jahr 2100 um den Faktor 2,7 (siehe Abbildung 7). Für diesen Fall errechnet das IPCC einen Temperaturanstieg von 1,5 bis 4,1 Grad Celsius. In der Spannweite der Voraussagen spiegeln sich unterschiedliche Annahmen darüber wieder, wie empfindlich das Klima auf Änderungen des Kohlendioxydgehalts der Atmosphäre reagiert; der untere Wert ergibt sich bei optimistischen und der obere Wert bei eher pessimistischen Annahmen[9].

Wenn die Änderung der mittleren Erdtemperatur auf nicht mehr als ein Grad bis zum Ende des nächsten Jahrhunderts begrenzt bleiben soll, muß der Kohlendioxydausstoß der Welt bis zum Jahr

2050 auf die Hälfte reduziert werden und darf gegen Ende des nächsten Jahrhunderts höchstens 10 bis 20 Prozent des heutigen betragen. Dies ist keine leichte Aufgabe. Allein eine Stabilisierung der Emissionen weltweit auf den Stand von 1990 bedeutet für die Industrieländer, wenn allen Menschen pro Kopf die gleichen Emissionen zugebilligt werden, eine Senkung ihrer Emissionen um zirka 80 Prozent (siehe Abbildung 8).

Wie sicher sind diese Berechnungen? Klimatologen verwenden für solche Hochrechnungen modellhafte Nachbildungen des Klimasystems im Computer. Es gibt sehr unterschiedliche Modelle; ihre Architektur hängt davon ab, welche Fragestellung im Vordergrund steht und natürlich von der vorhandenen technischen Ausrüstung. Alle Modelle, ob Regressionsmodelle, eindimensionale oder komplexe dreidimensionale Modelle, zeigen denselben Trend der Temperaturänderung mit ähnlicher Bandbreite. Natürlich ist noch nicht alles am Klimasystem verstanden; die Bedeutung der Wolken wird noch untersucht, oder die Rolle der Ozeane. Aber die Simulationsmodelle sind bereits sehr gut in der Lage, das – ja bereits bekannte – Klima der Vergangenheit richtig nachzubilden. Die Berechnungen sind zuverlässig genug, die Aussage zu stützen, daß wir mit einer globalen Klimaänderung rechnen müssen. Auch wenn einzelne Wissenschaftler immer noch nicht überzeugt sind: Eine vorsorgende Politik zwingt uns heute, die Klimaänderung als ein Faktum anzunehmen. Die Menschheit hat nicht noch eine Ersatzerde in Reserve, auf die sie umziehen kann, wenn das Klima dieser Erde sich zu sehr geändert hat.

Eine Klimaänderung wird große Auswirkungen auf die Welt haben. Extreme Wetterlagen (Stürme, Trockenzeiten, Überschwemmungen etc.) werden zunehmen, durch die Veränderung von mittlerer Temperatur und Niederschlagsmengen werden sich Vegetationsgebiete verschieben und damit die Erträge der Landwirtschaft dort, die Natur wird durch die hohe Geschwindigkeit der Klimaänderung »gestreßt«, was dazu führen wird, daß noch mehr Tier- und Pflanzenarten aussterben werden. Die Erhöhung des Meeresspiegels wird fruchtbares Agrarland in den Flußdeltas versalzen lassen, Vegetationsgebiete verändern und damit Wanderungen von Menschen auslösen. Die Berechnungen sagen einen um etwa zwanzig Zentimeter höheren Meeresspiegel bis zum Jahr 2030 voraus, falls wir nichts unternehmen, also im Szenario »business as usual«.

Selbst wenn wir die Emissionen zu irgendeinem Zeitpunkt stoppen, wird das Klimasystem viele Jahrzehnte brauchen, um darauf zu reagieren und sich in einem neuen Gleichgewichtszustand zu stabilisieren. Dies ist auch die Ursache, daß wir nicht warten können, bis die Fakten auch noch den letzten zweifelnden Wissenschaftler oder Politiker überzeugt haben. Wegen der Trägheit des Klimasystems ist es dann, wenn die Klimaänderung zweifelsfrei erwiesen ist, deutlich zu spät für ein Umsteuern unserer Energiepolitik ohne gravierende Folgen. Dies bedeutet, daß wir die Klimaänderungen der nächsten Jahrzehnte schon gemacht haben und unsere heutigen Emissionen das Problem noch verschärfen. Dieses langsame Reagieren des Klimasystems ist auch ein Grund, mit einer Emissionsverringerung sofort zu beginnen. Aber es genügt nicht einmal, sich auf allmähliche Veränderungen dieser Art einzustellen. Auch sprunghafte Ereignisse können stattfinden. Neuere Forschungen ergaben, daß vor 7700 Jahren das Schmelzen des Labradoreises den Meeresspiegel in sehr kurzer Zeit um zehn Meter steigen ließ.

Energieerzeugung aus fossilen Energieträgern stützt sich auf endliche Ressourcen, die bei gegenwärtigen Abbauraten noch zwischen 43 und 233 Jahre reichen. In der Energieerzeugung aus fossilen Energieträgern stecken – siehe Klimaänderung – bekannte Risiken für die ganze Erde und über die Grenzen von Generationen hinweg. Jede dieser beiden Aussagen reicht aus, klarzumachen, daß eine zukunftsfähige Energiewirtschaft nicht auf den fossilen Energieträgern aufbauen kann. Selbst ohne das Klimaproblem sind wir heute an dem Punkt angekommen, wo wir nach einer Alternative zu den fossilen Energieträgern suchen müssen. Das Klimaproblem zwingt uns innerhalb weniger Jahre die Nutzung der fossilen Energieträger zu verringern und in einigen Jahrzehnte aus der Nutzung der fossilen Energien auszusteigen. Dabei müssen die Industrieländer den Entwicklungsländern vorauseilen, dort sollte der Energieverbrauch aus fossilen Energieträgern bis ins Jahr 2020 auf ein Fünftel sinken.

Zwischen der Entdeckung der Kernspaltung durch Otto Hahn und Fritz Strassmann 1938 und dem ersten Forschungsreaktor von Enrico Fermi, der im Dezember 1942 in Betrieb ging, vergingen nur vier Jahre. Der Krieg machte es möglich. Dieser Reaktor sollte niemals Energie erzeugen, sondern waffenfähiges Plutonium. Ganz im Sinne der damals in den USA herrschenden »New Deal«-Mentalität und der Angst vor einer deutschen Atombombe investierte die amerikanische Regierung 1942 in das geheime »Manhattan Projekt« 16 Millionen Dollar, 1943 schon 350 Millionen und 1944 bereits 1000 Millionen Dollar zur Entwicklung der Atomwaffen.

Erst 1946 kam die zivile Nutzung der Kernenergie als zusätzliche Option dazu. Allerdings sollten Rüstungsinteresse und energietechnologisches Interesse noch eine ganze Weile einhergehen. Das größte Kraftwerk der Welt der fünfziger Jahre, »Calder Hall« in Großbritannien (Bauzeit 1956 bis 1959) mit seinen vier Blöcken zu je 50 Megawatt, diente mehr der Plutoniumproduktion als der Energieerzeugung. In der Bundesrepublik herrschte damals ein breiter Konsens über die Nutzung der Atomenergie. Geradezu überhastet entstand noch 1955 – die Souveränität war gerade zurückgewonnen – das Atomministerium unter Franz Josef Strauß. Ebenfalls im selben Jahr werden die Deutsche Atomkommission sowie die Atomkommissionen beim Bundesverband der Deutschen Industrie (BDI) und beim Deutschen Gewerkschaftsbund (DGB) gegründet. Die Energieversorgungsunternehmen waren in diesen Anfangsjahren an der Atomtechnik wenig oder gar nicht interessiert; der Atomstrom war ihnen zu teuer. Forschungspolitische und wirtschaftspolitische Argumente – »Industriestandort Deutschland« – wurden für die Atomenergie ins Feld geführt. Nach wenigen Jahren des Booms gingen dann schon von Mitte der siebziger Jahre an weltweit die Auftragszahlen für neue Atomkraftwerke zurück. Die Atomkraftwerk-Katastrophen von Harrisburg (1979) und Tschernobyl (1986) heizten weltweit die Diskussion über Sicherheit und Verantwortbarkeit der Nutzung der Atomenergie an.

Nuklearenergie wird heute weltweit ausschließlich zur Stromerzeugung eingesetzt. Japan, Westeuropa und Nordamerika haben in den letzten Jahrzehnten den Anteil der Kernkraftwerke an der Stromerzeugung deutlich ausgebaut. In 33 Ländern waren im Jahr 1992 vierhundertzweiundzwanzig Kernkraftwerke mit einer installierten Leistung von 356 Gigawatt in Betrieb. Sie produzierten 17 Prozent der Stromproduktion der Welt, etwa 2000 Terawattstunden. Diese Produktionsmengen verteilen sich aber regional sehr unterschiedlich über die Erde. Frankreich produziert mehr als 70 Prozent seines Stroms auf Basis von Atomenergie. Ein Großteil der Uranreserven der Welt lagert in Australien, Südafrika und Kanada. Diese Reserven belaufen sich auf 2,1 Millionen Tonnen; bei gegenwärtiger Nutzungsgeschwindigkeit würden sie rund sechzig Jahre reichen. Die Reichweite kann mit Brutreaktoren erhöht werden durch das Erbrüten von Plutonium, einem hochgiftigen und radioaktiven Material mit einer Halbwertszeit von etwa 24000 Jahren.

Wenn mit Hilfe der Kernspaltung Strom erzeugt wird, entstehen immer radioaktive Nuklide. Diese radioaktiven Abfallstoffe können über den gesamten Brennstoffkreislauf nicht vollständig von der Biosphäre abgeschirmt werden. Streuverluste (dissipative Verluste) sind unvermeidlich. Diese sehr langlebigen Stoffe lagern sich in der Natur an und erhöhen langsam den Strahlungspegel auf der Erde. Hinzu kommt das nicht gelöste Problem der Endlagerung der Abfälle und die Gefahr von Unfällen mit der Freisetzung großer Mengen radioaktiver Stoffe. Die Frage, welche Wirkung diese Strahlung langfristig auf die Natur hat, ist nicht zu beantworten.

Darüber hinaus müssen Wiederaufarbeitungsanlagen und Endlagerstätten wegen der enormen Gefahren für Mensch und Natur, die in ihnen schlummern, permanent und über Generationen hinweg überwacht werden. Sollte die Menschheit in eine Plutoniumwirtschaft eintreten, wird die zusätzliche Gefahr der Verbreitung von Atomwaffen akut. Jüngste Beispiele des Handels mit radioaktiven Nukliden aus der ehemaligen UdSSR zeigen, daß es unmöglich ist, dieses zu unterbinden. All dies und vieles mehr verdeutlicht, daß Kernspaltung keine Option für eine zukunftsfähige Energiewirtschaft sein kann.

Kernfusion, die andere Form der Nutzung der Kernenergie, ist die Verschmelzung leichter Atomkerne zu schwereren. Dieses Prinzip wurde in der Wasserstoffbombe eingesetzt, um zu einer noch höheren Sprengkraft als bei den Kernspaltungsbomben zu kommen. Aber auch unsere Sonne erbrütet ihre Energie durch Fusionsprozesse. Um möglichst viele Atomkerne verschmelzen zu können, erhitzt man Wasserstoffgas auf eine Temperatur von mehreren Millionen Grad und verdichtet es. Dieser Zustand wird Plasma genannt. Damit das Plasma nicht mit dem Baumaterial in Berührung kommt – kein irdisches Material hält diese Temperaturen aus, wird es in einem Magnetfeld eingeschlossen und berührungslos in der Brennkammer aufgehängt.

Von den denkbaren Fusionsreaktionen verspricht die Verschmelzung der beiden Wasserstoffisotope Deuterium und Tritium die effektivste Energienutzung bei gleichzeitig geringster notwendiger Plasmatemperatur. Tritium ist ein radioaktives Isotop des Wasserstoffs mit einer Halbwertszeit von 12,3 Jahren. Es ist in der Natur nur in Spuren zu finden; allerdings kann es aus Lithium mit Hilfe von Neutronen erbrütet werden. Deuterium findet sich überall, wo es Wasser gibt, und auch die Lithiumvorräte sind geographisch gleichmäßig über die Erde verteilt; sie würden für eine sehr lange Nutzung der Fusionskraftwerke ausreichen.

Vor fünfzig Jahren wurde die Idee des Fusionsreaktors geboren. Als in den sechziger Jahren ein technisch vielversprechendes Bauprinzip, das sogenannte Tokamak-Prinzip, erfunden wurde, lautete die Prognose, in den neunziger Jahren dieses Jahrhunderts werde es den ersten Reaktor geben. Anfang der achtziger Jahre verschob sich die Ankunftszeit in das erste Jahrzehnt des nächsten Jahrhunderts. Bis heute gibt es trotz weltweit hoher Forschungsmittel kein funktionsfähiges Fusionskraftwerk, noch nicht einmal auf dem Reißbrett. Im Jahr 1990 steckten die USA, Großbritannien, Japan, Deutschland und Italien 810 Millionen Dollar in die Fusionsforschung, nicht eingerechnet der Teil der Forschung, der über militärische Projekte abgewickelt wurde. Im gleichen Jahr gaben diese Länder für alle Techniken zur Nutzung erneuerbarer Energien zusammen weniger als 400 Millionen Dollar Forschungsmittel aus. Dieser Trend setzte sich auch in den letzten Jahren fort. Besonders die EU zeichnet sich durch Spendierfreudigkeit in Sachen Fusion aus.

Eines der Probleme eines solchen zukünftigen Kraftwerkes ist das radioaktive Tritium. In einem Tokamak-Reaktor befindet sich das Plasma in einer Brennkammer, die wie ein Autoreifen geformt ist. Um das Plasma herum, also auf der Hülle des Autoreifens, ist ein Mantel (englisch: blanket) aus Lithium angeordnet, in dem neues Tritium erbrütet wird. Tritium findet sich also sowohl im Plasma wie im Brutmantel (breeding blanket). Tritium hat nun die unangenehme Eigenschaft, feste Materialien durchdringen zu können, um so besser, je heißer es ist. Sowohl im Plasma als auch im Brutmantel hat das Tritium sehr hohe Temperaturen. Diffundiert es an die Luft, so kann es sich zu Wasser umwandeln, in dem der Wasserstoff durch Tritium ersetzt ist (tritiertem Wasser), und damit umwelt- und sicherheitstechnische Probleme erzeugen.

Die Nutzung von Lithium ist ein weiteres Problem. Lithium ist ein hoch korrosives Material, welches die Lebensdauer der Bauteile, mit denen es in Berührung kommt, verkürzt. Wird Lithium freigesetzt, kann es zu einem extrem heißen Brand kommen. Folge dieses Brands könnte sein, daß der gesamte Lithiumbestand freigesetzt wird und, falls die erste Wand verletzt wird, auch der gesamte innerhalb der ersten Wand eingeschlossene Bestand an radioaktiven Isotopen.

Sollten alle technischen und wissenschaftlichen Probleme gelöst werden, so sind aus heutiger Sicht dennoch einige Fragen offen. Entscheidende Bauteile eines Fusionsreaktors sind extremen Belastungen ausgesetzt und müssen häufig ausgetauscht werden. Wird bei den zu erwartenden Standzeiten dieser Bauteile zwischen zwei und zehn Jahren Strom zu einem sinnvollen Preis produziert werden können? Und was viel wichtiger ist: Hat diese Art der Energieerzeugung eine positive Energiebilanz, erzeugt sie also mehr Energie, als hineingesteckt werden muß, und wenn ja, nach wieviel Betriebsjahren? Auf beide Fragen gibt es bis heute keine schlüssige Antwort. Schlimmer noch: Die Ergebnisse der vorliegenden Experimente, die ja noch keine positive Energiebilanz haben, sind hochgerechnet worden. Die Ergebnisse dieser Schätzungen unterscheiden sich um den Faktor fünf; nach ihnen ist die Energie aus Fusionsreaktoren mindestens dreimal so teuer wie die aus den teuersten Kernkraftwerken.

Angenommen, auch dieses läßt sich zufriedenstellend klären, dann ist immer noch zu fragen, wie viele ökologische Risiken in der intensiven Nutzung der Kernfusion stecken. Ist die Kernfusion ein wichtiger Bestandteil der zukünftigen Energiewirtschaft, dann ist weltweit mit 500 bis 2000 Reaktoren mit einer Leistung von 1000 Megawatt zu rechnen. Diese Reaktoren produzieren im Laufe ihrer Betriebszeit von 30 Jahren fünfmal so viel radioaktiven Müll (aktivierte Strukturmaterialien, kurzlebige hochradioaktive Stoffe) wie ein entsprechender Kernspaltungsreaktor.

Fusionsreaktoren werden bis heute unbekannte Mengen Tritium in die Umwelt entlassen – während des Normalbetriebs, durch Unfälle (Brand, sonstige Störungen, etc.), bei Wartungen und durch die unvermeidlichen dissipativen Verluste. Tritium strahlt mit einer Halbwertszeit von 12,3 Jahren Betastrahlung ab, eine Strahlung mit nur kurzer Reichweite. Wird allerdings diese Strahlung im menschlichen Körper freigesetzt, werden viele Zellen geschädigt. Von den beiden chemischen Formen, in denen Tritium dann auftritt – dem Tritiumgas T_2 und tritiertem Wasser HTO, in dem ein Wasserstoffatom durch ein Tritiumatom ersetzt ist, ist HTO die weitaus problematischere. HTO verhält sich wie Wasser, das heißt, es wird sich in unsere Biosphäre in Flora und Fauna eingliedern, es wird von allen Lebewesen aufgenommen werden und Schäden erzeugen, mit noch unbekannten Auswirkungen auf die gesamte Biosphäre.

Kernfusion ist heute keine einsetzbare Energietechnik. Ob in dreißig oder fünfzig Jahren ein solches Kraftwerk funktionieren wird, kann heute nicht vorhergesagt werden. Aber allein die Gefahr der schleichenden Verseuchung unserer Umwelt ist, wie bei der Kernspaltung, Grund genug, diese Technologie als nicht zukunftsfähig zu bezeichnen.

Erneuerbare Energien

Der Menschheit steht seit Urzeiten ein Reaktor zur Verfügung, der ohne Umweltprobleme und zusätzliche Forschung einen Fusionsprozeß in Gang hält. Mit einer Masse von 3 332 270 Erdmassen produziert die Sonne dauernd, auf jedem Quadratmeter ihrer Oberfläche, eine Strahlungsenergie von 63 Megawatt. Auf die Erde fallen 175 000 000 000 Megawatt, auf jeden Quadratmeter Erdoberfläche ungefähr 1,3 Kilowatt, und dies noch für einige Millionen Jahre. Viele Energietechnologien ermöglichen heute die Nutzung der von der Sonne eingestrahlten Energie. Wollte man das Energieproblem der Zukunft mit einer dieser Technologien allein lösen, zum Beispiel der Biomasse, würde dies aus heutiger Sicht auch zu Risiken für die Umwelt führen. Aber bei einem kombinierten Einsatz dieser Technologien verkehrt sich eine allgemein als Nachteil der erneuerbaren Energien angesehene Eigenschaft zu einem Vorteil.

Anlagen, die erneuerbare Energieträger nutzen, liefern Energie nur sehr »dünn«; sie haben, wie es in der Fachsprache heißt, eine sehr geringe Leistungsdichte. Zum Vergleich: Ein Kohlekraftwerk hat eine Leistungsdichte von 500 Kilowatt pro Quadratmeter, die Windenergie von weniger als 3 Kilowatt pro Quadratmeter, die Solarstrahlung von weniger als 1,35 und die Biomasseproduktion von zirka 0,0002 Kilowatt pro Quadratmeter. Kurz gesagt: Ein Kraftwerk auf der Basis erneuerbarer Energieträger braucht sehr viel mehr Fläche, um die gleiche Energieleistung zu erbringen wie ein konventionelles Kraftwerk. Diese Leistungsdichten sind aber auch ein Maß dafür, wie stark solch eine Technik auf die lokale Biosphäre einwirkt; je geringer die Leistungsdichte, desto geringer die Einwirkung (siehe Abbildung 31).

Bei der Nutzung der erneuerbaren Energien treten keine Abfälle auf, die sich in der Natur anreichern. Selbst das Kohlendioxyd, das bei der Verbrennung von Biomasse freigesetzt wird, ist vorher, beim Entstehen der Biomasse, der Atmosphäre entnommen worden. Boden- und Wasserschäden durch den Anbau von Biomasse lassen sich durch geeignete Anbaumethoden vermeiden. Die bei der Produktion der Anlagen anfallenden Stoffe, zum Beispiel Säuren in der Photovoltaik, können umweltgerecht beseitigt oder rezykliert werden. Bis heute sind keine globalen oder Generationengrenzen überschreitenden Risiken der Nutzung der erneuerbaren Energien bekannt (siehe hierzu das Kapitel »SES-Pfad und Umwelt«).

Drei Gruppen von Technologien stehen heute zur Verfügung, mit denen Energie zum Nutzen des Menschen bereitgestellt werden kann: die Techniken zur Nutzung fossiler, nuklearer und erneuer-

barer Energien. Unter den Rahmenbedingungen einer zukunftsfähigen Energiewirtschaft sind nach dem Stand der Kenntnisse von
heute nur die erneuerbaren Energien in der Lage, die Menschheit
in der Zukunft mit Energie zu versorgen.

Reportage aus der Zukunft (2004): Windige Jahre

Windkraft an den Nordseehäfen – ein Wahrzeichen der Küstenregionen seit Jahren. Es gibt fast keine Insel- oder Küstengemeinde mehr ohne ein oder mehrere Windräder in der Hafenanlage oder an einem anderen günstigen Standort.

Nach dem unvergleichlichen Siegeszug der Windkraftnutzung im vergangenen Jahrzehnt wird in diesen Tagen der größte Offshore-Windpark der Welt seiner Bestimmung übergeben. Der Windpark entsteht in der Nordsee vor der Küste von Sylt und wird eine Gesamtleistung von 15 Megawatt haben. Jedes der fünfzehn Windräder hat eine Spitzenleistung von einem Megawatt. Einige der Windanlagen sind für sehr schwachen Wind ausgelegt, andere für stärkeren. Die Mehrzahl der Windanlagen hat eine veränderliche Flügelgeometrie (Wölbklappen) und können bei unterschiedlichen Windstärken arbeiten. Wegen dieser Kombination unterschiedlicher Windräder, und weil der Wind auf dem Meer gleichmäßiger weht als über Land, dreht sich in diesem Windpark immer irgendwo etwas, wodurch die Gesamtanlage eine überdurchschnittlich hohe Betriebsstundenzahl im Jahr erreicht.

Damit ist die Landesregierung von Schleswig-Holstein ihrem Ziel, bis zum Jahr 2010 etwa 20 Prozent des Strombedarfs aus Windenergie zu decken, wieder einen großen Schritt näher gekommen. Andere Küstenstreifen in der Nordsee sollen ebenfalls mit Offshore-Windkraftanlagen bestückt werden. Die Europäische Union will Mittel für ein großes Projekt vor der schottischen Küste bereitstellen. Hier sollen zum erstenmal Anlagen mit einer Spitzenleistung von 1,5 Megawatt installiert und dem kommerziellen Betrieb übergeben werden. Der schottische Energieversorger plant weitere Anlagen dieser Klasse etwa zehn Kilometer vor der Küste in dreißig Meter tiefem Wasser zu verankern, um das riesige Angebot der Windkraft auszunutzen.

Ein Ende des Erfolgs der Windenergie ist nicht abzusehen. Seit Anfang der neunziger Jahre boomt das Geschäft mit jährlichen Zuwachsraten von durchschnittlich 100 Prozent. Auch die Rezession 1992/93 tat der Erfolgsstory der Windkraftnutzung keinen Abbruch. Die Windanlagenbauer und -betreiber sind jetzt dick im Geschäft und erobern Prozentpunkt um Prozentpunkt vom Energiemarkt. »Die Windkraft ist ein lohnendes Geschäft geworden«, so der Self-Made-Manager einer bekannten Anlagenfirma. »Durch die Förderprogramme im zurückliegenden Jahrzehnt, zum Beispiel das 250-Megawatt-Programm des Bundes, sind die Installationszahlen derart in die Höhe geschnellt, daß wir mit der Projektierung kaum nachgekommen sind. Nun sind unsere Produktions-Einrichtungen ausgebaut, und wir installieren am laufenden Band.«

Außerdem haben die Anlagen vor der Küste von Sylt einen wunderbaren Nebeneffekt: Mit diesen Windrädern wird nicht nur Strom produziert sondern auch aktiver Küstenschutz geleistet. Denn der zunehmende Landraub durch die Sturmfluten der Nordsee soll, so hoffen die Experten, durch die Deiche, auf denen die Anlagen aufgestellt wurden, eingedämmt werden. Die bewährte Taktik der erneuerbaren Energien, zwei Fliegen mit einer Klappe zu schlagen, hat auch hier wieder gut funktioniert und trug zu einer deutlichen Kostensenkung bei.

Nicht nur die Installationszahlen von Windrädern sind explodiert, sondern auch das Stellenangebot in dieser Branche. Während die anderen Energieproduktionszweige seit Jahren Arbeitsplätze abbauen, schaffen die Erneuerbaren immer mehr Brot und Arbeit. Bestätigt wird diese Aussage von dem engagierten Firmenchef der Anlagenfirma: »Außerdem ist es uns gelungen, unseren Mitarbeiterstamm innerhalb kürzester Zeit zu verdreifachen.« Sicherlich kann dieser Wirtschaftszweig nicht alle Arbeitslosen beschäftigen, doch ist zu hoffen, daß bei einem weiteren Ausbau von Windparks, Biogasanlagen, solaren Nahwärmesystemen und anderen Anlagen,

die die erneuerbaren Energien nutzen, weitere Arbeitsplätze geschaffen werden können.

Dieser erste Windpark ist auch ein Musterstück des deutschen
Maschinenbaus, mit dem Werbung für den Export solcher Anlagen
gemacht werden kann und das deshalb den Industriestandort
Deutschland sichern hilft. Ausländische Investoren, insbesondere
aus dem pazifischen Raum, sind schon heute bei der Eröffnung
dabei. Im pazifischen Raum sind im Rahmen des dortigen Klima-
schutzprogrammes große Investitionen in Windanlagen geplant.
Offshore-Windanlagen an Hafeneinfahrten oder im Flachwasser
sind bei den dortigen Inselstaaten besonders gefragt. Marktführer
in dieser Technologie wie Deutschland und Dänemark können nur
dann erfolgreich exportieren, wenn sie auch zuhause die Einsatz-
fähigkeit dieser Anlagen nachgewiesen haben.

Die glorreichen Sieben –
Erneuerbare Energien

Menschliche Entwicklung hat Jahrtausende lang hauptsächlich auf erneuerbaren Energiequellen basiert. Wir sind heute derart daran gewöhnt, unsere Arbeiten von Maschinen erledigen zu lassen, daß wir die älteste mechanische Arbeitskraft übersehen: die Muskeln. Noch nach dem Zweiten Weltkrieg war die Muskelarbeit in Landwirtschaft, Bergbau, Handwerk und insbesondere im Haushalt von größerer Bedeutung als die Maschinenarbeit. Zur Zeitenwende hatten Rom und die Hafenstadt Ostia eine gemeinsame Bevölkerung von einer Million Menschen, von denen ein Drittel Sklaven waren. Die Sklaven, in vielen historischen Werken ungenannt, ermöglichten erst die großen Leistungen in der Architektur oder im Straßenbau. Und auch die Leistungen in der Philosophie oder der Literatur sind durch sie erst möglich geworden, weil dank ihnen die Bürger der sklavenhaltenden Regionen Zeit dafür bekamen. In Europa hat die Sklaverei bis in das letzte Jahrhundert hinein ihre Bedeutung gehabt. In Nord- und Südamerika war die Sklaverei bis in die Mitte des letzten Jahrhunderts sehr stark verbreitet. In Saudi-Arabien wurde das Halten von Sklaven erst 1962 verboten. Bis zum Ersten Weltkrieg wurden in Deutschland Kinder zum Kauf angeboten, die dann vornehmlich in der Landwirtschaft arbeiteten. Dieser Rückblick soll nicht nahelegen, daß wir zurück zu Sklavenhaltung und Kinderhandel gehen sollten. Er soll nur daran erinnern, daß die Entwicklung der menschlichen Zivilisation sehr stark von der Muskelkraft vorangetragen worden ist.

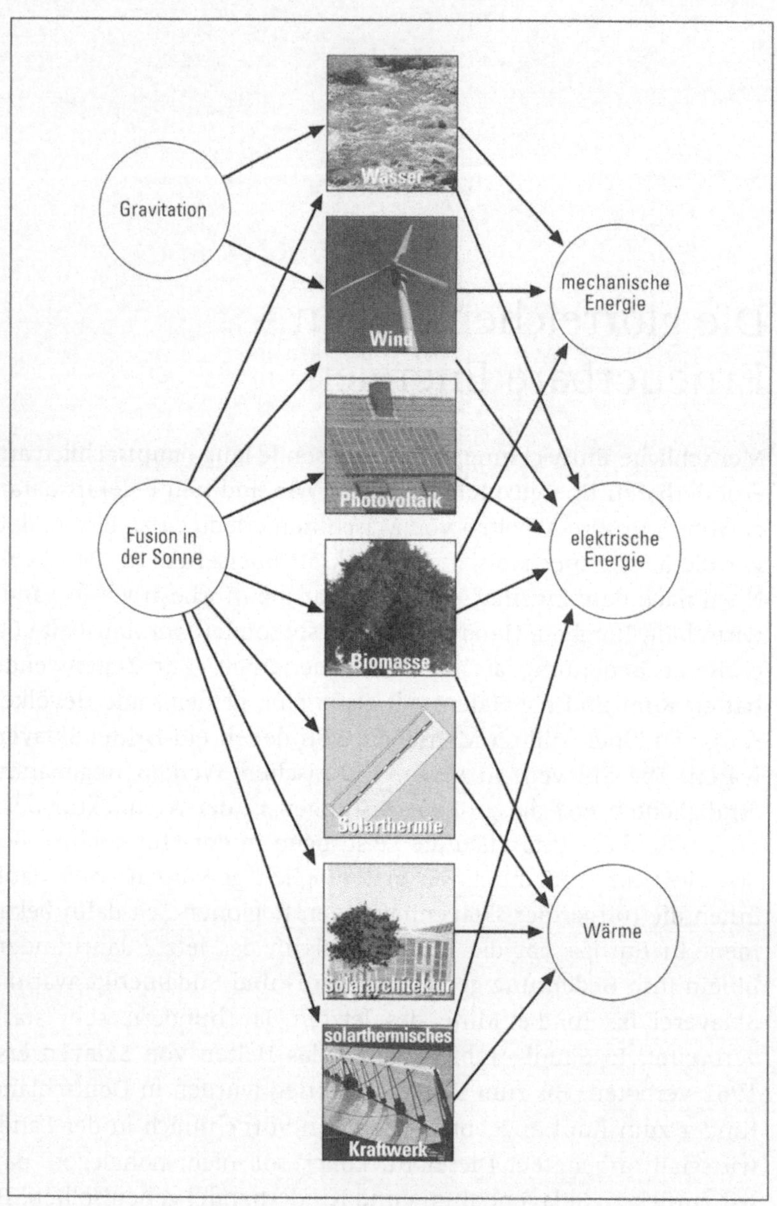

Abbildung 9: Sieben Technologien erlauben die Umwandlung von Fusionsenergie aus der Sonne und gravitativer Energie in Wärme, Strom und mechanische Energie.

Auch heute noch von großer Bedeutung ist die Muskelkraft von Tieren. Pferde stehen dem Menschen seit 5000 Jahren zur Verfügung, und der Ochse legt sich vermutlich noch länger zum Nutzen des Menschen ins Geschirr. Mit tierischer Muskelkraft wird gepflügt, transportiert, Wasser gepumpt, und es werden Maschinen angetrieben – auch heute überall in der Welt.

Neben der Muskelkraft war die Verbrennung der Biomasse, das Feuer, eine für die Zivilisation sehr wichtige Energiequelle. Holz im häuslichen Kamin oder in Dampfmaschinen hat vor und während dem Kohlezeitalter das Rückgrat der Energieversorgung in der Technik gebildet. Der Übergang zur Kohle war teilweise erzwungen durch Holzknappheit. Das übermäßige Abholzen der Wälder hatte zu Versorgungsengpässen in Europa geführt. In den Entwicklungsländern kann heute in manchen Regionen die gleiche Entwicklung beobachtet werden. Dieses Übernutzen der Wälder hat früher und auch heute zu schweren ökologischen Schäden geführt.

Eine weitere Energiequelle des Menschen war die sinnlich erfahrbare Kraft des Wassers. Wasserkraft hat seit Jahrhunderten Mühlen, Maschinen, Pumpen und Hebewerke angetrieben (erste Zeugnisse sind etwa 2000 Jahre alt). Die sogenannten unter- und oberschlächtigen Wasserräder, die schon die Römer verwendet haben, sind heute nicht unbedingt veraltet. Unterschlächtig heißen Wasserräder, die im strömenden Wasser stehen, oberschlächtig solche, auf die das Wasser von oben strömt. Großanlagen gab es schon in der Antike; in Südfrankreich haben 16 oberschlächtige Wasserräder 32 Mahlwerke angetrieben, die in der Lage waren, 28 Tonnen Mehl täglich zu produzieren. Dadurch, daß Wasserkraft nicht überall zur Verfügung stand, und Sklaven und Tiere die Energiebedürfnisse der damaligen Zeit viel mobiler befriedigen konnten, hat sich die Wasserkraft wahrscheinlich nicht derart entwickelt, wie es möglich gewesen wäre. Im Mittelalter verbreiteten sich die Wasserräder in Europa sehr schnell. Im England des 11. Jahrhunderts werden bei einer Zählung von Wilhelm dem Eroberer ungefähr 5600 erfaßt. Seit Mitte des 19. Jahrhunderts sind die noch heute gebräuchlichen Turbinen entwickelt worden (1849 Francis, 1890 Pelton, 1913 Kaplan). Der Aufbau eines elektrischen Leitungsnetzes vom Ende des 19. Jahrhunderts an machte es dann möglich, Wasserkraft auch in abgelegenen Gegenden in Form von Elektrizität zu nutzen. Im Jahr 1880 wurde das erste elektrische Wasserkraftwerk der Welt im Staat Wisconsin in den USA in Betrieb genommen. Innerhalb von zehn Jahren stieg in den USA die installierte Kapazität auf 2,5 Gigawatt und bis 1930 auf 10,4 Gigawatt; in anderen Teilen der industrialisierten Welt war die Entwicklung ähnlich[10].

Erste Zeugnisse für die Nutzung von Wind als Schiffsantrieb findet man in Ägypten vor 6000 Jahren. Außer als Schiffsantrieb ist der Wind in der Antike nicht genutzt worden. Im Hochland von Persien und in Afghanistan finden sich im achten Jahrhundert und in Europa im zwölften Jahrhundert erste Windanlagen mit senkrechter Welle. Im 17. Jahrhundert wurden die ersten Holländischen Mühlen gebaut, Windmühlen, deren gesamter Dachaufbau in den Wind gedreht werden konnte. Ende des 19. Jahrhunderts gab es an der deutschen und holländischen Küste um die hunderttausend Windmühlen. In den USA werden die Vielflügler, sogenannte Westernräder, für unterschiedlichste Zwecke eingesetzt, vom Wasserpumpen bis zum Antrieb von Maschinen. Erst die Ölkrise von 1973 hat das Interesse an neuerer Windtechnologie geweckt. Seitdem ist die Windkraftanlage zu einer ausgereiften und weltweit eingesetzten Technik geworden.

Erste Zeugnisse für eine Nutzung der Sonnenwärme findet man bei den Griechen, in den Anfängen der Solararchitektur (siehe Abbildung 14). Nach heute allerdings oft bezweifelten Berichten aus dem antiken Griechenland soll Archimedes Hohlspiegel eingesetzt haben, um die Takelage von feindlichen römischen Schiffen in Brand zu setzen. Salomon de Caus, kurfürstlich pfälzischer Ingenieur, hat in seinem 1615 veröffentlichten Werk über die »Gewaltsamen Bewegungen« eine Sonnenkraftmaschine beschrieben, die mit Brennlinsen und Spiegeln einen Springbrunnen betreibt. Vor hundertfünfzig Jahren sind in den USA und in Europa solarthermische Systeme entstanden und angewendet worden. A. Mouchot in Frankreich, Ch. Teller und H.E. Willsie in England, und J. Ericsson konstruierten Paraboloide, in deren Brennpunkt Dampf zum Betreiben einer Dampfmaschine erzeugt wurde. Mouchot und Pifre haben ihre Maschine auf der Pariser Weltausstellung 1878 vorgestellt; die solar beheizte Dampfmaschine betrieb eine Druckerpresse.

Von Parabolrinnenkraftwerken wird erstmals 1911 in den USA berichtet; in Philadelphia/Pennsylvania wird ein Kraftwerk mit 32 PS Leistung in Betrieb genommen. In Kairo soll um diese Zeit ein Solarkraftwerk die Energie für die Bewässerung von Feldern geliefert haben[11]. Mehrere Parabolrinnenkraftwerke wurden während der achtziger Jahre in den USA gebaut. Der Flachkollektor, der heute die am weitesten verbreitete Komponente von Sonnenenergieanlagen darstellt, hat eine lange Geschichte. Schon 1891 wurde in den USA ein Kollektor-Speichersystem für die Brauchwassererwärmung entwickelt, der »Climax Solar-Water Heater« aus Baltimore, der bis zu acht Badende versorgen konnte. Bis 1940 waren viele Tausende dieser und anderer Kollektorsysteme installiert. Diese erste Phase der Sonnenenergietechnik fand ein Ende, als fossile Brennstoffe zu niedrigen Preisen verfügbar wurden.

Erst nach der Ölkrise der siebziger Jahre wurde die Entwicklung wieder vorangetrieben. Nach einem Boom in den Jahren 1976 bis 1980 – die in Europa installierte Kollektorfläche nahm von 45 000 Quadratmeter auf 326 000 Quadratmeter zu – waren die achtziger Jahre von starken Produktionsschwankungen bestimmt. Im Jahr 1981 waren in Europa eine Million Quadratmeter Kollektorfläche installiert, bis 1990 ist diese Zahl nur auf drei Millionen gestiegen[12]. Anfang der neunziger Jahre nehmen die Installationszahlen wieder deutlich zu. 1993 wurden allein in Deutschland 215 000 Quadratmeter Kollektorfläche verlegt, so daß die Gesamtfläche etwa eine Million Quadratmeter erreichte.

Bereits 1839 entdeckte der französische Physiker Alexandre-Edmond Becquerel den photovoltaischen Effekt. Photovoltaik ist die direkte Umwandlung von Sonnenstrahlung in elektrische Energie. Erst 1954 bauten Chapin, Fuller und Pearson bei den Bell Laboratories in den USA die erste funktionsfähige Photozelle. Diese Erfindung wäre wahrscheinlich in den Schubladen der wissenschaftlichen Archive unter dem Stichwort Kuriosität verschwunden, wenn nicht im gleichen Zeitraum die Weltraumforschung ihren Aufschwung genommen hätte. Die blauen Scheiben wurden als Energielieferanten für die Satelliten und Forschungsstationen im Weltall eingesetzt. Damals kostete die Kilowattstunde Photovoltaikstrom mindestens hundert Mark. Trotzdem setzte sich diese Technik für den extraterrestrischen Einsatz sehr schnell durch. Die Anwendung auf der Erde ließ allerdings noch auf sich warten. Erst die erste und die zweite Ölkrise ließen das Interesse an der Photovoltaik sprunghaft in die Höhe schnellen. Seit 1980 wird mit Photovoltaikmodulen für den terrestrischen Gebrauch gehandelt. Seit der ersten Anwendung in der Raumfahrt ist der Preis um einen Faktor 50 gefallen.

Neben den Technologien, die in den folgenden Kapiteln näher erläutert werden, gibt es noch einige andere Technologien für die Nutzung erneuerbarer Energien. Gezeitenkraftwerke nutzen den Tidenhub aus, um Turbinen anzutreiben und Strom zu produzieren. Geothermische Kraftwerke nutzen die Wärme im Inneren der Erde, um Häuser zu heizen oder Dampf zur Herstellung von Elektrizität zu erzeugen. Aufwindkraftwerke können Strom produzieren, und es gibt sicherlich weitere Beispiele, die hier nicht aufgeführt sind. Aus heutiger Sicht sind die im folgenden genannten sieben Technologiegruppen diejenigen, die die zukünftige Energiewirtschaft bestimmen werden.

Um die Möglichkeiten zu bewerten, die in den erneuerbaren Energiequellen stecken, werden wir auf den nächsten Seiten außer einer kurzen Beschreibung der Technik auch die Ergebnisse wissenschaftlicher Studien referieren, die zu ermitteln versuchten, wieviel Energie in Deutschland, in Europa und auf der ganzen Erde mit Hilfe dieser Technik nutzbar gemacht werden kann; man nennt dies Potential-Abschätzungen. Wir werden dabei, dem wissenschaftlichen Sprachgebrauch entsprechend, zwischen drei Potentialbegriffen unterscheiden: Das theoretische Potential ist das physikalische Angebot an Energie aus einer Energiequelle. Dieses physikalische Angebot kann mit Hilfe der Technik nur teilweise nutzbar gemacht werden, weil Energiewandler immer einen begrenzten Wirkungsgrad haben. Übrig bleibt das technische Potential. Berücksichtigt man nun noch die Kosten eines technischen Systems und vergleicht sie mit denen konkurrierender Systeme, dann erlaubt das eine Aussage über das wirtschaftliche Potential. Das wirtschaftliche Potential einer Energietechnik ist der maximale Beitrag dieser Technik zur Energieversorgung zum jetzigen oder einem späteren Zeitpunkt bei einer wirtschaftlichen Konkurrenz mit anderen, meist den fossilen Energieträgern.

In den folgenden Unterkapiteln werden jeweils am Ende die detaillierten Potentiale dargestellt; im letzten Unterkapitel »Geeint sind sie stark« werden diese Potentiale noch einmal zusammengefaßt.

Die Großmutter – Wasserkraft

Das Wasser auf der Erdoberfläche bewegt sich in einem Kreislauf, der den ganzen Globus umfaßt. Angetrieben wird dieser Kreislauf von der Energie der Sonne. Sie bringt das Wasser in Flüssen, Seen und den Meeren zum Verdunsten; Wolken bilden sich, es regnet, und das Regenwasser sammelt sich wieder in Flüssen, Seen und den Meeren, wo es erneut verdunstet. Etwa 577 000 Kubikkilometer Wasser bewegen sich jedes Jahr durch diesen Kreislauf[13], 120 mal der gesamte Inhalt des Michigansees in Nordamerika, der immerhin eine Fläche von 57 757 Quadratkilometern bedeckt und im Durchschnitt 84 Meter tief ist[14]. Wollte man diese Wassermenge in ein Gefäß mit einer Grundfläche von einem Quadratkilometer füllen, dann müßte das Gefäß von der Erde bis zum Mond und noch einmal die halbe Strecke darüber hinaus reichen.

Diesen enormen Wasserfluß kann der Mensch nutzen, um Energie zu gewinnen, denn die Energie der Sonne steckt in den Wassermassen der Flüsse, die zum Meer hin abfließen und kann in technisch nutzbare Energie umgewandelt werden. Wasser, das sich auf einem geographisch höheren Niveau gesammelt hat, enthält mehr potentielle Energie (Höhenenergie) als Wasser in den Meeren. Jede Wasserkraftanlage nutzt die Tatsache aus, daß Wasser beim Strömen von einem höheren zu einem niedrigeren Niveau diese potentielle Energie abgibt. Entweder wird das natürliche Gefälle direkt genutzt, oder das Wasser wird durch ein Wehr oder einen Damm aufgestaut.

Wasserräder machen zwischen 30 und 80 Prozent der Strömungsenergie des Wassers nutzbar; der Wirkungsgrad wird besser, je langsamer das Rad läuft und je stärker das Gefälle ist. Räder aus Eisen sind effizienter als Holzräder. Heutige Turbinen können mit Wirkungsgraden von 75 bis 90 Prozent gebaut werden. Der Wirkungsgrad von Anlagen berücksichtigt auch die Verluste in den Generatoren und den Getrieben; so erreichen heutige Wasserkraftanlagen Gesamtwirkungsgrade von 60 bis 75 Prozent.

Unter den Wasserkraftwerken wird grob unterschieden zwischen Nieder-, Mittel- und Hochdruckkraftwerken. Das Unterscheidungskriterium ist die Stau- oder Fallhöhe des Wassers. Laufwasserkraftwerke, in denen das Wasser bis zu 15 Meter fällt, sind Niederdruckkraftwerke und werden als Flußkraftwerke oder als Kanalstufen gebaut. Das Wasser bleibt aus ökologischen und ökonomischen Gründen in seinem natürlichen Bett und wird durch Wehre gestaut. Diese Kleinwasserkraftwerke haben den Nachteil, daß sie nicht immer gleichmäßig Strom liefern; wenn sich mit der Jahreszeit der Wasserzufluß und damit das Wasserangebot ändert, ändert sich auch die abgegebene Strommenge. Überschüssiges Wasser strömt ungenutzt über das Wehr. Wenn diese Wassermassen zu groß werden, steigt der Wasserspiegel hinter der Turbine an, und die Fallhöhe wird vermindert. Bei Anlagen mit geringen Höhendifferenzen kann dies in Hochwasserzeiten sogar das Abschalten der Turbine erzwingen.

Speicher- und Pumpspeicherkraftwerke sind Mitteldruck- (Fallhöhe bis 100 Meter) oder Hochdruckkraftwerke (Fallhöhe bis 1500 Meter). Sie brauchen Stauräume in Form von Seen oder Flußabschnitten, in denen über kurze Zeit Wasser gestaut wird – man spricht dann von einem Tagesspeicher – oder in denen der Wasservorrat über lange Zeiträume bleibt (Jahresspeicher). Speicherkraftwerke werden meist als Talsperrenkraftwerke errichtet und nutzen natürlich zufließende Wassermengen, also eine erneuerbare Energiequelle. Das ist anders bei Pumpspeicherkraftwerken. Diese Anlagen arbeiten einen Teil der Zeit sozusagen rückwärts. In Zeiten der Stromüberproduktion, beispielsweise nachts oder am Wochenende, nutzen sie die überschüssige elektrische Energie im Netz, um Wasser auf ein höheres Niveau zu pumpen. Die elektrische Energie im Strom wird dabei in potentielle oder Höhenenergie umgewandelt. In Zeiten des Spitzenbedarfs wird das hochgepumpte Wasser auf Turbinen geleitet und wandelt diese potentielle Energie wieder in elektrischen Strom um. Da Pumpspeicherkraftwerke also die Energie aus anderen Kraftwerken brauchen, können sie nicht zu den

Anlagen gezählt werden, die regenerative Energiequellen nutzen. Wenn wir also im folgenden den Stand der Nutzung der Wasserkraft und die noch nutzbaren Potentiale in Zahlen fassen, sind Pumpspeicherkraftwerke nicht berücksichtigt.

Die heute meist eingesetzten Pelton-, Francis- oder Kaplanturbinen sind schon seit langem technisch weitgehend ausgereift. Sie nutzen sowohl den Wasserdruck als auch die Bewegungsenergie (kinetische Energie) des Wassers. Die Peltonturbine wird vorzugsweise bei großen Fallhöhen und kleinen Durchflußmengen eingesetzt. Francisturbinen eignen sich für einen breiten Einsatzbereich mit mittleren Durchflußmengen, während bei vergleichsweise großen Durchflußmengen und geringen Fallhöhen Kaplanturbinen verwendet werden.

Die Effizienz und die Kosten konventioneller Turbinen haben eine Grenze erreicht. Neuerungen im Turbinenbau sind daher allenfalls noch in der Nutzung der bisher wenig ausgeschöpften kleinen Wasserhöhen zu erwarten. Weitere Entwicklungen gibt es im Bau von Staudämmen und Wehren. Neue Werkstoffe zum Beispiel machen es möglich, beim Dammbau mit weniger Wasser und Zement auszukommen, die Bauzeit zu verkürzen und damit die Kosten zu senken. Auch gibt es inzwischen zur Regulierung des Wasserstandes aufblasbare, schlauchförmige Wehre. Das Schlauchwehr kann mit Luft oder mit Wasser gefüllt werden. Der Vorteil ist, daß eine genaue, vollautomatische Stauhaltung möglich wird.

Heute ist die Wasserkraft die größte kommerziell genutzte regenerative Energiequelle der Welt. Mit Hilfe der Wasserkraft sind 18 Prozent der Stromproduktion des Jahres 1992 produziert worden[15]. Das bisher größte Wasserkraftwerk der Welt steht an der Grenze zwischen Brasilien und Paraguay. Der Itaipu-Damm ist acht Kilometer lang und 150 Meter hoch. Mit einer installierten Leistung von 10,5 Gigawatt elektrischer Leistung (GW_{el}), das entspricht einer Leistung von zehn großen Kernkraftwerken, ist dieses Kraftwerk nicht nur das größte Wasserkraftwerk der Welt, sondern das leistungsfähigste Kraftwerk der Welt überhaupt. Es existieren aber auch Kleinwasseranlagen mit weniger als 100 Kilowatt elektrischer Leistung (kW_{el}). Wasserkraft kann nicht nur Strom liefern, sondern auch Brennstoffe. So ist es zum Beispiel möglich, mit dem erzeugten

Strom Wasserstoff zu produzieren und diesen Wasserstoff in verschiedenen Formen in andere Länder zu transportieren. In Kanada und in Norwegen wird diese Form der Wasserkraftnutzung derzeit geprüft.

Die **Kosten** eines Wasserkraftwerks hängen in der Bundesrepublik außerordentlich stark von Standort und Anlagentyp ab. Die Preise für den erzeugten Strom bewegen sich zwischen zwei Pfennig für die Kilowattstunde bei Großanlagen und 80 Pfennig bei Kleinanlagen. Bei Kleinanlagen sind auch Preise von einer Mark oder mehr je Kilowattstunde Strom möglich. Wenn alte Mühlen, Wehre oder Wasserkraftanlagen renoviert werden, die in der Vergangenheit stillgelegt worden sind, können auch Kleinwasserkraftwerke zu Preisen bis hinunter zu zehn Pfennigen arbeiten. Eine Wasserkraftanlage kann 50 bis 100 und mehr Jahre wirtschaftlich lohnend betrieben werden (ökonomische Lebensdauer)[16].

Potential der Wasserkraft: In der Vergangenheit sind einige Studien angefertigt worden, die die Ausbaumöglichkeiten der Wasserkraft in der Bundesrepublik Deutschland untersucht haben. Aktuelle Untersuchungen gibt es zur Zeit nicht, doch kann man annehmen, daß die seinerzeit ermittelten Potentiale weitgehend unverändert geblieben sind. Theoretisch gibt es nach den Angaben in der Literatur ein Wasserkraftpotential in den alten Bundesländern von 99 000 Gigawattstunden pro Jahr (GWh/a); die größten Reserven liegen in Bayern, Baden-Württemberg und in Rheinland-Pfalz. Die praktisch realisierbaren Werte, also das technische Potential, liegen, abhängig von der Anlagengröße, zwischen 20 000 und 35 000 Gigawattstunden pro Jahr. Das technische Potential kann mit etwa 23,6 Prozent vom theoretischen Potential veranschlagt werden; das ergibt sich aus Untersuchungen und Erfahrungen in anderen Ländern. Mit diesem Erfahrungswert ergibt sich ein technisch realisierbares Potential von etwa 23 450 Gigawattstunden im Jahr[17]. Bezieht man die neuen Bundesländer mit ein, erhöht sich das technische Potential nur unwesentlich auf 26 510 Gigawattstunden im Jahr[18], das sind etwa fünf Prozent der elektrischen Energie, die 1992 in das Stromnetz der Bundesrepublik eingespeist wurde (sogenannte Nettostromerzeugung). Genutzt wird das technisch realisierbare Angebot der Wasserkraft heute zu etwa 70 Prozent.

Wie alles, was der Mensch in großem Maßstab nutzt, bewegt
und verändert, ist auch die großtechnische Umwandlung von Wasserkraft in elektrische Energie mit sozialen- und Umweltproblemen
verknüpft. Daher gewinnt die Nutzung der Wasserkraft in kleinen
Anlagen immer größere Bedeutung.

Sehr unterschiedlich wird beurteilt, welchen Beitrag zur Ener-
giebereitstellung in Deutschland kleine Wasserkraftwerke leisten
können. Ehemals gab es in den alten Bundesländern etwa 30 000
Standorte; ihre Zahl hat sich in den letzten Jahren weiter vermindert. Gründe dafür sind das Mühlensterben, Gewässerumleitungen,
Verfall, Unwirtschaftlichkeit, Auflagen und Betriebserschwernisse.
In den Wasserbüchern sind derzeit etwa 13 000 Wasserrechte für die
Nutzung der Wasserkraft in Kleinanlagen mit weniger als einem
Megawatt registriert. Die Hälfte dieser Rechte wurde 1985 auch
tatsächlich genutzt, und zwar in kleinen Wasserkraftwerken mit
einer installierten Leistung von insgesamt 350 Megawatt. Im Mittel
hatten diese Kraftwerke eine Leistung von 54 Kilowatt, und sie
produzierten jährlich etwa 1400 Gigawattstunden elektrischen
Strom[19]. Diese Angabe deckt sich ungefähr mit den Daten der
internationalen Organisation »Water Power & Dam Construction«.
Nach Angaben dieser Organisation lieferten 1989 Kleinwasserkraftwerke mit weniger als zwei Megawatt elektrischer Leistung zusammen 1437 Gigawattstunden Strom; die installierte Leistung betrug
etwa 341 Megawatt[20]. Unterstellt man, daß aus der nicht genutzten
zweiten Hälfte der angemeldeten Wasserrechte ebenfalls etwa 1400
Gigawattstunden Strom im Jahr produziert werden könnten, dann
könnte mit diesen Wasserrechten insgesamt rund ein halbes Prozent
der Nettostromerzeugung der Bundesrepublik von 1992 abgedeckt
werden.

Den Stand der Wasserkraftnutzung und das Entwicklungspo-
tential in der Europäischen Union (EU) gibt die folgende Tabelle
wieder.

Land	produzierte elektrische Energie aus Wasserkraft 1990	installierte Leistung	technisch nutzbares Potential	prozentuale Nutzung
	(TWh)	(GW)	(TWh/a)	(Prozent)
Belgien	0,36	0,093	n.b.	n.b.
Dänemark	0,004	0,01	0,07	0,003
Deutschland	17,8	3,6	27	66
Frankreich	69,6	19,8	72	97
Griechenland	1,8	2,9	16	11
Großbritannien	4,2	1,3	5,2	81
Irland	0,7	0,22	1,2	58
Italien	31,1	12,7	65	48
Luxemburg	0,07	0,028	0,12	58
Niederlande	0,06	0,03	0,13	46
Portugal	9,2	3,1	24,5	38
Spanien	25,7	16,7	65,6	39
EU 12	161	60,5	277	58

Tabelle 1: Technisches Potential der Wasserkraft in der EU,
Quelle: Water Power & Dam Construction: The world's hydro resources; 1992

Demnach sind in der EU etwa 277 Terawattstunden elektrische Energie im Jahr technisch nutzbar. Andere Studien schätzen das technische Potential der Wasserkraft auf 380 Terawattstunden[21]. Die größten ungenutzten Ressourcen sind in Italien und Spanien zu finden. Zur Zeit werden in der EU 58 Prozent des Potentials genutzt, das entspricht einer produzierten elektrischen Energie von 161 Terawattstunden oder neun Prozent der Nettostromerzeugung[22] in den Ländern der EU im Jahr 1992[23]. Aus ökonomischer und ökologischer Sicht gelten die nutzbaren Potentiale großer Wasserkraftwerke (mit mehr als fünf oder zehn Megawatt) als weitgehend ausgeschöpft. 95 Prozent des mit Anlagen dieser Größe wirtschaftlich nutzbaren Potentials werden in der EU auch tatsächlich genutzt.

Länder	produzierte elektrische Energie aus Wasserkraft bis 2 MW (1989)	technisches nutzbares Wasserkraft-potential (1) bis 2 MW	technisches nutzbares Wasserkraft-potential (2) (ohne Angaben)	prozentuale Nutzung (1)
	(GWh/a)	(GWh/a)	(GWh/a)	(Prozent)
Belgien	n.b.	n.b.	n.b.	n.b.
Dänemark	4	n.b.	n.b.	n.b.
Deutschland	1437	2000	2000	72
Frankreich	n.b.	1976	75000	n.b.
Griechenland	8,8	1500	2000	0,6
Großbritannien	n.b.	400	400	n.b.
Irland	n.b.	194	190	n.b.
Italien	1350	n.b.	65000	n.b.
Luxemburg	2,9	5	5	58
Niederlande	n.b.	100	130	n.b.
Portugal	n.b.	15000	6500	n.b.
Spanien	791	n.b.	66000	n.b.
EU 12	3594	21200	217225	n.b.

Tabelle 2: Technisches Potential kleiner Wasserkraftanlagen in der EU (Kraftwerksleistung bis 2 MW),
(1) Water Power & Dam Construction: The world's small hydro power; 1990
(2) Eurostat: Panorama of EC industry 93; Commission of the European Communities, 1993

In der wissenschaftlichen Literatur werden im allgemeinen drei Kategorien von Kleinwasserkraftwerken unterschieden: mikro (weniger als 100 Kilowatt elektrische Leistung), mini (100 bis 1000 Kilowatt) und klein (1000 bis 10000 Kilowatt). Im folgenden werden Angaben zu Kleinwasserkraftwerken immer durch die zugrundegelegte Leistung in Klammern ergänzt. In diesem Leistungsbereich sind bisher nur 20 Prozent des wirtschaftlichen Potentials der EU ausgebaut worden[24].

Installiert sind in der EU im Leistungsbereich bis zwei Megawatt Wasserkraftwerke mit zusammen etwa 2,6 Gigawatt. Wieviel Energie Kraftwerke der Leistungsklasse bis zwei Megawatt aus technischer Sicht liefern könnten, ist nur unvollständig dokumentiert.

Nach Schätzungen der »Water Power & Dam Construction« (siehe Tabelle 2) beläuft sich das Potential in der EU auf mindestens 21,2 Terawattstunden im Jahr. Dies entspricht etwa einem Prozent der heutigen Nettostromerzeugung der Union. Andere Quellen weisen sogar ein technisch nutzbares Potential von Kleinwasserkraftwerken (ohne Spezifizierung der Leistungsgrenze) von 217 Terawatt aus. Damit könnten etwa 10 Prozent der derzeitigen Nettostromerzeugung der EU von 1992 abgedeckt werden.

Region	prod. elektr. Energie (2) (1991) (TWh)	installierte Leistung (2) (1991) (GW)	nutzbares Potential (1) (TWh/a)	genutzter Teil (Prozent)
Nordamerika	579,8	133,7	969	60
Westeuropa	405,3	136,7	910	45
ehem. UdSSR, Osteuropa	260,2	82,3	3994	7
Lateinamerika	390	94	3536	11
Nordafrika, Mittlerer Osten	40,2	13,1	129	10
Afrika	45,1	16,5	1154	4
Pazifik	38,7	12,1	104	37
China	124,8	37,9	1923	6
Asien	397,4	100,7	2381	17
Welt	2281	627	15100	15

Tabelle 3: Technisches Potential Wasserkraft weltweit,
(1) Water Power & Dam Construction: The world's small hydro power; 1990
(2) World Energy Council: Renewable Energy Resources – Opportunities and Constraints 1990 – 2020, Report 1993; World Energy Council, U.K. July 1993

Theoretisch könnte die ganze Welt ihren derzeitigen Strombedarf mehrfach mit Wasserkraft decken. Das theoretische Potential der weltweit aus Wasserkraft zu gewinnenden Elektrizität wird auf 36000 bis 44000 Terawattstunden pro Jahr geschätzt[25].

Der Bedarf an elektrischem Strom liegt derzeit bei etwa 12200 Terawattstunden pro Jahr (1992)[26]. Technisch nutzbar sind nach Untersuchungen der »International Water Power and Dam Construction« weltweit etwa 15 100 Terawattstunden pro Jahr, wovon zur Zeit etwa 15 Prozent genutzt werden[27].

Was technisch möglich ist, muß nicht auch wirtschaftlich sinnvoll sein. Einen Anhaltswert für das wirtschaftliche Potential liefert der Stand der Wasserkraftnutzung in den industrialisierten Ländern. Die Erfahrung dort lehrt, daß die Nutzung von 50 bis 65 Prozent der technisch verfügbaren Ressourcen als ökonomisch sinnvoll eingeschätzt werden kann. Da aber die weltweit größten Potentiale in der ehemaligen UdSSR (3831 Terawattstunden im Jahr) und in den Entwicklungsländern (8900 Terawattstunden im Jahr) zu finden sind, liegt eine realistische Einschätzung eher bei 40 bis 60 Prozent des technischen Potentials, wenn man an die großen Entfernungen denkt, die in diesen Weltregionen zwischen Produzent und Abnehmer von elektrischem Strom liegen können. Demnach wären heute etwa 6000 bis 9000 Terawattstunden weltweit wirtschaftlich nutzbar, also 50 bis 74 Prozent der Weltstromproduktion. Das World Energy Council gibt ein wirtschaftliches Potential von 8295 Terawattstunden pro Jahr an, womit die genannten Zahlen bestätigt werden[28].

Region	prod. elektr. Energie (1989) (GWh)	installierte Leistung (1991) (MW)	nutzbares Potential (GWh/a)	genutzter Teil (Prozent)
Nordamerika	3527	1360	3816	90
Westeuropa	3743	6472	26299	14
Japan, Australien, Neuseeland	n.b.	592	2160	n.b.
ehem. UdSSR, Osteuropa	n.b.	582	493882	n.b.
Lateinamerika	806	494	4643	17
Nordafrika, Mittlerer Osten	n.b.	131	20	n.b.
Afrika	n.b.	88	20685	n.b.
Indien	n.b.	53	5000	n.b.
China	n.b.	9510	1735	n.b.
Asien	10,8	185	n.b.	n.b.
Welt	9060	19427	560400	n.b.

Tabelle 4: Technisches Potential kleiner Wasserkraftanlagen weltweit (bis 2 MW), Quelle: Water Power & Dam Construction: The world's small hydro power; 1990

Ökologisch am wenigsten bedenklich sind Kleinwasserkraftwerke mit Leistungen bis zu fünf Megawatt. Einige Untersuchungen ergaben, daß in hundert verschiedenen Ländern der Welt solche kleinen Wasserkraftwerke zur Zeit geplant und gebaut werden. Die gesamte installierte Kapazität von Kleinwasserkraftwerken mit Leistungen bis zu zwei Megawatt betrug 1989 etwa 19,5 Gigawatt; allein in China sind 49 Prozent der Anlagen installiert[29]. Aus technischer Sicht könnten kleine Wasserkraftanlagen mit Leistungen bis zu zwei Megawatt etwa 560 Terawattstunden Strom im Jahr liefern; das sind vier Prozent des gesamten Wasserkraftpotentials. Das technisch nutzbare Potential von Anlagen mit bis zu 25 Megawatt in China wird auf 220 Terawattstunden geschätzt. Dies entspricht einer Installation von 70 Gigawatt. Bis zum Jahr 2000 sollen davon 23 Gigawatt ausgebaut werden. Zur Zeit arbeiten in China Anlagen dieser Größenklasse mit insgesamt 12,6 Gigawatt; sie erzeugen 36 Terawattstunden elektrische Energie im Jahr[30].

Der Launische – Wind

Wie die Wasserkraft, so ist auch Windenergie eine Form der Sonnenenergie. Die Energie der Sonnenstrahlen erwärmt die Erdoberfläche. Doch das geschieht sehr ungleichmäßig. Wasserflächen können enorme Mengen Wärme speichern und langsam wieder abgeben, Eis reflektiert den größten Teil der Energie sofort wieder, Wald und Wiesen, Ackerboden, Sand oder Fels: Sie alle haben ein sehr unterschiedliches thermisches Verhalten. So entstehen auf der Erdoberfläche Zonen mit unterschiedlichen Temperaturen und Luftdrücken. Diese großräumigen Druckunterschiede erzeugen Kräfte, die auf einen Druckausgleich drängen, und setzen dadurch die Luft in Bewegung.

Die Gesamtleistung des Windes auf der Erde liegt bei 4,3 Petawatt[31]. (Ein Petawatt sind eine Million mal Milliarden Watt oder eine Million Gigawatt.) Von dieser Energie ist allerdings nur ein kleiner Teil in Bodennähe technisch verwendbar. Durch Reibung mit der Landschaft und dem Bodenbewuchs wird das Potential

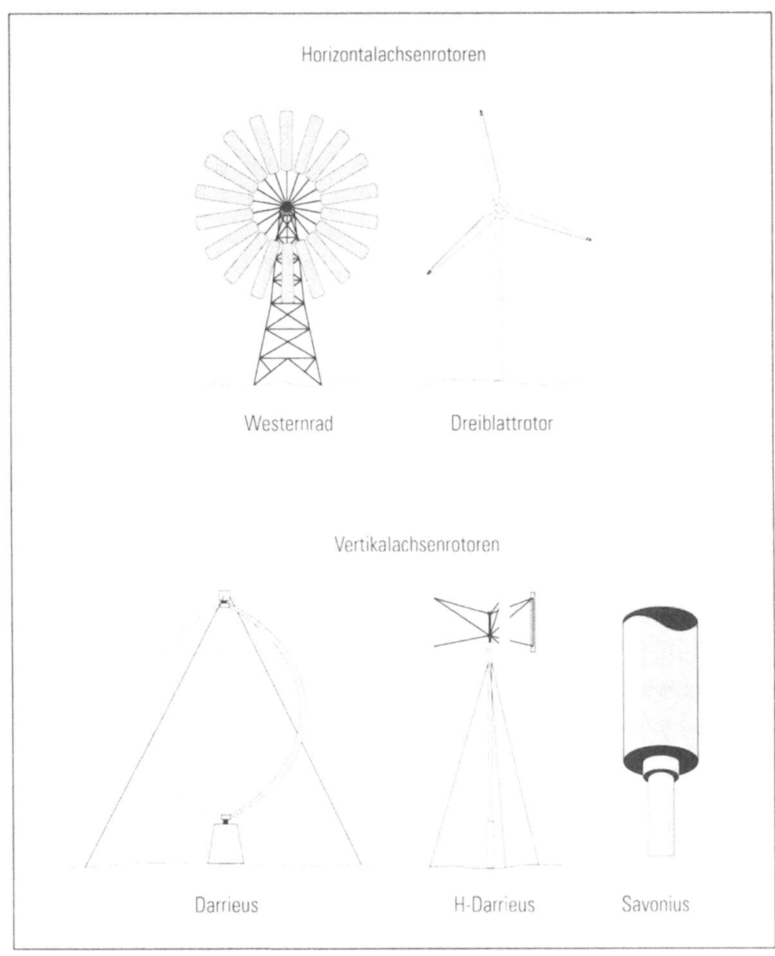

Abbildung 10: Windenergiekonverter

vermindert; der Wind wird gebremst und abgeschwächt, und zwar über Land stärker als an der Küste oder über der See.

Windkraftanlagen wandeln die Strömung von Luft in mechanische Kraft oder Strom um. Das machen sie mit Hilfe eines Rotors, der sich entweder, bei den wohl bekannteren Anlagentypen, um eine waagerechte Achse dreht oder um eine senkrechte. Die Anordnung der Rotorachse ist das Unterscheidungsmerkmal für die heute gebauten Windkraftanlagen. Zum Erzeugen von elektrischer Energie werden heute fast ausschließlich Horizontalachser mit einem, zwei oder drei Flügeln eingesetzt.

Daß man von den typischen, bei uns am ehesten aus Western-Filmen bekannten Vielflüglern (Westernrädern) zu Rotoren mit immer weniger Blättern übergegangen ist, hat technische Gründe: Die Rotoren drehen sich um so schneller, je weniger Blätter sie haben; das verringert den Aufwand für Getriebe und Generator, spart Material und senkt die Kosten. Zur Stromerzeugung werden heute schnelldrehende Zwei- oder Dreiblattrotoren verwendet; sie erreichen einen Wirkungsgrad von 25 bis 30 Prozent. Die Windkraftanlagen zur Stromerzeugung werden entweder durch eine Verdrehung des Rotorblattes um seine Längsachse oder durch die sogenannte Stall-Regelung gesteuert. Bei der Stall-Regelung sind das Rotorblatt und das Profil des Rotorblattes so ausgelegt, daß bei hohen Windgeschwindigkeiten die Luftströmung an den Blättern abreißt. Das verhindert bei stärker werdendem Wind eine Überlastung oder gar Zerstörung. Es existieren Pläne, Rotorblätter mit veränderlichen Profilen zu bauen, so daß der Rotor sich sowohl auf Schwachwind als auch auf Starkwind einstellen kann, ähnlich wie es Flugzeugflügel tun. Solch eine Windkraftanlage könnte auch die Schwachwindzeiten nutzen, würde deshalb insgesamt einen höheren Ertrag liefern und gleichmäßiger produzieren.

Soll ein Rotor dagegen mechanische Energie zum Pumpen von Wasser oder Mahlen von Getreide bereitstellen, werden langsam laufende Vielflügler eingesetzt. Diese Windkraftanlagen werden entweder mit Bremsen gesteuert, oder sie drehen sich bei Starkwind aus dem Wind heraus.

Die zweite Variante der Windkraftanlagen sind die mit senkrecht stehender Rotorachse. Man unterscheidet zwischen Widerstandsläufern und solchen, die den Auftrieb nutzen. Der Savonius-Rotor ist ein typischer Widerstandsläufer, genauso wie die Anemometer, die zur Windmessung eingesetzt werden. Ihre Flügel setzen dem Wind von vorne einen anderen Windwiderstand entgegen als von hinten, und deshalb drehen sie sich. Diese Maschinen laufen schon bei geringen Windleistungen an, liefern aber eine schlechte Energieausbeute (weniger als 20 Prozent der Windenergie). Die

Blätter der Darrieus-Rotoren haben ein Profil, mit dem, wie bei Flugzeugflügeln, der Auftrieb genutzt wird. Einer ihrer Vorteile ist die Wartungsfreundlichkeit: Da die Achse senkrecht steht, hängt der Generator nicht in luftiger Höhe, sondern kann am Boden installiert werden. Die wie bei einem Küchenquirl angeordneten Rotorblätter müssen außerdem nicht dem Wind nachgeführt werden. Der Nachteil ist, daß diese Bauform den Wind nicht dort nutzt, wo er am stärksten bläst, nämlich möglichst hoch über dem Boden. H-Darrieus-Rotoren gleichen diesen Nachteil durch eine höher liegende Anordnung der Blätter aus.

In der EU wird in der Forschung und Entwicklung großer Wert auf Windkraftanlagen mit hoher Leistung – mehr als 750 Kilowatt – gelegt[32]. Grund ist die hohe Bevölkerungsdichte in Europa, die es schwer macht, geeignete Aufstellflächen zu finden. Ein Ausweg wäre die Offshore-Montage, also das Aufstellen von Windkraftanlagen in flachen Gewässern vor den Küsten. Die größten heute kommerziell verfügbaren Windkraftanlagen haben eine Spitzenleistung von mehr als 600 Kilowatt. Anlagen mit Leistungen bis zu einem Megawatt sind in der Entwicklung und werden vermutlich ab 1996 auf den Markt gelangen. Ob die Einheitsleistung weiter erhöht wird, hängt vom Erfolg der Ein-Megawatt-Klasse ab. Experten erwarten allerdings bis zum Jahr 2050 einen Anstieg der Leistungsobergrenze auf drei bis fünf Megawatt pro Anlage, bei einem Rotordurchmesser von 100 Metern[33].

In den Vereinigten Staaten arbeitet die Forschung eng mit den Turbinenherstellern zusammen, um Windkraftanlagen mittlerer Größen weiterzuentwickeln. Schwerpunkte der Forschung liegen dort auf der Weiterentwicklung der Rotoren, Analysen zur dynamischen Belastung der Windkraftanlagen und Untersuchungen von Abnutzungs- und Ermüdungseffekten an den verwendeten Materialien. So können nach einer amerikanischen Studie »variablespeed«-Turbinen den jährlichen Energieertrag um 56 Prozent steigern. Anlagen dieser Art sind zwar ans Stromnetz gekoppelt, arbeiten aber im Gegensatz zu den heute betriebenen Windkraftanlagen unabhängig von der Netzfrequenz.

Etwa 21 000 Windkraftanlagen produzierten 1991 weltweit ungefähr 3,1 Terawattstunden Strom[34]. Unzählige Vielflügler pumpen weltweit Wasser für die Bewässerung von Feldern, insbesondere in den Entwicklungsländern. Es ist unmöglich, abzuschätzen, wie viele dieser Vielflügler es gibt und wieviel mechanische Energie sie erzeugen. Sie gehen in keine Statistik ein, da sie dort hergestellt werden, wo sie auch eingesetzt werden. In Kuba hat man die Zahl dieser Vielflügler auf mehr als 3000 geschätzt[35].

Von 1992 auf 1993, also innerhalb eines Jahres, stieg die installierte Leistung in Deutschland um 120 Prozent[36]. Ende 1994 waren in der Bundesrepublik 2617 stromerzeugende Windkraftanlagen mit einer Leistung von etwa 643 Megawatt installiert[37]. Im Jahre 1995 erwartet die Windenergiebranche Deutschlands einen Gesamtumsatz von einer Milliarde Mark. Triebkraft dieser Entwicklung waren verschiedene Landesförderprogramme, ein 250-Megawatt-Demonstrationsprogramm der Bundesregierung und das Stromeinspeisegesetz, das die Netzbetreiber verpflichtet, für Strom aus erneuerbaren Energiequellen eine höhere Einspeisevergütung zu zahlen. Aber nicht nur in Deutschland, sondern in ganz Europa und Nordamerika nimmt die Installation von Windenergieanlagen mit riesigen Zuwachsraten zu.

Kosten der Windkraft: Je nach Standort und Größe der Windkraftanlage liegen die Preise für die Herstellung einer Kilowattstunde Strom zwischen 10 und 70 Pfennig[38]. Windparks an günstigen Standorten erreichen Preise zwischen 10 und 13 Pfennig je Kilowattstunde[39]. Bei Einzelanlagen im Binnenland können die Preise bei 70 Pfennig und darüber liegen[40]. Kosten für die Vielflügler zu ermitteln, ist unmöglich. An vielen Stellen bieten sie die einzige Möglichkeit, Wasser zu pumpen.

Potential der Windkraft: Grundlage für eine Schätzung des technisch nutzbaren Potentials der Windenergie ist das Angebot an Wind. Technisch interessant sind heute Gebiete, in denen der Wind im Durchschnitt schneller als vier bis fünf Meter pro Sekunde bläst. Doch auch in diesen Gebieten gibt es weitere Einschränkungen. Zum Beispiel können Flächen bereits anderweitig genutzt sein, als Siedlungsfläche, Industriegebiet, Verkehrsfläche oder landwirtschaftliche Nutzfläche, oder es kann sich um ein Landschaftsschutzgebiet oder eine Wasserfläche handeln.

Eine Gruppe von Wissenschaftlern um Martin Kaltschmitt[41] hat in einer Bestandsaufnahme für Deutschland etwa 2,62 Millionen Hektar Land ausgewiesen, über denen der Wind schneller als vier Meter pro Sekunde weht und die keiner landschaftlichen Restriktion unterliegen. Würde man diese Flächen vollständig nutzen, dann könnte man auf ihnen bis zu 117 Terawattstunden elektrischen Strom pro Jahr gewinnen, 23 Prozent der Nettostromerzeugung von Deutschland im Jahre 1992.

Die weitaus größten Potentiale liegen in den Küstenländern Schleswig-Holstein, Niedersachsen und Mecklenburg-Vorpommern. Schleswig-Holstein will seinen Strombedarf bis zum Jahr 2010 zu etwa 20 Prozent aus Windenergie decken. Niedersachsen will ein vergleichbares Programm verabschieden und bis zum Jahr 2005 eine Gesamtleistung von 1000 Megawatt installiert haben[42].

Eine Untersuchung des Deutschen Windenergie Instituts (DEWI) kommt zu noch höheren Zahlen als die Studie von Kaltschmitt. Allein in zehn Landkreisen des Küstengebietes von Niedersachsen wurde schon eine installierbare Leistung von zwölf bis vierzehn Gigawatt ermittelt[43]. Auch diese Studie berücksichtigt einschränkende Kriterien wie Abstände zum Siedlungsraum und Verkehrswege oder andere nicht nutzbare Bereiche (militärische Anlagen, Waldgebiete, Deiche, Naturschutzgebiete usw.).

Der Unterschied zwischen den Ergebnissen der beiden Studien veranschaulicht, daß um so größere Potentiale ermittelt werden, je enger die räumlichen Grenzen der Untersuchung gezogen sind, da klimatische und andere Bedingungen genauer analysiert werden können. Das sollte man auch bei den nachfolgenden Zahlen zum Windenergiepotential in der Europäischen Union und auf der ganzen Erde in Rechnung stellen. Die Zahlen beziffern demnach eher die untere Grenze des technisch Machbaren.

Im Auftrag der EU hat 1990 die European Wind Energy Association eine Strategiestudie zur Windenergienutzung in Europa erstellt[44].

| Länder | elektrische Netto-erzeugung (1992) | Windenergiepotential | | |
| | | Flächen-bezogen | 15 Prozent Netzdurchdringung | technisches Potential |
	(GWh)	(GWh/a)	(GWh/a)	(GWh/a)
Belgien	68380	2700	10257	2700
Dänemark	28874	8000	4331	4331
Deutschland	498446	16000	74767	16000
Frankreich	441576	10000	663236	10000
Griechenland	34359	40000	5154	5154
Großbritannien	306352	160000	45953	45953
Irland	15032	52000	2255	2255
Italien	214433	11000	32165	11000
Luxemburg	1153	-	173	-
Niederlande	74496	16000	11174	11174
Portugal	28708	6000	4306	4306
Spanien	150809	26000	22621	22621
EU 12	1862618	347700	279393	135494

Tabelle 5: Windenergie in Europa
Quelle: Eurosolar: Das Potential der Sonnenenergie in der EU; Bonn 1993 und Eurostat: Grundzahlen der Gemeinschaft; 31. Ausgabe, Luxemburg 1994

Die Tabelle »Windenergie in Europa« gibt die Ergebnisse dieser Studie wieder. Das Potential wurde anhand der verfügbaren Flächen und unter der Annahme berechnet, daß in den Gebieten mit einer durchschnittlichen Windgeschwindigkeit von mehr als fünf Metern pro Sekunde unter Beachtung verschiedener Restriktionen nur 30 Prozent der möglichen Kapazität installiert werden kann. Dies ist sicherlich nur eine grobe Abschätzung. Das ermittelte Potential von 347,7 Terawattstunden im Jahr entspricht etwa 19 Prozent der Nettostromerzeugung der EU von 1992.

Der Wind ist eine sehr wechselhafte Energiequelle. Windkraftwerke liefern Strom »intermittierend«: mal mehr, mal weniger, mal gar nicht. Damit im Stromnetz eine stabile Spannung und Frequenz aufrecht erhalten werden kann, dürfen heute nicht mehr als 15 bis

20 Prozent der Netzleistung aus solchen intermittierenden Quellen eingespeist werden. Einige Autoren erlauben in ihren Studien bis zu 40 Prozent. In Europa sind die Anforderungen an die Stabilität von Frequenz und Spannung im Netz besonders hoch. Bei einer größeren Toleranz gegenüber Netzschwankungen und einem aktiven Netzmanagement könnte der aus intermittierenden Quellen eingespeiste Betrag auch noch gesteigert werden. Setzt man vorsichtshalber den unteren der beiden Werte, 15 Prozent, als Obergrenze für die Stromeinspeisung aus Windkraft an (man spricht dann von 15 Prozent Netzdurchdringung), ergibt sich als neuer Grenzwert für das Windenergiepotential in Europa ein Wert von etwa 279 Terawattstunden pro Jahr. Setzt man diesen Wert und die vorhin erwähnten 347,7 Terawattstunden zueinander in Beziehung, bleiben etwa 135 Terawattstunden als technisches Potential übrig. Dies sind immer noch sieben Prozent der Nettostromproduktion von 1992.

Ein oft übersehenes Potential ist das von Offshore-Windfarmen. Seit einigen Jahren wird über das Aufstellen von Windkraftanlagen in Flachwassergebieten diskutiert. Die Vorteile liegen auf der Hand: Der Wind weht durchschnittlich schneller und gleichmäßiger, die ästhetische und ökologische Beeinträchtigung ist deutlich geringer. Aufbauend auf verschiedenen Untersuchungen kommt eine Studie von Eurosolar auf ein unter ökonomischen Randbedingungen realisierbares Offshore-Potential von zehn Prozent des europäischen Stromverbrauchs[45] .

Wieviel der Wind zur Energiebereitstellung weltweit beitragen kann, ist schon einige Male abgeschätzt worden. 1981 errechnete das International Institute for Applied Systems Analysis in Laxenburg (IIASA) ein theoretisch realisierbares Potential der Küstenregionen der Welt von 26 000 Terawattstunden im Jahr[46]. Wegen ökonomischer, ästhetischer und anderer Einschränkungen reduziert sich das realisierbare Potential nach dieser Studie auf etwa 9000 Terawattstunden. Aber diese Schätzung berücksichtigt nur die Küstenregionen, nicht das Windenergieangebot im Inland. Neuere Abschätzungen kommen in erster Näherung auf etwa 500 000 Terawattstunden Strom pro Jahr, die sich auf den Festlandgebieten der Welt (onshore) theoretisch gewinnen lassen[47].

Regionen	Windgeschwindigkeit über 6 m/s		Bevölkerungsdichte	technisches Potential
	Landfläche	theor. Potential		
	(Prozent)	(TWh/a)	(cap/km^2)	(TWh/a)
Nordamerika	35	139000	15	14000
Westeuropa	42	31400	102	4800
Australien	17	30000	2	3000
ehem. UdSSR, Osteuropa	29	106000	13	10600
Lateinamerika	18	54000	15	5400
Afrika	24	106000	20	10600
Asien	9	32000	100	4900
Welt	23	498000	40	53000

Tabelle 6: Windenergie weltweit
Quelle: Grubb, M. J. und Meyer, N. I.: Wind energy: Resources, systems and regional strategies in Renewable Energy: Sources for Fuels and Electricity; Earthscan Publication Ltd, London 1993

Dieses theoretische Potential kann nicht voll ausgeschöpft werden, zum Beispiel, weil theoretisch geeignete Flächen für andere Zwecke genutzt werden. Zieht man solche Flächen ab, bleibt ein technisch nutzbarer Anteil übrig. Nach Grubb und Meyer ist ein Zehntel der Landfläche weniger dicht besiedelter Kontinente – dazu gehören unter anderem Nordamerika, Australien, Osteuropa und die ehemalige UdSSR – für die Windenergie verfügbar. Auf 25 bis 30 Prozent dieser Landflächen werden mittlere Windgeschwindigkeiten von mehr als sechs Meter pro Sekunde gemessen. In dieser Untersuchung wurden nur diese Flächen berücksichtigt, obwohl mittlere Windgeschwindigkeiten von etwa vier Metern pro Sekunde technisch genutzt werden können. 2,5 bis 3 Prozent der gesamten Landmasse dünn besiedelter Kontinente kommen also für die Windenergienutzung aus technischer Sicht ernsthaft in Betracht.

In den dichter besiedelten Ländern Westeuropas und Asiens leben pro Fläche im Durchschnitt nicht viel weniger Menschen als in Dänemark. Rechnet man die Erfahrungen Dänemarks mit der realisierbaren Anlagendichte auf diese Länder hoch, dann ergibt sich ein technisches Onshore-Potential von 9700 Terawattstunden pro Jahr. In der Summe wären demnach 53 000 Terawattstunden im Jahr nutzbar. Das entspricht mehr als dem Vierfachen der Weltstromproduktion von 1992.

Eine weitere Schätzung des Windenergiepotentials der Welt hat das World Energy Council (WEC) veröffentlicht. Demnach liegt das auf den Landflächen der Erde technisch realisierbare Potential bei nur 18 650 Terawattstunden pro Jahr[48]. Das ist zwar mehr als die Weltstromproduktion von 1992, aber nur etwa ein Drittel der gerade genannten Zahl. Das liegt daran, daß das WEC einige sehr rigide Annahmen macht.

Regionen	Windgeschwindigkeit über 5 m/s		technisches Potential	
	Landfläche (Prozent)	Landfläche (1000 km2)	(GW)	Installation (TWh/a)
Nordamerika	41	7876	2520	5040
Westeuropa	42	1968	630	1260
Pazifik	9	3132	1002	2004
ehem. UdSSR, Osteuropa	29	6783	2170	4340
Nordafrika, Mittlerer Osten	32	2566	821	1642
Lateinamerika	18	3310	1059	2118
Afrika	30	2209	707	1414
China	11	1056	338	676
Zentral- und Südasien	6	243	78	156
Welt	27	29143	9325	18650

Tabelle 7: Windenergie weltweit
Quelle: World Energy Council: Renewable Energy Resources – Opportunities and Constraints 1990 – 2020, Report 1993; World Energy Council, U.K. July 1993

Grundlage dieser Schätzung ist die Annahme, daß über 27 Prozent der Landfläche der Erde der Wind in zehn Meter Höhe eine Geschwindigkeit von mehr als fünf Metern pro Sekunde hat und eine Installationsdichte von acht Megawatt pro Quadratkilometer erreicht werden könnte. Aufbauend auf detaillierten Untersuchungen aus den USA und den Niederlanden wird angenommen, daß sich diese Fläche zu vier Prozent nutzen läßt. Auf jedem Quadratkilometer der nutzbaren Fläche ließen sich dann, so die Berechnungsbasis des WEC, Windkraftanlagen mit insgesamt 0,33 Megawatt Leistung installieren, die pro Megawatt installierter Leistung 2000 Megawattstunden Strom im Jahr liefern. (Das heißt, die Generatoren laufen 2000 Stunden im Jahr unter Vollast; das Jahr hat 8760 Stunden.) Das World Energy Council berücksichtigt mit diesen Annahmen nur Windturbinen, die als Bestandteil großer Anlagen ans Stromnetz angeschlossen werden. In Entwicklungsländern mit geringeren Ansprüchen an die Netzstabilität und insbesondere in ländlichen Gebieten ist es allerdings durchaus möglich, größere Anteile des Stroms aus intermittierenden Quellen zu liefern.

Das Arbeitspferd – Biomasse

Biomasse ist chemisch gespeicherte Sonnenenergie. Sie entsteht durch die Photosynthese in den grünen Pflanzen und ist der natürliche Energierohstoff des Lebens. Biomasse technisch als Energierohstoff zu nutzen, erzeugt einen geschlossenen Kreislauf. Bei der Photosynthese wird mit Hilfe von Sonnenlicht aus Wasser und Kohlendioxyd Kohlenwasserstoffe (Glucose) erzeugt. Später, bei der Verbrennung, entsteht aus den Kohlenwasserstoffen wieder die gleiche Menge Wasser und Kohlendioxyd. Biomassenutzung ist also CO_2-neutral; sie beeinflußt nicht den für das Erdklima so wichtigen Kohlendioxydhaushalt der Atmosphäre. Wird die Asche nach einer energetischen Nutzung der Biomasse auf den Anbauflächen verteilt, kann auch der Nährstoffkreislauf weitgehend geschlossen werden (siehe Abbildung 11).

Nutzung von Biomasse ist dann regenerativ oder erneuerbar, wenn der Kohlenstoffkreislauf von der Bindung bis zur Freisetzung und zu einer erneuten Bindung sich in für Menschen überschaubaren Zeiträumen schließt. Dies unterscheidet die Biomasse grundsätzlich von den fossilen Energieträgern, in denen der Kohlenstoff

80

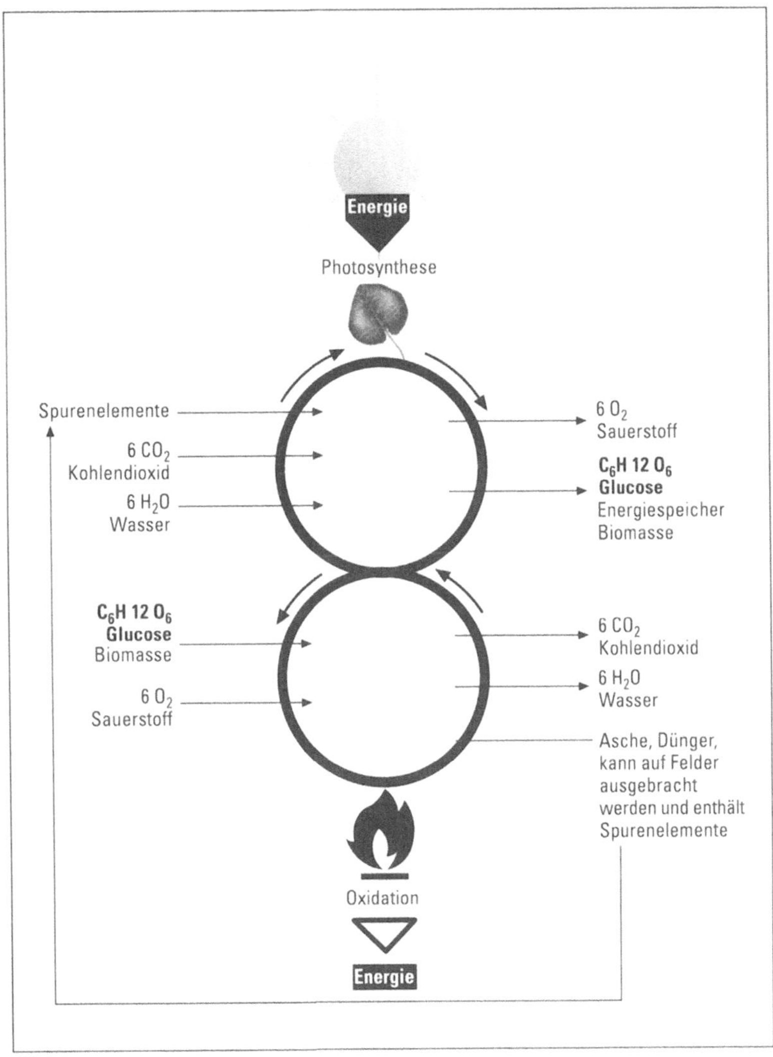

Abbildung 11: Geschlossener Kreislauf der Stoffe im Biomassekreislauf

vor mehreren Jahrmillionen gebunden worden ist. Soll Biomasse als erneuerbare Energiequelle genutzt werden, bedeutet dies praktisch, daß nur so viel verbraucht werden darf, wie gleichzeitig, möglichst in der Region der Nutzung, nachwächst. Nicht zuletzt hat

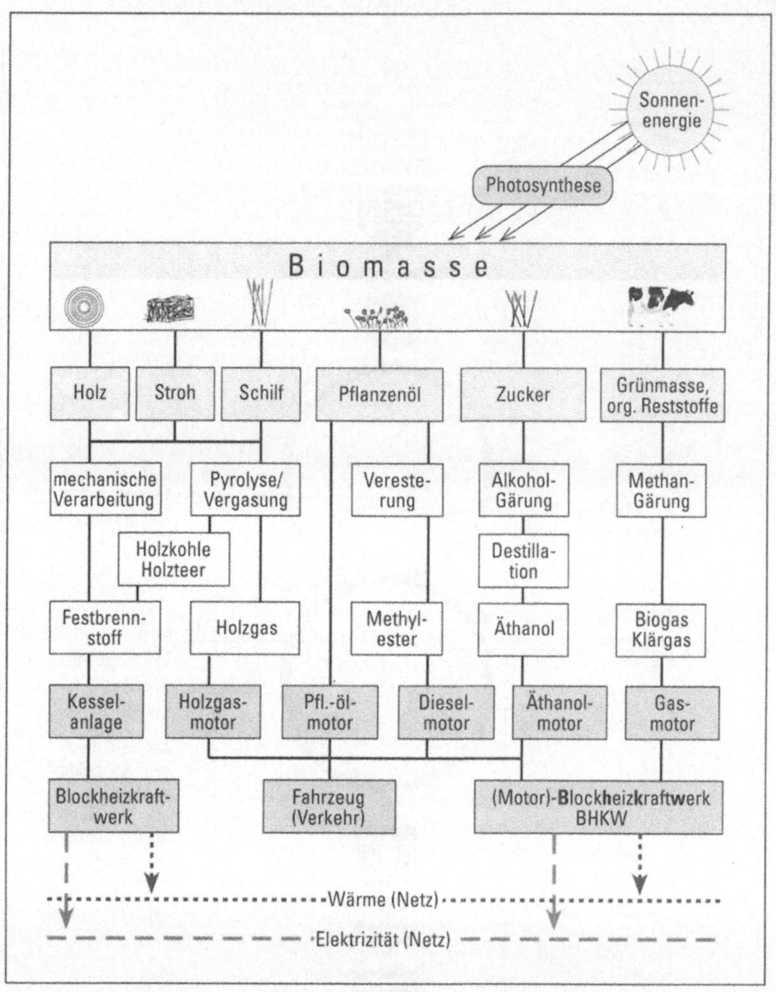

Abbildung 12: Formen der Biomassenutzung

die Biomasse einen bedeutenden Vorzug gegenüber anderen erneuerbaren Energiequellen: Sie ist eine speicherbare und transportierbare Energieressource, und sie ist steuerbar, das heißt, ihr Output ist nicht tages- und jahreszeitlichen Schwankungen unterworfen wie Wind, Wasser und Sonne. Biomasse kann in vielfältigen Erscheinungsformen genutzt werden, zum Beispiel in Form von Holz,

Reststroh, Grünmasse oder organischen Abfällen, und kann die unterschiedlichsten Energienachfragen befriedigen (siehe Abbildung 12).

Als Energiequelle wird Biomasse auf dem Weg der sogenannten Biokonversion genutzt: Entweder wird direkt Wärme gewonnen, oder die Biomasse wird in einen Energieträger umgewandelt, der sowohl ein Feststoff sein kann als auch eine Flüssigkeit oder ein Gas. Man unterscheidet physikalische, thermochemische und biologische Umwandlungsverfahren.

Zu den physikalischen Verfahren gehören die mechanische Verdichtung, zum Beispiel das Pressen von Stroh oder Holz zu Pellets oder Briketts, oder die Extraktion von Pflanzenölen. Eine anschließende Verbrennung in einem Blockheizkraftwerk würde unter die thermochemischen Verfahren fallen. Bei der thermochemischen Umwandlung wird der Biomasse Wärme zugeführt, und es werden chemische Reaktionen ausgelöst. Zu den thermochemischen Verfahren zählen die Verbrennung, die Vergasung und die Verflüssigung. Bei der Vergasung entsteht Synthesegas aus Methan und Kohlenmonoxyd, und das Produkt der Verflüssigung ist Methanol. Im Gegensatz zu den heißen thermischen Verfahren läuft die biologische Konversion bei niedrigen Temperaturen ab. Einzellige Mikroorganismen erzeugen in einem Gärprozeß entweder Biogas oder Äthanol.

Generell können zwei Kategorien von Biomasse energetisch genutzt werden, nämlich organische Reststoffe und eigens für diesen Zweck angebaute Energiepflanzen.

Zur ersten Kategorie gehören Rest- und Abfallstoffe aus der Landwirtschaft (Gülle, Restmasse wie Getreidestroh, Reishülsen usw.), aus der Holz- und Forstwirtschaft (Bruchholz, Durchforstungsholz, Holz mit Qualitätsmängeln, Späne, Papier usw.) und aus Haus und Gewerbe, sowie Klärschlämme.

Einige Beispiele: Bagasse, ein Abfallprodukt der Zuckerproduktion, wird von vielen Firmen zur Erzeugung von Prozeßwärme eingesetzt. In vielen Ländern wird mit dieser Prozeßwärme Zucker gekocht oder Rum gebrannt. Dies geschieht aber nur mit miserablem energetischen Wirkungsgrad. Aus diesem Grund erwägen die Kubaner oder etwa auch die Brasilianer, einerseits den Wirkungsgrad der Öfen zu verbessern und andererseits die Bagasse sowie andere Reststoffe zur Stromproduktion einzusetzen. Erste Abschätzungen zeigen, daß ein großer Teil der nachgefragten Elektrizität in Kuba durch die Verstromung der Bagasse bereitgestellt werden könnte.

Flüssigmist, ein Abfallprodukt der Tierhaltung, wird heute ungenutzt auf die Felder verteilt und bildet eine Quelle für die hohe Nitratbelastung der Gewässer durch die Landwirtschaft. Diese Gülle könnte statt dessen, vermischt mit anderen landwirtschaftlichen Abfallprodukten, in Gärbehältern von Bakterien zu Biogas verarbeitet werden. Eine Biogasanlage kann etwa 1,5 Kubikmeter Gas pro Tag und Großvieheinheit liefern (eine GVE entspricht 5 bis 6 Schweinen, 1,1 Rindern oder 250 Hühnern). Zieht man noch den Eigenverbrauch der Anlage zum Heizen des Konverters ab, so verbleibt zirka ein Kubikmeter pro Tag und GVE. Der Energiegehalt von einem Kubikmeter Biogas entspricht dem von 0,6 Litern Heizöl oder 5,5 bis 7 Kilowattstunden. Dieses Biogas kann dann verstromt, verheizt oder in Kraft-Wärme-Kopplungsanlagen in Strom und Wärme umgewandelt werden (Siehe Abbildung 13).

Dieser Strom kann gleichmäßig und bedarfsgerecht das ganze Jahr über geliefert werden, da Biogas in Tanks gespeichert werden kann und die Quelle des Biogases, der Flüssigmist, auch ganzjährig zur Verfügung steht. Das Herstellen von Biogas kann nicht nur nichterneuerbare Energien sparen helfen, es hat weitere Vorteile. Ganz nebenbei wird aus stinkendem Flüssigmist ein deutlich geruchsärmeres Restsubstrat, das als Dünger ganzjährig genutzt werden und damit industriell erzeugten Stickstoffdünger ersetzen kann, dessen Produktion ja schließlich auch Energie kostet. Da der Stickstoff im Substrat in einer Form vorliegt, in der ihn die Pflanzen leicht aufnehmen können, geht die Belastung des Grundwassers mit Nitraten zurück.

Reststroh, Holzreste und Sägespäne aus der Landwirtschaft und der Industrie werden in einigen europäischen Ländern zum Heizen und zur Produktion von Strom genutzt.

In tropischen und subtropischen Ländern bietet sich eine besondere Art der Biomassenutzung an: Bei verschiedenen Produktionsprozessen – zum Beispiel in Gerbereien und Schlachtereien –

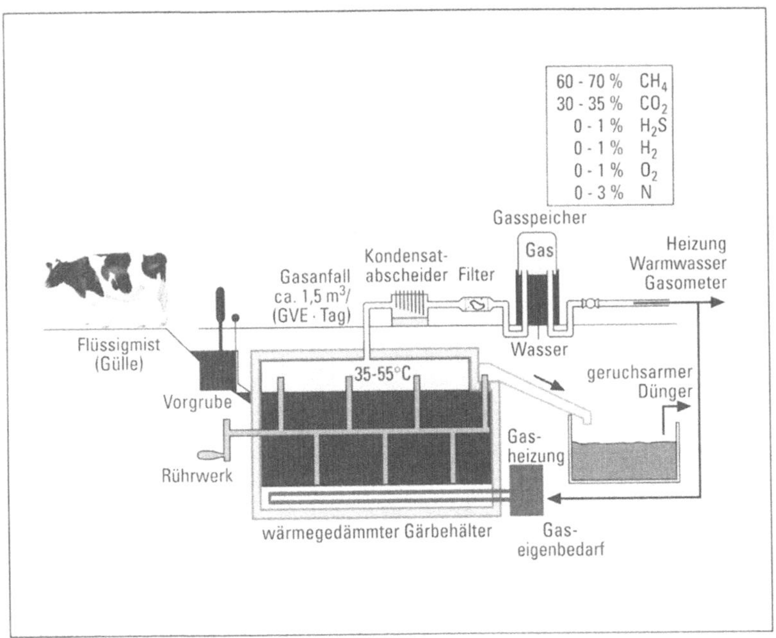

Abbildung 13: Biogasanlage

fallen organische Abfälle an, die meist in einen naheliegenden Fluß oder auf die nächste Deponie wandern. Die wasserlöslichen Abfälle kann man in diesen Klimazonen in vielen Fällen nutzen, um Wasserpflanzen anzubauen. Eichhornia, die Wasserhyazinthe, liefert etwa 500 Tonnen Feuchtmasse pro Hektar und Jahr, wenn das Wasser ausreichend mit organischen Stoffen gesättigt ist. Schöner Nebeneffekt ist die Entlastung des Wassersystems von den Abfällen.

Die zweite Kategorie der Biomasse sind die Energiepflanzen. Das sind solche Pflanzen, die von vornherein mit dem Ziel angebaut werden, sie als Energiequelle oder als Industrierohstoff zu verwenden. Darunter fallen auch die sogenannten »Dual use«-Pflanzen, die sowohl als Nahrungsmittel als auch als Energiepflanze eingeordnet werden können. Zuckerhaltige Pflanzen (Zuckerrohr, Zucker- und Futterrüben), aber auch stärkehaltige Pflanzen (Kartoffeln, Getreide, Mais und Maniok) sind »Dual use«-Pflanzen und können einerseits zu Äthanol vergoren und als Energiepflanzen genutzt werden oder andererseits als Lebensmittellieferanten dienen, wobei große Mengen Reststoffe übrigbleiben, die wiederum energetisch verwendbar sind. Pflanzenöle aus Raps, Flachs, Hanf und Sonnenblumen können ebenfalls als energetische Rohstoffe eingesetzt werden.

Reine Energiepflanzen sind zum Beispiel schnell wachsende Hölzer oder Schilfgräser. Man unterscheidet zwischen C3- und C4-Pflanzen. Sogenannte Kurzumtriebswälder bestehen aus den C3-Pflanzen Weide, Pappel oder Eukalyptus, die nach 3 bis 14 Jahren erntereif sind, oder aus halmgutförmigen Ein- oder Mehrjahreskulturen von Miscanthus, Schilfgräsern und anderen C4-Pflanzen mit Ernteperioden zwischen einem und drei Jahren.

C3-Pflanzen werden so genannt, weil beim Prozeß der Photosynthese das erste stabile Produkt nach der Fixierung des Kohlendioxyds ein Molekül mit drei Kohlenstoffatomen ist (Phosphorglycerinsäure). Dementsprechend haben C4-Pflanzen ihren Namen, weil das erste stabile Produkt nach der Fixierung des Kohlendioxyds ein Molekül mit vier Kohlenstoffatomen ist (Oxalessigsäure). Die C4-Pflanze verarbeitet Wasser, Licht und Nährstoffe effektiver als eine C3-Pflanze. Der Wirkungsgrad der Umwandlung von Licht (Sonnenenergie) in Biomasse kann bei C4-Pflanzen bis zu 6,7 Prozent betragen; C3-Pflanzen erreichen höchstens 3,3 Prozent[49]. Allerdings brauchen C4-Pflanzen für die Photosynthese höhere Temperaturen als C3-Pflanzen. Einige C4-Pflanzen können als Energielieferant wie auch als Rohstofflieferant für die Industrie genutzt werden. Ein weiterer Vorteil der C4-Pflanzen ist, daß einige von ihnen auch auf degradierten Böden wachsen. Die meisten C4-Pflanzen brauchen sehr viel Wasser. Heute sind schon rund 1700 C4-Pflanzen bekannt, und viele werden landwirtschaftlich genutzt.

Auch hier einige Beispiele: In Deutschland ist Raps die am häufigsten zur Energiegewinnung genutzte ölhaltige Pflanze. Das gewonnene Öl kann entweder direkt in speziellen Motoren (zum Beispiel im Elsbett-Motor) oder nach einer Veresterung als Rapsöl-Methylester in konventionellen Dieselmaschinen verbrannt werden. Andere ölhaltige Pflanzen, wie zum Beispiel die Purgiernuß, können in Entwicklungsländern geerntet werden und den teuren

Dieselimport ersetzen. Erste Forschungsergebnisse zeigen, daß aus 50 bis 60 Kilogramm Purgiernuß 15 Liter Öl gepreßt werden könnten. Der Brennwert von Purgieröl liegt nur zehn Prozent unter dem des Dieselöls, was in der Praxis ein fast vernachlässigbarer Nachteil ist.

Erste Erfahrungen mit dem Einsatz der Purgiernuß als »Multi use«-Pflanze in Mali haben erstaunliche Ergebnisse gezeigt. Die Purgiernuß ist für die Menschen in Afrika nichts Fremdartiges, denn dort werden die Purgierpflanzen als Schutzhecken um Gärten und Felder gesetzt, um die Ernte vor Tierfraß und den Boden vor Erosion zu schützen. Die neuartige Nutzung der Pflanze stößt also nicht auf soziale und kulturelle Barrieren. Die Purgiernuß wird von den Frauen der Dörfer oder von Landwirten gesammelt und von einer Kooperative, die Öl herstellt, aufgekauft. Die Ölpressen werden mit Motoren betrieben, die mit Purgiernußöl gespeist werden. Dabei werden zehn Prozent des gepreßten Öls verbraucht. Der anfallende Preßkuchen kann als hochwertiger Dünger genutzt werden. Die Sedimente aus dem Reinigungsprozeß und ein Teil des gereinigten Öls werden zu Seife weiterverarbeitet. Außer zu seinem eigentlichen Zweck, Motoren anzutreiben, die Wasser pumpen, Fahrzeuge bewegen und Strom für die Gemeinde erzeugen, kann das Öl auch ganz anders genutzt werden: Aus ihm läßt sich ein natürliches Insektengift extrahieren. Wegen der guten Ergebnisse wird an manchen Stellen dazu übergegangen, Purgiernußhecken statt in einer Reihe gleich in zwei oder mehreren Reihen um ein Feld zu pflanzen. Diese Nutzung von Biomasse hat mehrere Vorteile für die Landwirte: geringere Energie- und Düngemittelkosten, Zusatzeinnahmen durch den Verkauf von Preßkuchen, Seifen oder Öl und nicht zuletzt die Chance, unabhängiger in der Energieversorgung zu werden[50].

Das direkte Verbrennen von Biomasse wie Kuhdung oder Holz ist in vielen Ländern der Dritten Welt, insbesondere in den verarmten ländlichen Regionen, die einzige Energiequelle zum Kochen und Heizen. Da die Biomasse zu großen Teilen eine nicht kommerzielle Energieressource ist, also nicht gehandelt wird, taucht sie meistens nicht in den internationalen Energiebilanzen auf. Dort, wo Brennholz in großem Stil genutzt wird, werden meistens keine

Bäume nachgepflanzt. Das führt zu schweren ökologischen Schäden wie großflächiger Entwaldung mit nachfolgender Bodenerosion und der Ausbreitung von Wüsten. Das Resultat ist, daß die Dorfbewohner – meistens die Frauen und Kinder – immer größere Strecken zurücklegen müssen, um sich mit dem Nötigsten zu versorgen. Die weitere Konsequenz ist, daß die Gemeinschaft weiterzieht, an einen Ort, wo die Ressourcen leichter zu erschließen sind. Um dieser Entwicklung entgegenzuwirken, muß gezielt auf die Belange dieser Menschen eingegangen und wieder aufgeforstet werden. Zahlreiche Projekte haben sich mit der Entwicklung von Öfen zum Kochen und Heizen beschäftigt, weil traditionelle Öfen die im Holz gespeicherte Energie denkbar schlecht ausnutzen. Allein in China sind inzwischen 120 Millionen solcher neu entwickelter, effizienter Öfen im Betrieb[51]. Neue Ofentechnologien zu entwickeln, ist ein möglicher Weg; ein anderer ist die Verbreitung von Solarkochern, die die Sonnenwärme nutzen.

Das brasilianische Alkoholprogramm PROALCOOL, das 1975 ins Leben gerufen wurde, ist das auf der Welt größte Substitutionsprogramm für Benzin. Heute werden in Brasilien bereits fünf Millionen Fahrzeuge oder vier Prozent des Fahrzeugbestands mit Äthanol betrieben. Das Ziel war, das Land mit diesem Programm von den teuren Ölimporten aus dem Ausland unabhängiger zu machen. Jedes Jahr gewinnt Brasilien etwa zwölf Milliarden Liter Äthanol aus Zuckerrohr[52]. Ein Liter dieses Treibstoffs kostet ungefähr 30 Pfennig. Trotz dieser Erfolgszahlen ist das brasilianische Programm Anlaß, darauf hinzuweisen, daß beim Anpflanzen von reinen Energiepflanzen sehr genau auf die gesamte Energiebilanz, auf die ökologischen Folgeschäden dieser Monokulturen und auf soziale Folgen geachtet werden muß. Das Programm hätte darüber hinaus eine viel bessere Wirkung, wenn der Biotreibstoff von energiesparenden Motoren verbraucht würde.

In welchem Umfang Biomasse schon heute in verschiedenen Ländern zur Energieversorgung beiträgt, ist bereits im Kapitel »Das heutige Energiesystem« dargelegt. In den USA hat das 1987 eingeführte »Public Utility Regulatory Policy Act« (PURPA) die Energieversorger gezwungen, Strom zu den Preisen aufzukaufen, die anfallen würden, wenn diese Energie in einem neuen Kohle- oder

Ölkraftwerk produziert würde, also zu den sogenannten vermiedenen Kosten (avoided costs). Dies hat zu einem Boom von kleinen kraftwärmegekoppelten Anlagen zur Reststoffverwertung geführt. 1994 waren in den USA bereits neun Gigawatt elektrischer Leistung aus erneuerbaren Energiequellen installiert. Dies sind meist kleine Anlagen mit weniger als 50 Megawatt. In Österreich sind allein in der Steiermark 80 Anlagen mit 119 Megawatt Wärmeleistung für Heizungszwecke installiert; hier dominieren die mittleren Anlagen mit bis zu drei Megawatt.

Neuere Techniken der Biomasse-Nutzung wie die Vergasertechnik, bei der die Biomasse durch Wärme in ein brennbares Gas verwandelt und dann in Gasturbinen oder Motoren verbrannt wird, versprechen einen deutlich höheren Wirkungsgrad als in den heutigen Anlagen und eine Erweiterung des Brennstoffspektrums. Bei den größeren Systemen mit mehr als zehn Megawatt ist Brasilien führend; Finnland und Dänemark zielen mit ihren Entwicklungen auf den Bereich unter zehn Megawatt und Indien auf den Markt der Kleinstanlagen im Kilowatt-Bereich. Die Vergasertechnik verspricht auch eine deutliche Preissenkung.

Kosten der Biomassenutzung: Heute schon sind die Preise für Wärme und Strom aus Biomasse nahe der Wirtschaftlichkeit. Wer in der Bundesrepublik Holz oder Stroh verbrennt, um Wärme zu erzeugen, kann auf Preise zwischen 8 und 13 Pfennig für die Kilowattstunde kommen. Die Preise in der Steiermark liegen im selben Bereich. Anlagen zur Wärmegewinnung mit Gülle können zu Preisen zwischen 300 und 1200 Mark pro Kubikmeter Faulraum erstellt werden. Wo schon ein Güllelager vorhanden ist, kann es sehr preiswert zu einer Biogasanlage erweitert werden. Preise von weniger als zehn Pfennig für die Kilowattstunde, ohne Einberechnung der Gutschrift für den eingesparten Dünger, sind dabei durchaus im Bereich des Realistischen.

Elektrischen Strom aus Holz und Stroh herzustellen, ist teurer, da der apparative Aufwand höher ist. Hier liegen die Kosten zwischen 12 und 16 Pfennig[53]. Da es bisher keinen Markt für solche Anlagen und kaum Konkurrenz gibt, werden aber auch viele Anlagen angeboten, die zu weit höheren Preisen produzieren. Eine Studie der Weltbank aus dem Jahr 1994 spricht sogar von Preisen für Strom aus Biomasse in der Spanne von 6,5 bis 40 Pfennig pro Kilowattstunde.

Potential der Biomassenutzung: In unsere Untersuchung der zukünftigen Ausbaumöglichkeiten der Biomasse wollen wir nur die Reststoffe aus Land- und Forstwirtschaft sowie den Anbau von Energiepflanzen einbeziehen. Es ist nicht sinnvoll und stellt keine zukunftsfähige Nutzung von Ressourcen dar, land- und forstwirtschaftliche Reststoffe in vollem Umfang energetisch zu verwenden. Zum Beispiel müssen Teile der Getreide- und Holzabfälle sowie ein Teil der Gülle und des Festmists aus der Viehhaltung auf den landwirtschaftlich genutzten Boden ausgebracht werden, um dem Boden Nährstoffe zurückzugeben, die Erosion zu verringern und für eine Bodenneubildung zu sorgen. Andere Arten der Verwertung von Biomasse in der Landwirtschaft und Industrie sind ebenfalls denkbar, zum Beispiel als Tierfutter oder für die Papierproduktion. Des weiteren ist es finanziell nicht immer tragbar, die gesamten Rückstände an Biomasse zu sammeln, zu transportieren und energetisch zu nutzen. Um fruchtbare Äcker, die nicht für den Anbau von Nahrungsmitteln benötigt werden, konkurrieren verschiedene denkbare Nutzer. Anstatt erneuerbare Energierohstoffe darauf anzupflanzen, könnte man diese Flächen auch für den Anbau chemischer Grundstoffe nutzen. Wir wollen aber im folgenden davon ausgehen, daß freie Flächen zum Anbau von Energieplantagen genutzt werden.

Für Deutschland hat Martin Kaltschmitt zusammen mit anderen Wissenschaftlern das Potential an Reststoffen aus Land- und Forstwirtschaft sowie des Energiepflanzenanbaus geschätzt[54]. Das Ergebnis dieser Studie soll hier kurz erläutert werden.

Unter den bereits genannten Einschränkungen sind in Deutschland etwa 9,7 Millionen Tonnen Restholz jährlich technisch für eine Energiegewinnung verwendbar. Hieraus ließen sich 141,7 Petajoule (4,8 Millionen Tonnen SKE) Energie erzeugen. Dies entspricht etwa 1,6 Prozent des Endenergieverbrauchs in der Bundesrepublik von 1992, der sich auf 9115 Petajoule oder 311 Millionen Tonnen Steinkohleeinheiten belief[55]. Rund 41,4 Millionen Tonnen Stroh fallen jedes Jahr in der Bundesrepublik beim Anbau von Getreide (Weizen, Gerste, Roggen und Hafer) und Ölfrüchten (Raps, Rüben

90

und Körnermais) an; ungefähr 28 Prozent davon könnten zur Energiebereitstellung eingesetzt werden. Damit ließe sich ein weiteres Prozent des Endenergiebedarfs der Bundesrepublik erzeugen.

Täglich fallen 57 500 Tonnen Tierexkremente aus der Rinder-, Schweine-, Geflügel- (Hühner, Gänse, Enten und Puten) sowie aus der Pferde- und Schafhaltung an. In einer Biogasanlage könnte man daraus theoretisch 18 Millionen Kubikmeter Biogas pro Tag produzieren. Dieses theoretische Potential läßt sich aber in der Praxis wegen einiger grundsätzlicher Einschränkungen nicht vollständig ausschöpfen. So ist der Teil der Exkremente von vornherein für die technische Verwertung verloren, den die Tiere auf der Weide von sich geben. Eine weitere Einschränkung besteht darin, daß Exkremente in einem einzelnen landwirtschaftlichen Betrieb technisch nur dann sinnvoll in einer Biogasanlage genutzt werden können, wenn eine bestimmte Mindestmenge anfällt; kleinere Betriebe müssen wir also aus der Berechnung ausklammern. Dabei ist berücksichtigt, daß die Biogasanlagen selbst Prozeßenergie brauchen. Der gewinnbare Betrag liegt bei etwa 81 Petajoule, was einem Anteil am Endenergiebedarf von knapp einem Prozent entspricht. Unter diesen Randbedingungen ergibt sich ein technisches Endenergiepotential von 306 Petajoule oder 3,3 Prozent des Endenergieverbrauchs von 1991 in Deutschland.

In dieser Studie sind außerdem die Möglichkeiten eines Energiepflanzenanbaus in Deutschland untersucht und Potentialabschätzungen vorgenommen worden. Ergebnis ist, daß es besser ist, mit Energiepflanzen Festbrennstoffe herzustellen als flüssige Sekundärenergieträger, wie zum Beispiel pflanzliche Öle, da der erwirtschaftete Brutto-Energiebetrag größer ist. Die Berechnungen basieren auf der Annahme, daß in Deutschland 15 Prozent der gesamten Getreideanbauflächen (1,16 Millionen Hektar) wegen der Flächenstillegungspolitik der EU aus der Produktion genommen werden müssen und daß diese Flächen dann für einen Energiepflanzenanbau zur Verfügung stünden. Verschiedene Pflanzenarten könnten auf diesen Flächen angebaut und geerntet werden. In diesem Vergleich schneiden, was den Energieertrag angeht, die schnellwachsenden Schilf- und Graspflanzen am besten ab. Die entsprechenden Energieäquivalente – je nach Anbaumix – schwanken zwischen 172 Petajoule (Mittelwert aus einem Anbaumix verschiedener Getreidearten) und 306 Petajoule (Mittelwert aus dem Anbau von Chinaschilf und Hirse) pro Jahr. Dies sind 1,9 bis 3,4 Prozent des Endenergieverbrauchs. Alle hier aufgeführten Potentiale zusammengenommen könnten nach Kaltschmitt maximal 6,6 Prozent des Endenergiebedarfs der Bundesrepublik Deutschland decken.

Eine Wissenschaftlergruppe um Hans Unger von der Ruhr-Universität Bochum erfaßte für Nordrhein-Westfalen die Rückstände aus der Land- und Forstwirtschaft. Würden die für eine energetische Nutzung zur Verfügung stehenden Rückstände – Restholz aus der Forstwirtschaft, Stroh und tierische Abfälle aus der Landwirtschaft – konsequent genutzt, dann könnte man etwa 10 800 Gigawattstunden Wärme im Jahr erzeugen oder 3350 Gigawattstunden elektrischen Strom. Pflanzt man Miscanthus sinensis (Chinaschilf) auf den Überschußflächen, die nach den Zielvorgaben der EU entweder für non-food Produktion genutzt oder stillgelegt werden sollen – das sind in NRW 15 Prozent der landwirtschaftlichen Flächen –, dann entspricht das einer thermischen Energie von etwa 23 500 Gigawattstunden und elektrischer Energie von etwa 6900 Gigawattstunden pro Jahr. In der Summe können in Nordrhein-Westfalen durch die Nutzung von Biomasse 34 800 Gigawattstunden Wärme pro Jahr oder 10 250 Gigawattstunden elektrische Energie erzeugt werde.

Dies entspricht einem Energiepotential von ungefähr 40 Petajoule aus land- und forstwirtschaftlichen Reststoffen und etwa 85 Petajoule aus dem Anbau von Miscanthus sinensis auf 15 Prozent der landwirtschaftlichen Fläche[56]. Demnach könnten allein in Nordrhein-Westfalen schon etwa 1,3 Prozent des Endenergiebedarfs der Bundesrepublik gedeckt werden.

Die bereits zitierte Studie von Eurosolar weist für die gesamte Bundesrepublik ein größeres Reststoffpotential auf als Martin Kaltschmitt und Kollegen. Etwa 540 Petajoule oder sechs Prozent der Endenergienachfrage von 1992 wären hiernach pro Jahr energetisch nutzbar. Nach einer neueren Untersuchung zum technischen Gesamtpotential der Biomasse in Deutschland lassen sich aus den verfügbaren Reststoffen aus Land- und Forstwirtschaft sowie aus dem Anbau von Energiepflanzen 840 Petajoule pro Jahr gewinnen[57]. Alles in allem muß festgehalten werden, daß die Berechnungen der Wissenschaftler um Kaltschmitt die untere Grenze des technisch Realisierbaren beschreiben. Ein Arbeitskreis von Wissenschaftlern und Vertretern aller relevanten Verbände hat im Rahmen eines Gesprächskreises des Bundesministeriums für Wirtschaft die Potentiale der Bundesrepublik im Bereich erneuerbare Energien ermittelt. Das technische Potential der Biomasse beläuft sich demnach auf insgesamt 426 Petajoule pro Jahr Reststoffe, inklusive Deponie- und Klärgas, und bis zu 840 Petajoule pro Jahr aus Energiepflanzen, also zusammen rund 1260 Petajoule.

Würden in der EU alle land- und forstwirtschaftlichen Reststoffe, die für eine energetische Verwertung zu Verfügung stehen, konsequent genutzt, dann könnten etwa zehn Prozent des Energiebedarfes der EU damit gedeckt werden. Dazu ist keine neue Produktionsstruktur in der Landwirtschaft erforderlich; mit der Nutzung dieser Energiequelle kann sofort begonnen werden. Eine volle Ausschöpfung der gesamten zehn Prozent wäre in einem Zeitraum von zehn bis zwölf Jahren realisierbar.

Das größere Potential liegt aber auch auf EU-Ebene im Anbau von Energiepflanzen. Die Tabelle 8 »Energetisches Potential der Biomasse in der EU« spiegelt wider, was sofort realisierbar ist. Auf etwa 1,5 Millionen Hektar Stillegungsfläche der EU (Acker- und Getreideland) könnten etwa 13,2 Millionen Tonnen Steinkohleeinheiten Biomasse-Energie produziert werden, entsprechend 0,7 Prozent des EU Primärenergiebedarfs. Dabei ist angenommen, daß in den nördlichen Ländern 12 Tonnen Trockenmasse je Hektar geerntet werden können und in den südlichen 15 Tonnen. Die EU hat ein Programm zur Stillegung von Agrarflächen aufgelegt, durch das der Nahrungsmittelmarkt entlastet werden soll. In der Zukunft könnten diese Agrarflächen für den Anbau von Biomasse genutzt werden. Bis zum Jahr 2020 ließen sich unter marktwirtschaftlichen Bedingungen etwa 25 Prozent des Energiebedarfs der EU durch Energiepflanzen decken. Dazu ist etwa ein Viertel der heutigen landwirtschaftlichen Nutzfläche der EU erforderlich, das sind 33,81 Millionen Hektar[58].

Länder	(1) 1992	Verfügbare Rückstände				Bio.-Plantagen	Summe	Anteil (%)
		Stroh	Grün	Holz	Dung			
Belgien/ Luxemb.	77,8	0,43	0,18	0,74	1,64	,006	3	4
Dänemark	25,7	1,48	0,17	1,25	1,54	,003	4,5	18
Deutschland	476,6	7,12	1,55	7,37	6,76	3,43	26,2	5,5
Frankreich	317,2	12,1	12,5	18,2	7,35	1,47	51,7	16
Griechenland	31,5	0,93	2,1	1,57	0,61	,002	5,2	16,5
Großbritannien	306,3	4,54	0,3	1,29	4,24	0,94	11,3	4
Irland	14,3	0,41	0,06	0,24	11,1	0,01	1,8	13
Italien	222,7	4	17,2	6,21	4,08	6,36	37,9	17
Niederlande	94,2	0,27	0,18	0,64	3,67	0,02	4,8	5
Portugal	23,7	0,23	7,13	2,9	0,71	0	11	46
Spanien	131,2	2,74	9,6	7,11	3,15	0,88	23,5	18
EU 12	1900	34,3	51	47,6	34,9	13,2	181	9,5

Tabelle 8: Energetisches Potential der Biomasse in der EU,
Quelle: Eurosolar: Das Potential der Sonnenenergie in der EU; Bonn 1993 und
Eurostat: Grundzahlen der Gemeinschaft; 31. Ausgabe, Luxemburg 1994
(1) Primärenergieverbrauch 1992
alle Werte in Millionen Tonnen Steinkohleeinheiten (SKE)

Jahr für Jahr fallen auf der Erde in der Forst- und Landwirtschaft Rückstände mit einem Energieinhalt von etwa 3800 Millionen Tonnen Steinkohleeinheiten an; in dieser Zahl sind nur Rückstände aus der holzverarbeitenden Industrie, Brennholz und Holzkohle sowie Rückstände aus dem Anbau von Mais, Weizen, Reis, Zuckerrohr und Tierexkremente berücksichtigt. Die Summe entspricht ungefähr einem Drittel des Welt-Primärenergieverbrauchs von 1992. Allein die Entwicklungsländer produzieren Biomasserückstände im Gegenwert von 2360 Millionen Tonnen SKE. Damit könnten diese Länder ungefähr 75 Prozent ihres Primärenergieverbrauchs von 1992 decken. Dieses theoretische Potential kann wegen der oben schon beschriebenen Gründe nicht vollständig ausgeschöpft werden. Eine Schätzung des energetisch nutzbaren Biomassepotentials der Erde stammt von Hall und Kollegen. Eingerechnet

Regionen	(1) (1992)	Verfügbare Rückstände			Bio.- Plan- tagen	Summe	(2) Anteil (%)
		Feld- früchte	Holz	Dung			
Nordamerika	3147	58	129,6	13,6	1187	1388	44
Europa	2060	44	68,2	17	389	518	25
Japan, Australien, Neuseeland	793	13,6	13,6	6,8	641	675	85
ehem. UdSSR, Osteuropa	2152	30,7	68,2	13,6	1586	1699	79
Lateinamerika	588	81,8	41	30,7	1753	1906	324
Afrika	682	24	41	23,9	1804	1893	278
China	1015	64,8	30,7	20,5	556	672	66
Asien, Ozeanien	906	109	75	47,7	1187	1419	157
Welt	11343	426	467	174	9103	10170	90

Tabelle 9: Energetisches Potential der Biomasse in der Welt,
Quelle: Hall, D.O.; Rosillo-Calle, F.; Williams, R.H.; Woods, J.: Biomass for energy: supply prospects; in Renewable Energy Sources for Fuels and Electricity; Earthscan Publication Ltd., London 1993 und OECD: Energy Statistic and Balances of non-OECD Countries 1991–1992; Organisation for Economic Co-operation and Development, Paris 1994
(1) Kommerzieller Primärenergieverbrauch 1992 (ohne Biomasse)
alle Werte in Millionen Tonnen Steinkohleeinheiten.
(2) Anteil am kommerziellen Primärenergieverbrauch von 1992

haben sie 25 Prozent des gesamten Energieinhalts aller Feldfrucht-rückstände (Getreide, Gemüse, Melonen, Wurzel- und Knollen-früchte und Zuckerrüben), mit Ausnahme des Zuckerrohrs. Die gesamte aus dem Zuckerrohr gewonnene Bagasse und 25 Prozent des restlichen Rückstandes wurden ebenfalls einbezogen. Nicht berücksichtigt wurden Rückstände von Hülsenfrüchten, Obst und Beeren, ölhaltigen Früchten, Nüssen, Kaffee, Kakao und Tee, sowie Tabak und fasernproduzierenden Pflanzen. Der Dung wiederum wird nur zu einem Achtel des Gesamtwertes angerechnet. Die Forstrückstände aus dem Wald wurden ebenfalls zu 25 Prozent, die Rückstände aus der Weiterverarbeitung zu 75 Prozent in die Berechnung aufgenommen. Unter diesen Annahmen ergibt sich ein Wert von 1070 Millionen Tonnen Steinkohleeinheiten.

Darüber hinaus ist in der Studie angenommen, daß für die Produktion von schnellwachsenden Pflanzen auf Biomasseplantagen eine Landfläche von insgesamt 890 Millionen Hektar zur Verfügung gestellt wird. Dies entspricht etwa zehn Prozent der Wald-, Feld- und dauerhaft genutzten Weideflächen der Erde. Mit einem durchschnittlichen Ertrag von 15 Tonnen Trockenmasse pro Hektar und einem Heizwert von 20 Gigajoule pro Tonne Trockenmasse ergibt dies ein weiteres Potential von 9100 Millionen Tonnen Steinkohleeinheiten pro Jahr[59].

Aus der Tabelle läßt sich ablesen, daß allein durch die Nutzung der Rückstände rechnerisch etwa zehn Prozent der konventionellen Energieträger ersetzt werden können. Bezieht man den energetischen Gewinn der zugrundegelegten Biomasse-Plantagen mit ein, dann ist der Energiebedarf der Welt fast vollständig gedeckt.

Dieses Ergebnis ist sogar eher eine zurückhaltende Abschätzung der Möglichkeiten, die mit Biomasseplantagen ausgeschöpft werden können. Feldversuche in Forchheim bei Karlsruhe zeigen, daß in mitteleuropäischen Breiten Ernteerträge von bis zu 20 oder sogar 40 Tonnen Trockenmasse pro Hektar erreicht werden können. Voraussetzung ist, daß Miscanthus angepflanzt wird, eine C4-Pflanze. Der Heizwert dieser Pflanze liegt bei 18 Gigajoule pro Tonne Trockenmasse[60]. Legt man diese Zahlen zugrunde, dann könnten etwa 11 000 Millionen Tonnen Steinkohleeinheiten Energie auf der angegebenen Fläche erwirtschaftet werden; dies sind nahezu 100 Prozent des Energieverbrauchs der Welt von 1992.

Die Schöne – Solararchitektur und passive Solarenergienutzung

Heizen durch passive Nutzung von Sonnenenergie funktioniert nach dem Prinzip, daß Strahlungsenergie, die von außen auf das Gebäude fällt, gesammelt, gespeichert und in kontrollierter Weise genutzt wird. Als Sammler (Kollektor) dienen die Oberfläche des Gebäudes und die Innenflächen. Die Wände des Gebäudes und die

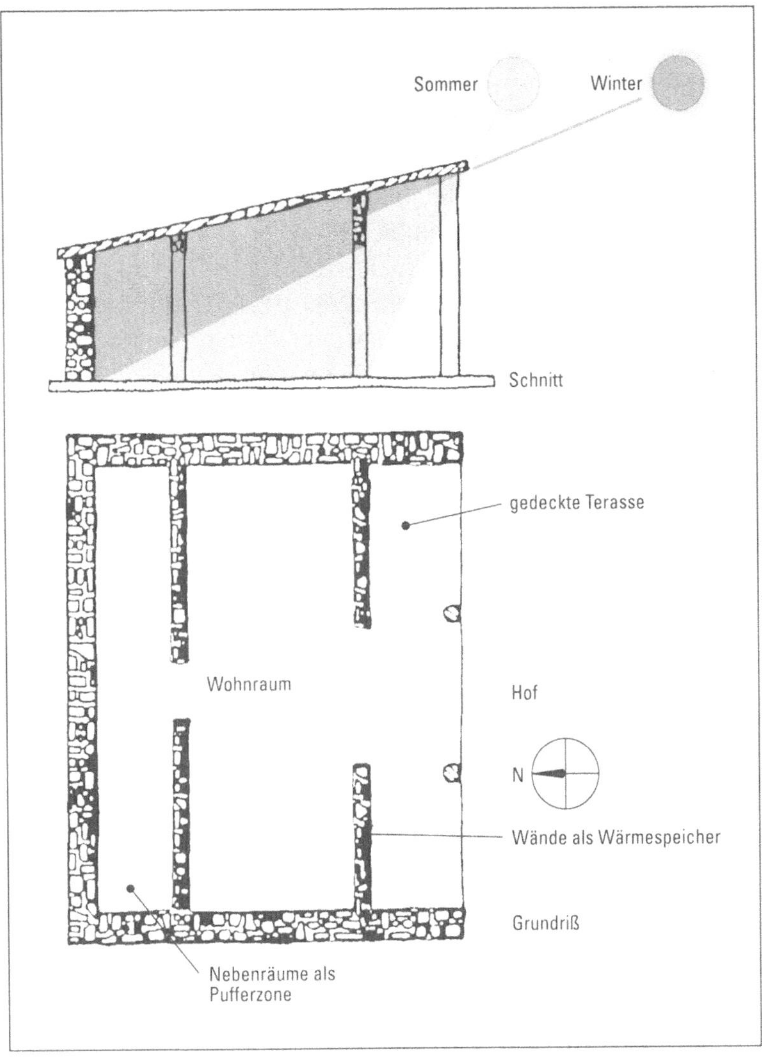

Abbildung 14: Sokrates-Haus, Prinzip der passiven Solarenergienutzung

Bauteile im Inneren dienen als Speichermasse, die die Energie aufnimmt und langsam wieder abgibt. Damit das richtig funktioniert, muß diese Speichermasse den Klimaverhältnissen angepaßt sein. In warmen Regionen darf der Speichereffekt nicht dazu führen, daß sich das Innere des Gebäudes überhitzt; in kühleren Gegenden sollte die gespeicherte Wärme mit zeitlicher Verzögerung wieder abgestrahlt werden. Vordächer, Pflanzen und andere Schattenspender halten die Sonne während der Sommermonate vom Gebäudeinneren fern und verhindern eine Überhitzung. Dieses Prinzip der passiven Solarenergienutzung ist schon seit Sokrates Zeiten bekannt (siehe Abbildung 14) und wird leider viel zu selten bei der Planung von Gebäuden angewendet.

Passive Nutzung von Sonnenenergie ist im Grunde nichts anderes als eine den regionalen Klimabedingungen angepaßte Bauweise. Entwurfsprinzipien dieser Bauweise sind:

- möglichst geringer Wärmeverlust durch die Gebäudehülle dank einer möglichst kleinen Gebäudeoberfläche, guter Wärmedämmung und Winddichtigkeit;
- temporärer Wärmeschutz vor den Fenstern;
- optimierte Lüftung;
- Optimierung des Gebäudes nach Stärke und Richtung der Sonneneinstrahlung und anderen Faktoren des Kleinklimas am Standort, insbesondere auch der Windverhältnisse;
- Ausrichtung und Konzentration der Fensterflächen nach Südosten bis Südwesten;
- Unterteilen des Gebäudeinneren nach Nutzungszonen und den dort jeweils gewünschten Temperaturen (Zwiebelschalenprinzip). Räume, in denen die Temperaturen niedrig sein sollen, liegen außen und Richtung Norden, warme Räume liegen in der Mitte und Richtung Süden; in warmen Regionen wird dieses Prinzip umgekehrt angewandt;
- Einplanen von Speichermassen im Gebäudeinneren;
- Wintergärten, Atrien und andere Pufferzonen;
- Nutzung interner Wärmequellen, das heißt, Austausch von Wärme innerhalb des Gebäudes;
- Austausch der Wärme möglichst durch natürliche Konvektion, in warmen Ländern kann die natürliche Kühlung durch Wasserverdampfung mittels Springbrunnen genutzt werden;
- Schattenspender, die sich jahreszeitlich unterschiedlich einstellen lassen (oder das selbst tun wie zum Beispiel Pflanzen).

Voraussetzung für die Nutzung passiver Solarenergie ist eine wärmetechnisch effiziente Bauweise. Ein Maß für den Wärmeverlust eines Gebäudes oder einzelner Baumaterialien ist der Wärmedurchgangskoeffizient, der sogenannte k-Wert. Je niedriger der k-Wert, desto weniger Wärme geht verloren. Überdurchschnittlich gut gedämmte Häuser mit einem Heizwärmebedarf von weniger als 70 Kilowattstunden pro Quadratmeter im Jahr nennt man Niedrigenergiehäuser. Der durchschnittliche Heizwärmebedarf liegt in Westdeutschland bei 220 und in Ostdeutschland bei 280 Kilowattstunden pro Quadratmeter. Bei Niedrigenergiehäusern muß besonders viel Wert auf gute Bauausführung gelegt werden, damit keine sogenannten Wärmebrücken entstehen (z. B. Stahlträger die eine Außenwand durchstoßen), Undichtigkeiten in der Dämmung an Übergangsstellen beispielsweise zwischen Wänden, Wand und Boden oder Wand und Fenster. Wegen des hohen Dämmstandards solcher Bauten können die Wärmeverluste über solche Wärmebrücken bis zu 30 Prozent der Transmissionsverluste darstellen. Auch bei Altbauten in den Städten und auf dem Land kann durch geeignete Maßnahmen ein Niedrigenergiestandart erreicht werden.

»Build tight, ventilate right« – dicht bauen und richtig lüften: Lüftungswärmeverluste tragen zu einem nicht unerheblichen Teil zu den Wärmeverlusten eines Gebäudes bei. Aus hygienischen Gründen ist ein möglichst guter Luftaustausch (hohe Luftwechselrate) erwünscht, aus energetischen ein möglichst geringer. Optimal und empfehlenswert sind 0,2 bis 0,6 Luftwechsel pro Stunde, also der stündliche Austausch von zwanzig bis sechzig Prozent der Luft je nach Art der Nutzung des Gebäudes. Dieser Luftaustausch sollte möglichst kontrolliert vonstatten gehen, das heißt, das Gebäude sollte winddicht sein, und die Lüftung sollte über Fenster, Klappen oder sogar eine Lüftungsanlage mit Wärmerückgewinnung gesteuert werden.

Passive Sonnenenergienutzung ergänzt die Bauweise von Niedrigenergiehäusern. Allerdings gilt ein Prinzip nicht mehr uneingeschränkt: Niedrigenergiehäuser sollten so gebaut werden, daß das mathematische Verhältnis von Gebäudeoberfläche zu Innenvolumen möglichst klein ist – dann ist der Wärmeverlust am geringsten.

Will man aber das von Süden einfallende Sonnenlicht nutzen, kann es sinnvoll sein, die Südfassade zu vergrößern und möglichst viele Fenster nach Südosten bis Südwesten auszurichten. Die Menge der Sonneneinstrahlung, die in Deutschland mit einem Quadratmeter Fassadenfläche eingefangen werden kann, veranschaulicht mit einigen Zahlen die Tabelle 10 »Jahressummen der Sonneneinstrahlung pro Quadratmeter Empfangsfläche in Deutschland«.

Ausrichtung	kalte Tage		alle Tage	
	durchschn.	min/max	durchschn.	min/max
Horizontal	410	330–590	1060	930–1200
Süd	390	330–530	780	710–900
Ost/West	270	220–390	660	590–780
Nord	170	140–220	410	380–440

Tabelle 10: Jahressummen der Sonneneinstrahlung pro Quadratmeter Empfangsfläche in Deutschland,
Quelle: Heidt, F.D. (Uni Siegen), die durchschnittlichen Werte beziehen sich auf 12 Testreferenzjahre, Tage mit einer durchschnittlichen Temperatur unter 12 Grad Celsius werden hier als kalte Tage bezeichnet, alle Werte in kWh/m^2.

Neben den genannten Bauprinzipien können passive Raumwärmesysteme eingesetzt werden, zum Beispiel Wintergärten und sogenannte Trombewände. In jüngster Zeit werden auch Transparente Wärmedämmsysteme (TWD) eingesetzt. Diese Raumwärmesysteme funktionieren nach dem Prinzip der thermischen Diode, auch Treibhauseffekt genannt. Eine thermische Diode nimmt Wärme in Form von Strahlung an einer Seite auf, absorbiert sie und leitet sie weiter. Die einfachste Form einer thermischen Diode ist eine Glasscheibe vor einer Wand. Die Glasscheibe ist für die kurzwelligen Strahlen des Lichts transparent, hält aber die langwellige Wärmestrahlung zurück. Die durch die Glasscheibe eingelassene Lichtstrahlung wird von der Wand als Wärme absorbiert und – mit einer Verzögerung – ins Innere des Gebäudes weitergeleitet. Material und Dicke der Mauer müssen so gewählt werden, daß die richtige Verzögerung beim Wärmetransport in das Gebäudeinnere entsteht. Da Glas nur einen geringen Wärmewiderstand hat, transportiert diese sehr einfache Diode Wärme auch in die falsche Richtung. Der

Wärmeverlust muß verringert werden, zum Beispiel durch Doppelverglasung oder temporären Wärmeschutz.

Zwischen Glasscheibe und Mauer bleibt ein Luftraum, der ein schmaler Spalt sein kann oder auch so groß, daß Menschen sich darin aufhalten können. Im ersten Fall spricht man von einer Trombewand, im zweiten Fall von einem Wintergarten. Der Boden eines Wintergartens kann zusätzlich als Absorber und Speichermasse genutzt werden. Eine Energieverschwendung ist es jedoch, wenn Wintergärten beheizt werden – Wintergärten sind keine »Tropengärten«. Wintergärten bieten zusätzliche Lebensqualität und keinen zusätzlichen Wohnraum. Aus diesem Grund sollte eine thermische Trennung vom Wohnraum zum Wintergarten vorgesehen werden. Das heißt die Wand zwischen beiden Räumen sollte wie eine Außenwand konstruiert sein.

Die Heizwirkung der Trombewand entsteht durch zwei unterschiedliche Effekte, teilweise, wie beschrieben, durch Absorption und Leitung der Wärme durch die Mauer und teilweise durch eine thermosiphonartige Luftbewegung zwischen den Innenräumen des Gebäudes und dem Luftraum zwischen Glas und Mauer. Damit die Luft zirkulieren kann, hat die Mauer oben und unten Öffnungen. Durch diese Öffnungen strömt nun so lange Luft, bis die Temperaturen außen und innen gleich sind, etwa so, wie sich die Wasserstände in den beiden Schenkeln eines U-förmigen Rohres (Siphon) ausgleichen. Die Öffnungen können verschlossen werden, um eine unerwünschte Gegenzirkulation zu vermeiden. Diese entgegengesetzte Zirkulation würde die Wärme aus den Räumen heraus transportieren.

Für den Bau solcher thermischer Dioden eignen sich besonders transparente Wärmedämmaterialien (TWD-Materialien). Da das TWD-Material Wärme schlecht leitet (hoher Wärmewiderstand), fließt ein Großteil der gewonnenen Wärme durch das Mauerwerk nach innen und wird als Strahlungswärme an den Raum abgegeben. Das TWD-Material ist zusammen mit einer Schutzverglasung und einem Überhitzungsschutz (zum Beispiel Rollos) in einem Rahmen montiert, der an der Mauer angebracht werden kann. Ein Steuergerät reguliert die Stellung des Schutzrollos in Abhängigkeit von der Witterung und der Einstrahlung, damit sich insbesondere im Sommer die Innenräume nicht überhitzen. Je nach Himmelsrichtung und Auslegung ist in Mitteleuropa ein Energiegewinn von 100 bis 200 Kilowattstunden pro Quadratmeter TWD-Fläche im Jahr erreichbar. Nachteil der TWD-Systeme sind bis heute ihre hohen Kosten von 500 bis 1000 Mark pro Quadratmeter. Experten rechnen aber damit, daß die Preise auf die Hälfte oder ein Drittel fallen werden, wenn die Technik eines Tages häufiger eingesetzt werden wird. Viele dieser Maßnahmen lassen sich je nach Gebäude und Einbindung des Gebäudes in die städtische oder ländliche Umgebung auch an Altbauten vornehmen.

In südlichen Regionen Europas wird Energie vornehmlich zum Kühlen von Wohnräumen gebraucht. Zahlreiche Mechanismen machen es möglich, »passiv« zu kühlen, das heißt ohne energieverzehrende Aggregate. Belüftung, Wärmeabstrahlung, Beschattung, Verdunstung und Erdreichkühlung (Belüftung des Hauses durch einen Tunnel im kühlen Erdreich) machen es möglich, den Kühlenergiebedarf eines Gebäudes zu verringern oder vollständig zu vermeiden.

Eine weitere Möglichkeit zum Energiesparen durch richtiges Bauen ist das in seiner Bedeutung oft unterschätzte Nutzen von Tageslicht in Gebäuden. Durch die architektonische Gestaltung kann der Bedarf an Kunstlicht auf ein Minimum reduziert werden.

In der Europäischen Gemeinschaft gibt es nach einer Zählung von 1990 etwa 128 Millionen Wohnungen. Die Aufteilung dieser Wohnungen auf Einfamilienhäuser und Mehrfamilienhäuser ist in den einzelnen Ländern der EG sehr unterschiedlich. Nach einer Wohnungszählung von 1981/82 hat Irland den mit Abstand höchsten Anteil an Einfamilienhäusern, nämlich 95 Prozent; Italien und Spanien mit 31 und 37 Prozent haben den niedrigsten Anteil[61]. Die Wohnungszählung von 1990 ergab, daß etwa ein Viertel der Wohnungen in der EG nach 1970 gebaut wurde. In Großbritannien liegt dieser Anteil bei einem Sechstel, in den Niederlanden dagegen bei einem Drittel. Etwas mehr als ein Drittel der Gebäude in der EG ist vor 1945 gebaut worden. Auch hier weicht Großbritannien mit etwa 50 Prozent vom Durchschnitt ab. In den Jahren 89/90 sind pro Jahr etwa anderthalb Millionen Wohnungen neu gebaut worden. Der Verlust von Wohnungen durch Abriß und Umwidmung liegt

102

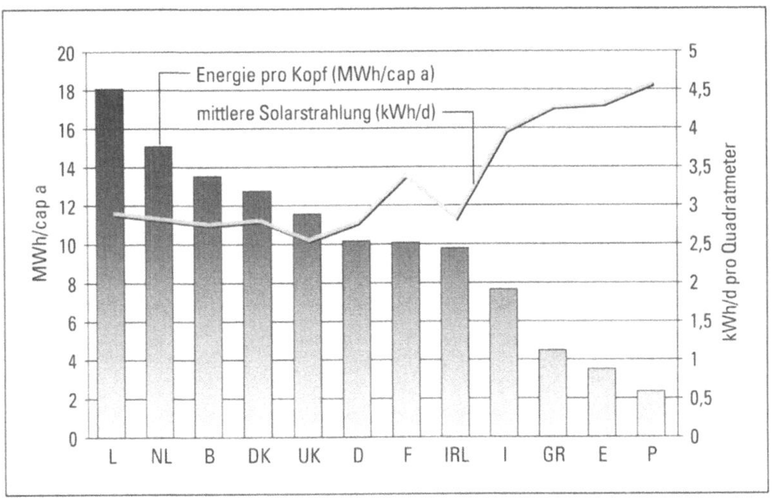

Abbildung 15: Energieverbrauch im Wohnungssektor EU und Sonneneinstrahlung
Quelle: Balters, Lehmann; Jülich 1993

bei 10 bis 15 Prozent der Neubauten; hier sind aber die Daten sehr unvollständig. Über den Heizungsbedarf der Wohnungen sind nur unvollständige Daten zu erhalten[62].

Da keine konsistenten Angaben über den Heizungsenergieverbrauch europäischer Haushalte erhältlich sind, wollen wir ihn hier auf anderem Wege schätzen. Für Heizung und den häuslichen Strombedarf verbrauchen die europäischen Haushalte durchschnittlich 9250 Kilowattstunden pro Jahr. In den nördlichen Ländern der EG haben die privaten Haushalte einen vergleichsweise hohen Verbrauch; in allen Ländern im Süden liegt er wegen der anderen Klimaverhältnisse, Bauweisen und Lebensstile unter dem Durchschnitt der Gemeinschaft[63].

Um nun zu bestimmen, wieviel von diesem durchschnittlichen Energieverbrauch der Haushalte für die Heizung aufgewendet wird, nehmen wir an, daß Festbrennstoffe ausschließlich zum Heizen dienen und flüssige und gasförmige Brennstoffe zu achtzig Prozent. Daraus ergibt sich, daß die Haushalte 73 Prozent ihres Endenergieverbrauchs für die Heizung aufwenden. Diese Zahl muß man als untere Grenze ansehen. Im Fall der Niederlande mit ihrem extrem hohen Erdgasverbrauch liegt die Zahl sicherlich zu niedrig. Im Falle Irlands mit seinem hohen Anteil an festen Brennstoffen ist der Wert sicherlich sehr nah am realen Wert.

Die Arbeitsgemeinschaft Energie der deutschen Energiewirtschaft ermittelte, daß 1988 insgesamt 2211 Petajoule für Raumwärme aufgewendet wurden. Das entspricht einem Anteil von 71 Prozent am gesamten Endenergieverbrauch der Haushalte. Zwei detailliertere Untersuchungen[64] kommen auf einen Anteil von 74,7 beziehungsweise 80 Prozent. Vergleicht man diese unterschiedlichen Prozentsätze mit unserer Schätzung – 73 Prozent –, dann findet man eine ausreichend gute Übereinstimmung.

Damit haben wir nun eine Zahl für den gesamten Heizenergiebedarf in der EU in der Hand. Dividiert man diese Zahl durch die Zahl der Wohnungen, dann erhält man eine Schätzung der unteren Grenze des mittleren Energieverbrauchs für die Raumwärme pro Wohnung und Land. Das Ergebnis enthält keine Aussage über die Güte der Wohnungen, da die Wohnungen in der Europäischen Gemeinschaft sehr unterschiedlich groß sind und in einer einzelnen Wohnung sehr unterschiedlich viele Menschen leben. Diese Zahlen dienen lediglich zur Schätzung, wie sich der Bedarf an passiv-solarer Heizung verteilt und soll die oftmals übersehene Größenordnung des Problems im Bereich des Wohnens veranschaulichen (siehe Abbildung 15).

Kosten der passiven Solarenergienutzung: Will man heute ein Wohnhaus, Reihenhaus oder Mehrfamilienhaus bauen, das mit der Hälfte der nach der deutschen Wärmeschutzverordnung erlaubten Heizenergie pro Quadratmeter auskommt, dann kosten die wärmetechnischen Änderungen und die passiv-solaren Elemente nur zwei bis fünf Prozent der Bausumme zusätzlich. Es gibt allerdings auch realisierte Beispiele, von Häusern aller Art, die ohne Zusatzkosten einen derart niedrigen Energieverbrauch, durch passive Solarenergienutzung und Dämmung, erreicht haben. Der Energieverbrauch von Gewerbegebäuden läßt sich sogar oft ohne irgendwelche Zusatzkosten erheblich verringern. Bei der Sanierung von Gebäuden ist es sehr schwer Kosten anzugeben. Diese hängen von dem Bauzustand und unter anderem von der Lage und Einbindung des Gebäudes ins Umfeld ab.

Potential der passiven Solarenergienutzung: Schaut man sich den Energieverbrauch von Gebäuden an, die nach den Prinzipien der passiven Solarenergienutzung gestaltet worden sind, und vergleicht ihn mit dem konventioneller Bauten, dann wird das enorme Potential sichtbar, das in dieser »Energiequelle« steckt. Wie groß der Anteil des Energiebedarfs ist, der mit der Sonne gedeckt werden kann, hängt nicht nur von der Qualität des architektonischen Entwurfs ab, sondern auch von Haustyp und regionalem Klima.

Im Rahmen des Monitor-Projektes der Europäischen Gemeinschaft sind unterschiedliche Haustypen in Europa untersucht worden. Nach dieser Studie deckt bereits heute in den bestehenden Häusern die Sonne 10 bis 15,5 Prozent des Energiebedarfs. Der EG-Studie läßt sich entnehmen, daß Mehrfamilienhäuser im Durchschnitt weitere 30 Prozent ihres Energiebedarfs durch passive Nutzung der Sonnenenergie decken können; in südlichen Breiten Europas können auch Werte um 70 Prozent erreicht werden, und in nördlichen Breiten sind Lösungen untersucht worden, die weitere 40 Prozent Energiegewinn bringen. Bei Einzelgebäuden ermittelte die Studie sogar einen möglichen Sonnenenergiebeitrag von im Durchschnitt mehr als 35 Prozent, in südlichen Gebieten bis zu 60 Prozent.

Die Enquête-Kommission des Deutschen Bundestages »Vorsorge zum Schutz der Erdatmosphäre« hat ebenfalls untersucht, wieviel Energie durch wärmetechnische Verbesserungen und eine Bauweise nach den Prinzipien der passiven Solarenergienutzung gespart werden kann. Ihr Ergebnis: Altbauten können bei geeigneter Sanierung siebzig bis neunzig Prozent weniger Heizenergie verbrauchen als heute, und Neubauten, wenn sie entsprechend entworfen und gebaut werden, siebzig bis achtzig Prozent weniger. Voraussetzung dafür sind ein erheblich besserer Wärmeschutz, kontrollierte Lüftung und optimierte Heizungsanlagen. Wenn langfristig in größerem Umfang transparente Wärmedämmung eingesetzt wird, können die Einsparungen bis auf neunzig Prozent angehoben werden. Diese Zahlen werden auch durch andere Studien bestätigt[65].

Einige bemerkenswerte Aspekte fallen bei Betrachtung der verschiedenen realisierten Solarbauten auf: daß der Prozentsatz, zu dem der Energiebedarf durch die Sonnenenergie gedeckt werden kann, nicht von der geographischen Lage abhängt, daß die erreichten Deckungsgrade auch bei Neubauten sehr stark streuen und daß selbst der Energieverbrauch gleicher Gebäude an einem Ort sehr unterschiedlich sein kann. Berücksichtigt man die Tatsache, daß es inzwischen in verschiedenen Ländern mit unterschiedlichen klimatischen Bedingungen einige »Nullenergiehäuser« gibt, so drängt sich der Schluß auf, daß der Beitrag, den die Sonne zur Deckung des Energiebedarfs in heute gebauten oder sanierten Gebäuden leisten kann, im wesentlichen von vier Parametern abhängt: von der Qualität und Konsequenz der Umsetzung der Prinzipien solarer Architektur, vom Verhalten der Bewohner, vom Standort der Häuser (Städte, Land) und von den Kosten.

Nach dem heutigen Stand der Technik kann eine Reihe von Gebäuden vollständig mit Solarenergie versorgt werden. Durch die Kombination von wärmetechnischen Maßnahmen und passiv-solaren Entwurfsprinzipien kann der Energiebedarf so weit gesenkt werden, daß Anlagen zur aktiven Nutzung der Sonnenenergie wie Sonnenkollektoren und Biomasse-befeuerte Heizwerke, Kraft-Wärme-Kopplungsanlagen oder Wärmepumpen die energetische Lücke schließen können. Bei ungünstigen Standorten muß mittels einer guten Isolierung die durch aktive Anlagen benötigte Wärmemenge minimiert werden. In verschiedenen Regionen Europas, insbesondere in den südlichen Ländern aber auch im Norden, wie das Nullenergiehaus in Freiburg zeigt, kann in vielen Fällen auf eine aktive Energieversorgung ganz verzichtet werden. In südlichen Ländern kann ein noch benötigter Kühlaufwand auch mittels erneuerbarer Energien geleistet werden, zum Beispiel durch Absorptionskühlsysteme und Wärmepumpen.

Unter optimistischen Randbedingungen, das heißt, ohne Rücksicht auf ökonomische Hindernisse, könnten bis zum Jahr 2020 in den Wohngebäuden 28 bis 56 Prozent des Energiebedarfs entweder vermieden oder gedeckt werden – allein mit wärmetechnischen Verbesserungen und passiver Nutzung der Solarenergie. Der niedrigere der beiden Prozentwerte ist das Ergebnis eines Szenarios mit moderaten Annahmen; er entspricht einer Energiemenge von 752 Terawattstunden im Jahr. Für den oberen Schätzwert – 56 Prozent oder 1500 Terawattstunden im Jahr – sind ehrgeizige politische Anstrengungen erforderlich. Bei nicht privat genutzten Gebäuden können diese Werte ohne weiteres noch übertroffen werden, berücksichtigt man die Tatsache, daß solche Gebäude in kürzeren Abständen saniert werden, und berücksichtigt man die enormen Einsparpotentiale in kommerziell genutzten Gebäuden.

Dieses Ziel ist allerdings nur durch ein ehrgeiziges und mit hohen Kosten verbundenes Sanierungsprogramm zu erreichen. In diesem Sanierungsprogramm müßten alle Neubauten in Zukunft nach den Prinzipien der passiven Solarenergienutzung errichtet und zusätzlich jährlich etwa 4,3 Millionen Wohnungen in Europa saniert werden. Ein solches Programm wäre eine immense Belebung für den Arbeitsmarkt[66].

Die Sammlerin – dezentrale Wärmenutzung

Solarthermische Systeme sind Anlagen, die die Sonnenstrahlung in Nieder-, Mittel- und Hochtemperaturwärme umwandeln. Grundsätzlich unterscheidet man zwischen passiven und aktiven Systemen. Passive Anlagen verwenden keine aktiven Elemente wie Pumpen, Ventile, Kontrollgeräte oder dergleichen. Der Energiefluß wird durch natürliche Kräfte angetrieben, also durch Konvektion, Strahlung und Wärmeleitung. Unter den aktiven Systemen unterscheidet man konzentrierende und nicht konzentrierende. Konzentrierende solarthermische Anlagen bündeln die Sonnenstrahlen beispielsweise mit Parabolspiegeln auf einen Absorber und können so Prozeßtemperaturen bis 1000 Grad Celsius erreichen. Bei nicht konzentrierenden Systemen wird die Sonnenstrahlung direkt vom Absorber in Wärme umgewandelt. Diese nicht konzentrierenden solarthermischen Systeme, zum Beispiel Sonnenkollektoren, eignen sich für den Niedertemperaturbereich bis 100 Grad Celsius. Kombinationen von Kollektoranlagen mit Wärmepumpen ermöglichen solare Kühlungssysteme, die besonders für Länder mit hohen Temperaturen von Interesse sind.

Die Vielzahl der Anwendungsgebiete hat auch sehr unterschiedliche Kollektortechniken hervorgebracht. Der einfachste Kollektor besteht aus einer schwarzen, nicht abgedeckten Kunststoffabsorbermatte, die von einem Wärmeträgermedium durchströmt wird, das heißt, von einem gasförmigen oder flüssigen Stoff, der Wärme besonders gut aufnimmt. Weil die Betriebstemperatur relativ niedrig ist – sie kann nur geringfügig über der Umgebungstemperatur liegen –, wird dieser Kollektortyp in Mitteleuropa hauptsächlich verwandt, um das Wasser in Schwimmbädern zu erwärmen.

Flachkollektoren bestehen aus Metallabsorbern, die in ein wärmegedämmtes Gehäuse eingebettet sind. Der Absorber besteht aus Aluminium-, Kupfer- oder Stahlblechen. Die thermischen Eigenschaften des Absorbers verbessern sich, wenn eine selektive Schicht auf den Absorber aufgebracht wird. Diese Schicht wird in der Regel mit galvanischen Verfahren aufgetragen und besteht aus feinsten Metall-Keramik- oder Metall-Kohlenstoff-Dispersionen, deren Absorptionsvermögen im Spektrum der Sonnenstrahlung hoch ist und die im infraroten Bereich besonders schlecht abstrahlen, weshalb die Strahlungswärmeverluste besonders klein sind. Damit der Absorber nicht zuviel Energie nach vorne, in Richtung der einstrahlenden Sonne, verliert, können zusätzliche Glasscheiben oder transparente Wärmedämmaterialien (TWD) zwischen Absorber und die gläserne Deckscheibe eingelegt werden. Als Wärmeträgermedium wird je nach Anwendungsgebiet Wasser – mit Beimengungen von Glykol zum Schutz gegen das Einfrieren der Kollektoren im Winter –, Öl oder Luft verwendet.

Vakuumkollektoren haben gegenüber den einfachen Flachkollektoren den Vorteil, daß deutlich weniger Wärme durch Konvektion und Wärmeleitung verloren geht. Aus Stabilitätsgründen befinden sich die Absorberstreifen in evakuierten Glasröhren. Bei Vakuumflachkollektoren muß aus diesem Grund die Frontscheibe durch Distanzhalter abgestützt werden. Wegen der besseren thermischen Eigenschaften sind die Wirkungsgrade von Vakuumkollektoren bei höheren Betriebstemperaturen besser als die gewöhnlicher Flachkollektoren. Sie können deshalb nicht nur zur Brauchwassererwärmung eingesetzt werden, sondern auch zur Raumheizung und zur Erzeugung von Prozeßwärme.

Bei den beschriebenen Kollektortypen werden die notwendigen Speicher außerhalb des Kollektors als separater Teil der Anlage

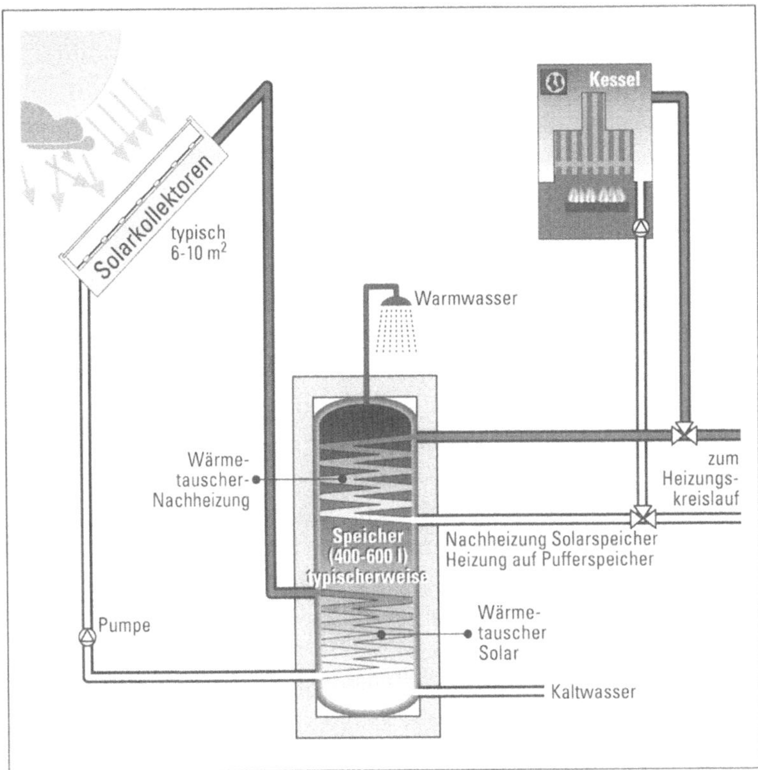

Abbildung 16: Prinzip einer Zweikreis-Solaranlage

installiert. Das ist anders bei Speicherkollektoren. Sie sind so gebaut, daß die Mantelfläche des Speichers zugleich als Absorber dient. Vor allem in Israel und Australien werden diese Systeme hergestellt und vertrieben.

Solaranlagen bestehen neben den beschriebenen Kollektoren aus weiteren Komponenten wie Speichern, Regelungssystemen, Umwälzpumpen und Verteilern. Zwei der am weitesten verbreiteten Systeme sind die Zweikreis- (siehe Abbildung 16) und Thermosiphonanlagen.

Im Primärkreislauf der Zweikreisanlage wird das Wärmeträgermedium durch den Kollektor erwärmt. Über einen Wärmetauscher wird die Energie an den Sekundärkreislauf abgegeben, das heißt an

109

den Brauchwasserspeicher. Der Wärmetauscher der Solaranlage befindet sich meist im unteren (kühleren) Teil des Speichertanks. Ein zweiter Wärmetauscher befindet sich im oberen, wärmeren Teil, aus dem das Brauchwasser entnommen wird, und ist mit der konventionellen Heizung (Öl oder Gas) gekoppelt.

Der große Vorteil von Thermosiphonanlagen gegenüber den Zweikreissystemen besteht darin, daß auf die Regelung und die Umwälzpumpe verzichtet werden kann. Das im Kollektor erwärmte Wärmeträgermedium steigt durch den Dichteunterschied an den höchsten Punkt des Solarkreislaufes. Dort gibt es seine Energie über einen Wärmetauscher an das Brauchwasser ab. Das abgekühlte Fluid sinkt wiederum durch den Dichteunterschied auf den tiefsten Punkt des Solarkreislaufes ab, und der Prozeß beginnt von neuem.

Zur Zeit sind in der Europäischen Union mehr als drei Millionen Quadratmeter Solarkollektoren unterschiedlicher Bauart installiert, weltweit etwa das Zehnfache. Die größten Produktionsländer auf der Welt sind Israel, die USA und die Türkei. Heute angebotene Anlagen wandeln im allgemeinen 35 bis 45 Prozent der eingestrahlten Energie in nutzbare Energie um[67].

Österreich zählt zu den Solarkollektor-Eldorados in Europa. Mehr als 460 000 Quadratmeter Kollektorfläche waren 1990 installiert[68]. Nur das sonnenreiche Griechenland stand zu diesem Zeitpunkt in Europa in seiner Bilanz besser da. Das Geheimnis der hohen Produktionsrate von Österreich liegt in der Selbstorganisation der Alpenbürger. In Österreich haben sich private Interessenten zusammengefunden und produzieren Solaranlagen mit Unterstützung von Verbänden oder Energieberatern im Eigenbau. Dadurch können Preise erzielt werden, die um 50 bis 70 Prozent unterhalb denen einer industriell hergestellten und gewerblich installierten Anlage liegen[69]. Als Folge dieser »Do it yourself«-Politik ist das Interesse an gewerblich installierten Anlagen im gleichen Maße gestiegen. Waren 1989 bis 1992 noch die Selbstbauanlagen bestimmend, so sind seit 1993 etwa 60 Prozent der Neuinstallationen gewerblich installierte Anlagen. Die Gesamtinstallation pro Jahr ist in der Zeit von 1989 bis 1993, also innerhalb von nur fünf Jahren, von 49 000 Quadratmetern auf 148 000 Quadratmeter gestiegen.

In Deutschland konnte die installierte Kollektorfläche im Jahr 1994 auf etwa eine Million Quadratmeter gesteigert werden. Allein 1993 wurden 215000 Quadratmeter Kollektorfläche installiert (70000 Quadratmeter Schwimmbadabsorber, 100000 Quadratmeter Flachkollektoren und 45000 Quadratmeter Vakuumkollektoren). Von 1990 auf 1991 fand eine Verdreifachung der installierten Kollektorfläche statt und von 1992 auf 1993 noch mal ein Sprung um 50 Prozent[70]. Trotzdem kann Österreich immer noch neunmal mehr Kollektorfläche pro Einwohner aufweisen als Deutschland. Impulsprogramme wie das vom Bund der Energieverbraucher ins Leben gerufene Phönix-Programm helfen, den Markt für die Solarthermie auszuweiten.

Soll die Sonnenwärme in Zukunft einen größeren Anteil an der Energieversorgung übernehmen, dann muß diese Technik auch zur Gebäudebeheizung eingesetzt werden. Das Problem ist, daß die Sonne dann am meisten scheint, wenn Heizungswärme am wenigstens gebraucht wird, und umgekehrt. Es wird also nötig, Sonnenwärme saisonal zu speichern. Für Ein- oder Zweifamilienhäuser darf der Sinn solcher Anlagen allerdings in Frage gestellt werden, denn die Kosten sind hoch. Baut man hingegen Speicher, die nicht nur einem einzelnen Haus, sondern einem größeren Nahwärmesystem dienen, mindert das die Probleme entscheidend. Solare Nahwärmesysteme sind also nichts weiter als große Solaranlagen, die entweder nur Brauchwasser oder darüber hinaus auch Raumwärme bereitstellen. Die Kollektortypen unterscheiden sich nicht von den beschriebenen. Die Speichertechnologie hingegen ist eine andere.

Als Erdbeckenspeicher bezeichnet man Gruben, die mit Plastikfolien abgedichtet und mit einer Wärmedämmung versehen werden. Sie lassen sich nur dort anlegen, wo der Grundwasserspiegel niedrig ist, denn sonst sind die Wärmeverluste zu hoch, und die Dichtungsfolie kann vom Grundwasser nach oben gedrückt werden (aufschwimmen). Wird das Erdreich direkt als Speicher verwendet, spricht man von Erdsondenspeichern. Be- und entladen wird über Sonden, die senkrecht nach unten und waagerecht durch das Erdreich verlaufen. Diese Speichertechnik ist derzeitig noch in der Entwicklung.

Es ist auch möglich, das Grundwasser zum Speichern der Solarwärme zu nutzen; solch einen Speicher nennt man ein Aquifer. Das kalte Wasser wird einem Brunnen entnommen, über den Kollektorkreislauf erwärmt und über einen zweiten Brunnen in den Aquifer zurückgeleitet. Voraussetzung ist, daß das Grundwasser nur langsam fließt oder der Speicher vom normalen Grundwasserstrom getrennt ist.

Für alle solaren Nahwärmesysteme muß eine Vorbedingung erfüllt sein: Damit der Energiebedarf in Bereiche gedrückt wird, der durch solch eine Wärmeversorgung abgedeckt werden kann, müssen die Gebäude, die beheizt werden sollen, mindestens nach dem Niedrigenergiehaus-Standard gebaut sein, mit einer optimalen Ausrichtung nach der Sonne und entsprechend geformten Dächern, in die die Kollektoren integriert werden können.

Schweden ist die führende Nation bei der Nutzung von Solarkollektoren zur Heizungsunterstützung. Die Systeme haben inzwischen, in zwölf Anlagen mit insgesamt etwa 30 000 Quadratmetern installierter Fläche, ihre technische Reife bewiesen[71]. Erste vielversprechende Nahwärmeprojekte in Deutschland sind angelaufen. In Göttingen wurde 1993 die erste Anlage mit einer Gesamtfläche von 800 Quadratmetern auf dem Grund eines Heizkraftwerks installiert. Die gewonnene Wärme wird in das vorhandene Verteilnetz eingespeist. Nahwärmesysteme mit 5000 Quadratmeter Kollektorfläche werden in Wiggenhausen bei Friedrichshafen und in Hamburg-Bramfeld entstehen[72].

Die Bedürfnisse in den armen Regionen der Welt sind andere als in der Bundesrepublik oder in Europa. Zudem unterscheiden sich die Bedürfnisse dieser Länder auch untereinander und verlangen nach individuellen Lösungsansätzen. Der Kleinbauer in Mexiko, der sich mit Brandrodung im Regenwald neues Acker- und Weideland zu erschließen versucht, steht vor anderen Problemen als die Landfrau in Kenia, die große Mengen von Holz benötigt, um die Mahlzeiten für ihre Familie bereiten zu können. Ein weiteres Problem in diesen Ländern ist die ausreichende Versorgung der Bevölkerung mit Trink- und Brauchwasser sowie mit sterilem Gut für die medizinische Betreuung. Solarbetriebene Kocher, Meerwasserentsalzungsanlagen und Sterilisatoren sind Anlagenkonzepte, die hier Abhilfe leisten können.

Solarkocher gibt es in den unterschiedlichsten Ausführungen, vom kleinen transportablen Kocher auf Box- oder Parabolspiegelbasis bis zu Großanlagen, die Schulen oder Heime mit Hitze zum Kochen versorgen. Eine sehr interessante Variante sind die Speicherkocher. Ein Kollektor erhitzt Öl, dieses heiße Öl erhitzt einen Speicher. Der heiße Speicher ermöglicht das Kochen auch zu Nachtzeiten und kann bei entsprechender Auslegung auch Schlechtwettertage überbrücken. Das System erlaubt es, den Kochplatz im Haus anzulegen, und kann mit einer Zusatzheizung kombiniert werden, die Biomasse nutzt. Speicher-Solarkocher dieser Art in unterschiedlichen Größen sind inzwischen in einigen Ländern im Einsatz. Da die Kochstelle in der Küche sein kann und da zu beliebigen Zeiten gekocht werden kann, finden solche Kochsysteme viel größere Zustimmung als die sogenannten Spiegel-Kocher, die in den meisten Fällen nur während der Mittagszeit genug Wärme liefern[73].

Eine weitere Form der dezentralen Wärmenutzung ist die Wärmepumpe. Sie wandelt Umgebungswärme aus der Luft, dem Boden, dem Oberflächen- oder Tiefenwasser in Heizwärme oder Prozeßwärme um.

Wärmepumpen heben Energie in Form von Wärme von einem niedrigen Niveau auf ein höheres. Als Wärmequelle kann zum Beispiel die Umluft dienen, das Grundwasser oder der Erdboden. Dieser Quelle wird Wärme durch eine Flüssigkeit entzogen, die schon bei sehr niedriger Temperatur siedet. Die Flüssigkeit, das Kältemittel, verdampft und wird mit einer Pumpe, dem Kompressor, auf einen höheren Druck und damit auf eine höhere Temperatur gebracht. Die so gewonnene Wärme gibt sie dann an anderer Stelle an ein kälteres Medium ab, den Wärmespeicher einer Heizung etwa oder die Innenluft im Haus. Dabei verflüssigt sich das Kältemittel wieder. Es strömt durch ein Expansionsventil, der Druck geht zurück, und der Kreislauf beginnt von vorne. Die Pumpe wird elektrisch oder durch einen Motor angetrieben. Die Abgase von Motor-Wärmepumpen werden zusätzlich als Wärmequelle genutzt.

Solch ein Wärmepumpensystem kann mit einer Heizung gekoppelt werden und heißt dann bivalentes System. Koppelt man ein System dieser Art auch noch mit Solarkollektoren, die als zusätzliche Wärmequelle dienen, so hat man ein trivalentes System. Bei der Absorptionswärmepumpe wird die Pumpe, die das Kältemittel verdichtet, durch einen thermischen Verdichter ersetzt. Solche von Wärme angetriebenen Wärmepumpen können mit vielen Wärmequellen angetrieben werden, zum Beispiel Biomasse. In heißen und sonnenreichen Ländern können sie auch zur Kühlung von Gebäuden benutzt werden. Wenn man die Frage beantworten will, ob Wärmepumpen energetisch sinnvoll sind, muß man sich das Verhältnis der von der Wärmepumpe bereitgestellten Nutzenergie zur benötigten Primärenergie beim Betrieb ansehen. Man kann aber sagen, daß im Durchschnitt Wärmepumpen, ob elektrisch oder mit einem Motor angetrieben, energetisch sinnvoller sind als die meisten Ölheizungen. Wird die Wärmepumpe mit Solarstrom oder erneuerbaren Brennstoffen betrieben, dann ist sie besser als alle fossil befeuerten Heizungen.

Kosten der dezentralen Wärmenutzung: Der Preis für eine Kilowattstunde Wärmeenergie aus einer Kollektoranlage liegt heute bei ständig fallendem Preis zwischen 30 und 71 Pfennig. Versorgt man einen ganzen Wohnblock oder eine kleine Siedlung mit Nahwärme aus Sonnenkollektoren, so reduziert sich der Preis, wie Beispiele aus der Bundesrepublik und Schweden zeigen, auf Werte zwischen 12 und 29 Pfennig[74], da die Investitionskosten pro erzeugter Kilowattstunde um so kleiner sind, je größer die Anlage ist. Konkurrenzlos preiswert ist heute schon das Heizen von Badewasser in öffentlichen Freibädern mit Solarkollektoren. Hier kostet die Kilowattstunde Wärme nur fünf Pfennig.

Potential der dezentralen Wärmenutzung: Für die Niedertemperatur-Solarthermie zur Brauchwassererwärmung stehen potentiell die gleichen Dachflächen zur Verfügung wie für die Photovoltaik (siehe dort). Statistisch stehen jedem Bundesbürger etwa 4,8 Quadratmeter Dachfläche auf privaten Wohngebäuden zur Verfügung, auf denen Sonnenenergie eingefangen werden kann. Sinnvollerweise wird eine Niedertemperatur-Anlage zur Zeit so ausgelegt, daß sie sechzig Prozent des Warmwasserbedarfs decken kann. Dann ist nämlich das Verhältnis zwischen Investition und Gewinn an nutzbarer Energie optimal. Hierfür werden pro Person in einem Haushalt der Bundesrepublik etwa 1,6 Quadratmeter Fläche beansprucht; in den Ländern Südeuropas reichen für den gleichen Bedarf an Warmwasser etwa 0,7 Quadratmeter Kollektorfläche pro Person aus. Von Monat zu Monat leistet eine solche Solaranlage einen unterschiedlichen Beitrag zur Warmwasserversorgung. Ist sie dafür ausgelegt, im Jahresdurchschnitt 60 Prozent des Bedarfs zu decken, dann wird im Winter die Solaranlage allein nicht ausreichen. In der Übergangszeit und im Sommer wird sie genug Energie liefern oder sogar mehr, als gebraucht wird.

Multipliziert man nun die benötigte Kollektorfläche pro Kopf mit der Bevölkerungszahl eines Landes, dann ergibt sich die gesamte Kollektorfläche. Diese Werte summieren sich für alle Länder der EU zusammen auf eine Fläche von rund 422 Millionen Quadratmeter. Nimmt man an, daß die Bauindustrie innerhalb eines Jahrzehnts in der Lage ist, für jede neue Wohnung acht Quadratmeter Sonnenkollektorfläche zu produzieren – was angesichts der in neuen Wohnungen verbauten Glas- und Holzflächen ein realistisches Produktionsziel ist –, dann würden sich in dieser Zeit die Produktionszahlen der EU von heute vervierzigfachen. Mit dem dann erreichten Produktionsumfang können in 25 bis 30 Jahren sechzig Prozent des Brauchwassers der EU mit Solarkollektoren erhitzt werden.

Eine aktuelle Studie hat das technische Potential an thermischer Energie in Nordrhein-Westfalen geschätzt, das mit Hilfe der Solarthermie gewonnen werden kann[75]. In den Kreisen und kreisfreien Städten in Nordrhein-Westfalen sind für solartechnische Einrichtungen etwa 200 Quadratkilometer Dachfläche und etwa 240 Quadratkilometer Wand- und Fensterfläche an Wohn- und Nichtwohngebäuden nutzbar. Die gebäudeunabhängige Freifläche, die zur Verfügung steht – zum Beispiel Landwirtschaftsfläche – wurde auf 669 Quadratkilometer geschätzt, etwa vier Prozent der Fläche des Landes. Dazu kommt eine der Bebauung untergeordnete Fläche – zum Beispiel Park- oder Lagerplätze – von 30 Quadratkilometern, die solartechnisch nutzbar wäre. Insgesamt ist also eine Freifläche von etwa 700 Quadratkilometern vorhanden, die zur Sonnenenergienutzung zur Verfügung steht. Man muß aber berücksichtigen, daß verschiedene Nutzungsarten um die gleichen Flächen konkurrieren können; zum Beispiel können Dach- oder Fassadenflächen mit Solarkollektoren, transparenter Wärmedämmung oder Photovoltaikmodulen belegt werden. Im Einzelfall muß geklärt werden, welche Technik eingesetzt werden soll. Die im folgenden dargestellten Ergebnisse geben das jeweils auf der gesamten Fläche technisch Machbare wieder.

Die Autoren der Studie haben berechnet, wie groß das technische Potential ist, Wärme mit dezentralen Systemen für Brauchwasser und Raumwärme sowie mit zentralen Systemen für Prozeßwärme und Nahwärme zu gewinnen. Nach ihren Ergebnissen könnten etwa 8,7 Millionen Tonnen Steinkohleeinheiten Wärme pro Jahr solarthermisch bereitgestellt werden; dies entspräche etwa 63 Prozent des gegenwärtigen Wärmebedarfs in Nordrhein-Westfalen. Der größte Anteil der erzeugten Wärme wäre dann für die Brauchwassererwärmung und die Raumwärme bestimmt. Insgesamt würden bei einer Realisierung des ausgewiesenen Potentials etwa acht Prozent der 700 Quadratkilometer Freifläche genutzt werden.

In Deutschland können nach der neuesten Potentialstudie schätzungsweise etwa 67 Millionen Tonnen Steinkohleeinheiten Niedertemperaturwärme durch Kollektoren gewonnen werden; dies entspricht etwa 14 Prozent des Primärenergieverbrauchs. Dies bedeutet, daß die Solarthermie in Deutschland im Prinzip den gesamten Bedarf an Niedertemperaturwärme abdecken könnte. Mit Wärmepumpen könnten in der Bundesrepublik weitere 10 bis 12,6 Millionen Tonnen SKE bereitgestellt werden[76].

Die Starke – thermische Solar-Stromkraftwerke

Thermische Solar-Stromkraftwerke wandeln die Sonnenstrahlung zuerst in Wärme und dann in einem konventionellen Kraftwerksteil in elektrischen Strom um. Um die erforderlichen hohen Temperaturen für die Stromerzeugung zu erreichen, wird das Sonnenlicht mit Hilfe von parabolisch geformten Spiegeln konzentriert. Im Brennpunkt ist ein Absorber installiert, durch den ein Wärmeträgermedium – ein spezielles Öl oder Gas – strömt. Dieses Wärmeträgermedium wird erhitzt und fließt dann entweder direkt oder über einen Zwischenkreislauf einer Kraftmaschine (Turbine) zu. Im konventionellen Teil eines Solarthermie-Kraftwerkes, der aus einer

Turbine und einem Generator besteht, wird die mechanische Energie in elektrische umgewandelt. Verschiedene Anlagenkonzepte sind bereits verwirklicht worden. Man unterscheidet zwischen Farmanlagen mit Parabolrinnen oder Paraboloiden und den Solarturmanlagen (Toweranlagen).

Mit den bereits installierten Anlagen wird überwiegend elektrischer Strom produziert. Andere Anwendungsgebiete der Hochtemperatur-Solarthermie sind das Erzeugen von heißem Wasser und Dampf für die Industrie sowie das Bereitstellen von Energie für photolytische und katalytische Prozesse in der Chemie. Die Deutsche Forschungsanstalt für Luft- und Raumfahrt (DLR) in Köln hat kürzlich einen Sonnenofen in Betrieb genommen, um die Einsatzmöglichkeiten der Solarenergie für chemische Prozesse und die Materialforschung zu untersuchen.

In der Mojave-Wüste in Kalifornien wurden zwischen 1984 und 1991 neun Kraftwerke des Parabolrinnentyps mit einer Gesamtleistung von 354 Megawatt elektrischer Leistung installiert. Diese Anlagen werden in Kalifornien als Spitzenlastkraftwerke betrieben. Mit ihrer enormen Leistung liefern diese sogenannten SEGS (**S**olar **E**lectric **G**enerating **S**ystems) nahezu 80 Prozent des weltweit erzeugten Solarstroms. Kraftwerke dieses Typs sind die am weitesten entwickelten solarthermischen Anlagen zur Stromproduktion. 75 Prozent des gelieferten Stroms stammen, über das Jahr gemittelt, aus dem mit Sonnenenergie betriebenen Teil der Anlagen; den Rest liefern konventionell befeuerte Kraftwerksteile. Daß diese Anlagen technisch ausgereift sind, spiegelt sich auch in der Verfügbarkeit des Solarfeldes von 98 Prozent wider; das heißt: Nur während zwei Prozent der Betriebszeit muß die Anlage für Wartung und Reparatur abgeschaltet werden.

Das Herz einer Parabolrinnenanlage sind die gläsernen Parabolrinnen. Sie sehen aus wie riesige Dachrinnen, die kein U-förmiges Profil haben, sondern ein parabolisches. Die Rinnen werden zu langen Reihen angeordnet und nur in einer Richtung der Sonne nachgeführt, nämlich in der Neigung. Sie reflektieren und konzentrieren das eingestrahlte Sonnenlicht auf den eigentlichen Absorber, der in der Brennlinie der Parabolrinne montiert ist. Wegen dieser Anordnung konzentriert eine Parabolrinnenanlage die Son-

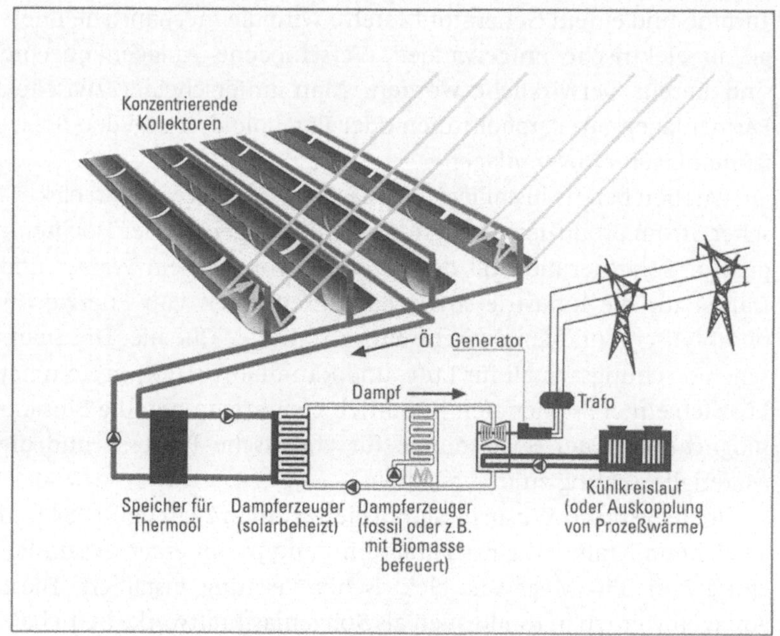

Abbildung 17: Aufbau und Prinzip einer SEGS-Anlage

nenwärme weniger stark und heizt den Wärmeträger weniger hoch auf als Paraboloid- und Toweranlagen, die das Sonnenlicht auf einen Punkt konzentrieren.

Es werden entweder minderwertige Thermoöle auf Mineralölbasis eingesetzt, die eine Arbeitstemperatur von 300°C erreichen, oder hochwertige synthetische Thermoöle, die bis auf 400°C erhitzt werden können, ohne zu verdampfen. Der gesamte Kühlkreislauf und die Absorberrohre können also für einen kleinen Volumenstrom und einen geringen Überdruck ausgelegt werden[77]. Über einen weiteren Wärmetauscher wird dann dem Wasserkreislauf die gewonnene Wärme zugeführt.

In den SEGS-Anlagen wird der entstandene Wasserdampf anschließend durch einen konventionellen Gasbrenner überhitzt und auf die Turbine geleitet. Nachts und bei schlechtem Wetter arbeiten die kommerziell betriebenen SEGS-Anlagen in den USA mit einem konventionell befeuerten Kraftwerksteil, weil ein Wärmespeicher zur Zeit eine unwirtschaftliche Lösung zur Überbrückung solcher Zeiten wäre.

Eine Neuentwicklung in der Technik der Parabolrinnenanlagen ist die Direktverdampfung. Bei diesem Konzept wird der Wasserdampf direkt in den Parabolrinnen erzeugt, und nicht wie bei den SEGS über einen Sekundärkreislauf, in dem das Wasser die Wärme von einem Wärmeträgermedium übernimmt. Die Vorteile einer solchen Anlage liegen auf der Hand: Die Wärmeverluste sind kleiner, und Anlagenteile wie Pumpsysteme und Zwischenwärmetauscher sind überflüssig, weshalb die Anlage sich billiger bauen läßt. Nachteil dieses Anlagenkonzeptes ist, daß Wasser und Dampf gemeinsam strömen müssen. Chemiker bezeichnen flüssiges Wasser und Dampf als zwei »Phasen« der Substanz Wasser; deshalb spricht man von einer Zweiphasenströmung. Für Zweiphasensysteme gibt es bisher nur Pilotanlagen, da sie technisch weniger leicht zu beherrschen sind als Systeme mit einphasiger Flüssigkeitsströmung. Es wird erwartet, daß Ende 1995 die Pilot- und Voruntersuchungen abgeschlossen sind. Den kommerziellen Maßstab erreicht diese Technik vermutlich in der ersten Dekade des kommenden Jahrhunderts, wenn die Probleme der Zweiphasenströmung gelöst und das Funktionieren in einem Demonstrationsprojekt nachgewiesen wurde.

Hybridkraftwerke, in denen Sonnenenergie und konventionelle Energieträger kombiniert verwendet werden, können kurzfristig die Marktchancen der solarthermischen Kraftwerke verbessern, weil sie kontinuierlich, also unabhängig von Tageszeit und Witterung, Strom für den Normalbedarf (Mittellast) liefern können. Eines der praktizierten Konzepte ist die Kombination eines Parabolrinnen-Solarkraftwerkes mit einem Gas- und Dampfturbinenkraftwerks. In einem solchen Hybridsystem übernimmt das Solarfeld die Aufgabe, den Wasserdampf für die Stromerzeugung bereitzustellen. Das Abgas einer Gasturbine wird benutzt, um den Wasserdampf aus dem Solarteil der Anlage zu überhitzen und das kondensierte Wasser hinter der Turbine vorzuwärmen, bevor es wieder in den Solarkreislauf eingespeist wird. Mit anderen Worten, die Parabolrinnen dienen als Kesselanlage in einem sonst konventionellen Gas- und Dampfturbinenkraftwerk. Wie weit dieses Konzept technisch und ökonomisch trägt, untersucht die Firma Flachglas-Solar (FLAGSOL) in Machbarkeitsstudien für die Mittelmeeranrainerstaaten zusammen mit dem spanischen Energieerzeuger ENDESA, dem marokkanischen Energieministerium und der griechischen Entwicklungsorganisation OADYK, Kreta[78].

Paraboloidanlagen unterscheiden sich von Parabolrinnenkollektoren darin, daß die Sonnenenergie nicht auf eine Linie fokussiert wird – nämlich die Brennlinie der Rinne –, sondern auf einen Punkt. Damit die Fokussierung auf den Absorber, der im Brennpunkt installiert ist, optimal funktioniert, muß das Paraboloid immer nach der Sonne ausgerichtet sein; es ist also eine Nachführung um zwei Achsen nötig. Die typischen Konzentrationsfaktoren von Paraboloidanlagen liegen zwischen 600 und 2000, und das bedeutet, daß diese Anlagen die Wärmeenergie effizienter absorbieren und konvertieren können als alle anderen Kollektorsysteme. Mit einer solchen Anlage, genauer mit einem Paraboloid/Stirling System, ist der bisher höchste Wirkungsgrad der Umwandlung von Sonnenwärme in Strom erreicht worden; er liegt bei 30 Prozent. Allerdings haben Paraboloidanlagen noch nicht die Serienreife erreicht. Bisher sind nur Testfelder beziehungsweise Einzelanlagen installiert worden.

Der Bau und Betrieb von Paraboloidsystemen ist realisierbar sowohl als Kombination mehrerer Paraboloide zu einem zentralen Kraftwerk wie als Einzelanlage mit einigen Kilowatt Leistung zur Elektrifizierung entlegener Gebiete. Dazu wird die in dem erwärmten Fluid, der Wärmeträgerflüssigkeit, eingefangene Energie direkt in elektrische Energie umgewandelt, indem an den Absorber ein Motor gekoppelt wird. Als Motor bietet sich besonders der Stirlingmotor an. Er versammelt die vielversprechendsten Vorteile auf sich: den höchsten Umwandlungswirkungsgrad, Langlebigkeit, Zuverlässigkeit und ein vernünftiges Preis-Leistungs-Verhältnis.

Der Stirlingmotor ist leise und arbeitet mit hohem Wirkungsgrad, da er nicht durch eine Explosion angetrieben wird, wie der Otto- oder der Dieselmotor, sondern durch eine kontinuierlich heizende Energiequelle – zum Beispiel die Sonne. Er ist ein Kolbenmotor, in dem sich ein Gas – Luft, Wasserstoff oder Helium – in einem geschlossenen System bewegt. Das Gas strömt zwischen einem »heißen« Expansionsraum auf der einen Seite des Kolbens und einem »kalten« Kompressionsraum auf der anderen Seite hin und her; die beiden Seiten sind durch den Regenerator verbunden. Die Sonnenwärme erhitzt das Gas im Expansionsraum; es dehnt sich aus und bewegt den Kolben. Anschließend strömt es durch den Regenerator in den Kompressionsraum, wobei es im Regenerator seine Restwärme abgibt. Diese Wärme wird dort gespeichert. Der Kolben komprimiert das Gas im Kompressionsraum und treibt es zurück durch den Regenerator in den Expansionsraum. Dabei nimmt das Gas im Regenerator die gespeicherte Wärme wieder auf.

Da das System Paraboloid/Stirlingmotor keinen Wärmespeicher enthält, muß es für sonnenarme Zeiten mit einem konventionellen, fossil oder mit Biogas befeuerten Anlagenteil kombiniert werden. Der entscheidende Vorteil solcher Anlagen ist, daß ihre Größe dem Bedarf vor Ort angepaßt werden kann.

Eine Toweranlage funktioniert im Prinzip wie eine Paraboloidanlage, mit dem Unterschied, daß hier viele Spiegel ihre Energie auf einen zentralen Absorber fokussieren, der in diesem Fall Receiver (Empfänger) heißt. Bestandteile einer Toweranlage sind ein Feld von Spiegelflächen, sogenannten Heliostaten, die das eingestrahlte Sonnenlicht reflektieren, und der zentrale, auf einem Turm (englisch: Tower) montierte Receiver, der das reflektierte Sonnenlicht empfängt und absorbiert. Der Receiver wandelt die konzentrierte Sonnenstrahlung in Wärme um und gibt diese an einen Wärmeträger weiter. Das Wärmeträgermedium strömt in einem geschlossenen Kreislauf und erwärmt entweder einen Speicher oder gibt die gewonnene Wärme zur Stromerzeugung an einen konventionellen Kraftwerksteil ab. Dieser konventionelle Teil kann die Wärme entweder direkt nutzen, nach dem Wasser/Dampf-Konzept, oder indirekt über einen Sekundärkreislauf. Die Heliostaten müssen, wie die Paraboloide, zweiachsig der Sonne nachgeführt werden, damit die eingestrahlte Sonnenenergie möglichst effizient umgewandelt wird.

Toweranlagen haben drei Vorzüge: Zum ersten wird die Sonnenenergie noch in Form von Licht fokussiert und in einem einzigen, zentralen Receiver gesammelt. Erst dort wird sie in Wärme umgewandelt. Das reduziert den stets sehr verlustreichen Transport von Wärmeenergie auf ein Minimum. Zum zweiten ist der Wirkungsgrad der Umwandlung von Sonnenstrahlung in Wärmeenergie und weiter in elektrische Energie hoch, da das Licht um Faktoren zwischen 300 und 1500 konzentriert wird[79]. Und zum dritten können diese Kraftwerke in großen Einheiten gebaut und deswegen ökonomisch optimal ausgelegt werden.

Solarturmanlagen können nach drei grundsätzlich unterschiedlichen Konzepten gebaut werden, die sich in der Anordnung der Heliostaten und der Receivertechnik unterscheiden. Die Heliostaten können kreisförmig um den Receiver angeordnet sein oder ihn nur von einer Seite bestrahlen. Die kreisförmige Anordnung (umlaufendes Feld) macht es erforderlich, daß der Receiver zylindrisch geformt ist. Seine Oberfläche besteht aus lückenlos nebeneinander liegenden Rohren, in denen das Wärmeträgermedium strömt. Solche Receiver in Form eines offenen Absorbers sind zwar billig herzustellen, haben aber wegen ihrer Bauweise keinen besonderen Schutz vor Wärmeverlusten.

Die beiden anderen Varianten der Solarturmkraftwerke haben ein Heliostatenfeld, das den Receiver nur von einer Seite bestrahlt; in den Ländern der nördlichen Hemisphäre der Erdkugel steht es im Norden der Anlage. Bei dieser Anordnung kann der Receiver entweder mit einem Hohlraumabsorber oder einem volumetrischen Absorber ausgestattet sein. Wenn sich die wärmetauschenden Flächen im Inneren des Receivers befinden, spricht man von einem Hohlraumabsorber. Die Sonnenstrahlung tritt durch eine relativ kleine Einstrahlungsöffnung (Apertur) in ihn ein. Das besondere am volumetrischen Absorber ist, daß er die Wärme nicht auf einer zweidimensionalen Oberfläche aufnimmt, sondern in einem dreidimensionalen Volumen (volumetrisches Prinzip). Die gebündelte Sonnenstrahlung wird in einem räumlich tiefen Drahtgeflecht aus Metall oder Keramik absorbiert, das von Luft durchströmt und dabei gekühlt wird.

Ein volumetrischer Receiver mit 2,5 Megawatt thermischer Leistung wurde vom Phoebus-Konsortium, einem Verbund von Firmen und Forschungsinstituten aus Europa und den USA, auf der »Plataforma de Almeria« in Südspanien erfolgreich getestet[80]. Im Südwesten von Jordanien soll eine Demonstrationsanlage von

Phoebus mit 30 Megawatt elektrischer Leistung installiert werden, die 1995 in Betrieb gehen soll.

Ein erheblicher Vorteil des volumetrischen Absorbers ist, daß als Wärmeträgermedium im Primärkreis Luft verwendet wird – ein Kühlmedium also, das ungiftig und überall verfügbar ist. Die zwei anderen beschriebenen Konzepte arbeiten entweder mit Wasser/Dampf, flüssigem Natrium oder geschmolzenen Nitratsalzen (Natriumnitrat/Kaliumnitrat). Die Natrium- und Salzschmelzen übertragen zwar die Wärme besser und erlauben deshalb eine kompaktere Bauweise der Absorber, aber sie stellen höhere Anforderungen an das Sicherheitssystem und machen den Einbau einer zusätzlichen Heizung nötig. Diese Heizung muß verhindern, daß das Natrium oder die Salze erstarren, falls die Betriebstemperatur unter deren Schmelzpunkt sinkt.

Für einen großen Teil der Kosten einer Solarturmanlage sind die Heliostaten verantwortlich. Aus diesem Grund sind erhebliche Bemühungen unternommen worden, diese zu optimieren. Schwerpunkte der Forschung waren die Reduzierung des Gewichts der computergesteuerten Heliostaten, die Vergrößerung der Spiegelflächen und die Suche nach anderen Reflektormaterialien. Vergrößern kann man die Spiegel nicht beliebig, da mit der Größe die Abweichungsfehler und damit die Strahlungsverluste zunehmen und außerdem die Nachführung teurer wird, da sie großen Windlasten standhalten muß. Die derzeitigen Forschungsarbeiten konzentrieren sich auf die Entwicklung leichter und preiswerter Reflektoren.

Die heute favorisierten Heliostaten aus gespannten Membranen sind gebaut wie eine flache Trommel. Die Frontseite der Trommel ist mit einer dünnen Metallmembran bespannt. Ein leichter Unterdruck unter der Membran gibt ihr eine minimale konkave Krümmung, also die Form eines fokussierenden Spiegels. Die zum Receiver weisende Membran ist mit einem versilberten Kunststoffreflektor laminiert. Diese Konstruktion ist sehr leicht und eine kostengünstige Alternative zu den versilberten Glas- oder Metallheliostaten. Zur Zeit ist aber noch nicht sicher, wie haltbar die neuen Kunststoffmembranen sind. Zudem sind die oberen Schichten empfindlich und können leicht zerkratzen oder reißen. Die heute verfügbaren Methoden zur Reparatur der beschädigten Reflektoren sind sehr teuer und müssen weiterentwickelt werden.

Kosten: Die Stromerzeugungspreise in den kalifornischen Parabolrinnenanlagen liegen derzeit zwischen 14 und 16 Pfennig pro Kilowattstunde. Würde der Strom zu hundert Prozent aus Sonnenenergie bereitgestellt, würde die Kilowattstunde Strom derzeit 31,5 Pfennige kosten[81].

Potential der Solarthermischen Kraftwerke: Eine Voraussetzung für den Einsatz solarthermischer Kraftwerke ist eine genügend hohe Sonneneinstrahlung. Die Untergrenze liegt bei 1700 Kilowattstunden pro Quadratmeter im Jahr. Die Deutsche Forschungsanstalt für Luft- und Raumfahrt fand heraus, daß innerhalb der Europäischen Union Gebiete in Griechenland, Italien, Portugal und Spanien für eine Nutzung interessant sind. Die Wissenschaftler ermittelten in ihrer detaillierten Untersuchung, wieviel Fläche in den Ländern des Mittelmeerraumes zur Verfügung gestellt werden könnte, indem sie verschiedene Umstände berücksichtigten, die den Bau solcher Anlagen ausschließen oder nur eingeschränkt möglich machen, wie Gewässer, Wälder, Sandwüsten, landwirtschaftlich genutzte Flächen, Siedlungen, ungeeigneter Boden und anderes sowie die derzeitige Infrastruktur (Verkehrswege, Pipelines, elektrisches Netz, Wasserversorgung usw.). In der EU stehen demnach etwa 19 500 Quadratkilometer für eine Nutzung durch solarthermische Kraftwerke zur Verfügung[82]. Auf dieser Fläche könnten Anlagen mit integriertem thermischen Speicher im Mittel 3600 Stunden im Jahr unter Vollast Strom produzieren, insgesamt etwa 1400 Terawattstunden pro Jahr – drei Viertel des Strombedarfs der EU.

Für alle Länder der Erde zusammen gibt es eine solch detaillierte Untersuchung der verfügbaren Flächen bisher nicht. Allerdings ist für eine Studie über die Produktion von Wasserstoff mit Sonnenenergie (zum Beispiel mit Thermischen Solar-Stromkraftwerken) abgeschätzt worden, wieviel Landfläche weltweit für die Produktion von solarem Wasserstoff verfügbar und geeignet ist. Potentiell geeignete Flächen in Europas Süden sind in dieser Studie nicht erfaßt. »Gut« geeignet sind demnach weltweit etwa 1,9 Millionen Quadratkilometer heute ungenutzter Fläche. Diese Fläche ist meist unbewachsene Geröll- oder Steinwüste mit mehr als 2000 Kilowattstun-

Land	Potential-fläche	mögliche Leistung	potentielle Strom-erzeugung	Netto Strom-erzeugung 1992	Anteil
	(km²)	(GW)	(TWh/a)	(TWh/a)	(Prozent)
Griechenland	2500	50	180	34,4	523
Italien	4000	80	288	214,4	134
Portugal	1000	20	72	28,7	251
Spanien	12000	240	864	150,8	573
EU 12	19500	390	1404	1862,6	75

Tabelle 11: Potential Stromproduktion aus Solarthermischen Kraftwerken, Quelle: Klaiß, H. und Staiß, F. (Hrsg.): Solarthermische Kraftwerke für den Mittelmeerraum, Band 2: Energiewirtschaft, Solares Angebot, Flächenpotential, Laststruktur, Technik und Wirtschaftlichkeit; Springer-Verlag 1992 und Nitsch, J. Systemanalyse Gruppe, DLR, Stuttgart

den Sonneneinstrahlung pro Quadratmeter im Jahr; ihre Größe entspricht etwa fünf Prozent der Wüstenflächen der Erde oder 1,3 Prozent der globalen Landfläche. Auf diesem Areal kann Wasserstoff mit einem Energiegehalt von 13,3 Milliarden Tonnen Steinkohleeinheiten pro Jahr produziert werden[83]. Der Weltenergieverbrauch lag 1992 bei 11,3 Milliarden Tonnen Steinkohleeinheiten.

Solarer Wasserstoff ist aus vielerlei Gründen – wegen des zentralistischen Charakters der Technologie, der Preise für eine Kilowattstunde und wegen des hohen Potentials der dezentralen erneuerbaren Energien – heute keine Einstiegstechnologie in eine Energiewirtschaft, die auf dezentralen erneuerbaren Energiequellen aufbaut. Diese Zahl soll aber veranschaulichen, daß alle Lücken, die ein dezentralisiertes Energiesystem offenlassen würde, geschlossen werden können, wenn die Menschheit sich den solaren Wasserstoff zu Nutze macht.

Die Primadonna – Photovoltaik

Photovoltaik ist die Umwandlung von Licht in Strom. Im einzelnen funktioniert eine Photozelle wie folgt: Nachdem ein Lichtquant (Photon) die ersten Schichten der Solarzelle durchquert hat, wird

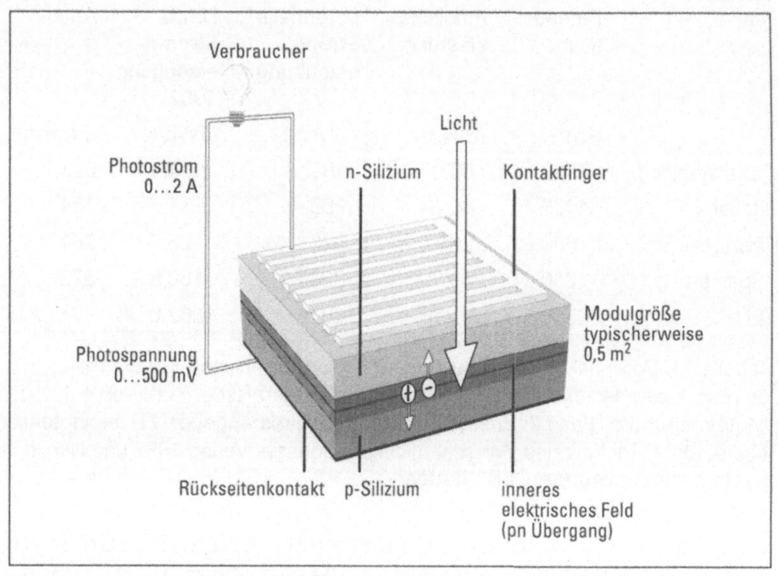

Abbildung 18: Funktionsprinzip einer Photozelle

es in der positiv-leitenden Schicht (p-Region) des Halbleitermaterials absorbiert. Ist die Energie des Photons hoch genug, dann ist es imstande, ein Elektron von seinem Platz im Halbleitermaterial zu entfernen und so ein Paar entgegengesetzter Ladungsträger zu erzeugen, nämlich ein negativ geladenes Elektron und eine positiv geladene Leerstelle, ein sogenanntes Defektelektron, auch als Loch oder Positron bezeichnet. Diese beiden Ladungsträger werden durch das elektrische Feld getrennt, so daß sich in der negativ-leitenden (n-leitend) Schicht der Solarzelle Elektronen konzentrieren und in der positiv-leitenden Schicht Löcher. Verbindet man nun diese beiden Schichten von außen durch einen Stromverbraucher, dann fließen die Elektronen wieder auf die positiv-leitende Seite der Solarzelle und schließen dort die Löcher (sie rekombinieren mit den Löchern). Anschließend beginnt der Prozeß von vorne. Es fließt ein elektrischer Strom, solange Sonne auf den Halbleiter scheint.

Verbindet man mehrere Solarzellen elektrisch miteinander, erhält man die nächst größere Einheit photoelektrischer Energiewandlung, ein Solarmodul. Dieses Modul wird durch Glas und

126

Kunststoff vor äußeren Einflüssen geschützt. Meistverwandtes Material für die Solarzellen ist Silizium in monokristalliner, multikristalliner oder amorpher Struktur.

Solarzellen können in unterschiedlichen Größen eingesetzt werden, angefangen von kleinen Einheiten mit wenigen Watt Leistung in Taschenrechnern und Uhren bis hin zu großen Anlagen mit mehreren Megawatt Leistung. Die größte Anlage mit 6,4 Megawatt elektrischer Leistung steht in den Vereinigten Staaten, in Clarrisa Plains. Im süditalienischen Serre bei Salerno betreibt das italienische Energieunternehmen ENEL das größte Photovoltaikkraftwerk in Europa mit einer Leistung von zwei Megawatt. Nach Angaben der Betreiberfirma soll die Leistung der Anlage auf 3,3 Megawatt ausgeweitet werden. Die amerikanische Firma Enron, der größte Erdgasproduzent der Vereinigten Staaten, plant auf dem ehemaligen Atomtestgebiet der USA in der Wüste von Nevada die größte Photovoltaikanlage der Welt. Mit einer Investition von 150 Millionen US-Dollar soll eine 100 Megawatt Photovoltaikanlage entstehen. Verwendet werden sollen Dünnschicht-Solarmodule aus amorphem Silizium, Cadmiumtellurid sowie Kupfer-Indium-Diselenid[84]. Für dieses Projekt ist der Bau einer Produktionsanlage für Solarmodule mit einer Kapazität von zehn Megawatt pro Jahr geplant.

Insgesamt wurden 1993 weltweit Solarmodule für eine Leistung von 62,5 Megawatt produziert, sieben Prozent mehr als ein Jahr zuvor. Das war die niedrigste Wachstumsrate seit dem Beginn des kommerziellen Verkaufs von Solarzellen im Jahre 1980[85]. Im Jahr 1994 stiegen dann die weltweiten Verkaufszahlen auf insgesamt 72,7 Megawatt an. 19 Prozent mehr als im Vorjahr. Angaben über die weltweit installierte Kapazität schwanken in weiten Grenzen. Schätzungen für das Jahr 1988 kommen auf etwa 150 Megawatt[86]. Legt man diese Zahl und die Produktionszahlen von 1992/1993 zugrunde, so sind, vorsichtig gerechnet, 420 bis 500 Megawatt bis Ende 1994 installiert worden.

Zur Zeit kommt eine Vielzahl unterschiedlicher Materialien für eine photovoltaische Energieumwandlung in Frage. Um Ordnung in den »Materialienwald« zu bringen, wollen wir unterscheiden zwischen auf Silizium basierenden Halbleitern, Verbindungshalbleitern und elektrolytischen Grundstoffen für eine photovoltaische

Energieumwandlung. Innerhalb der Materialiengruppen kann man die verschiedenen Solarzellentypen nach der Kristallisationsstruktur ihrer Ausgangsmaterialien klassifizieren. Man unterscheidet üblicherweise zwischen mono- oder einkristallinen und multikristallinen Solarzellen. Aus Silizium werden auch amorphe Zellstrukturen produziert, die heute als eine kostengünstige Alternative betrachtet werden.

Silizium ist nach wie vor das in der Photovoltaik am häufigsten verwendete Material. Die höchsten Wirkungsgrade in der Siliziumtechnologie werden mit experimentellen monokristallinen Solarzellen erreicht, die nach dem Zonenschmelzverfahren hergestellt worden sind. Bisher haben es drei Laboratorien auf der Welt geschafft, mit hocheffizienten Silizium-Solarzellen Wirkungsgrade von mehr als zwanzig Prozent zu erzielen, nämlich Labors an der University of New South Wales in Australien, an der Stanford University in den USA und im Fraunhoferinstitut für Solare Energiesysteme (ISE) in Hannover. Der Wirkungsgrad-Weltrekord für diese Zellen liegt heute bei 23,3 Prozent[87]. Dieses hochreine Material ist für die kommerzielle Anwendung allerdings zu teuer. Für die Breitenanwendung von Photovoltaikzellen wird preiswerteres Material eingesetzt. Das Grundmaterial heutiger Silizium-Photovoltaikmodule ist »Abfall« aus der Siliziumproduktion für die Elektronikindustrie. Die Herstellerfirma BP-Solar hat einzelne Merkmale der hocheffizienten Solarzelle von der University of New South Wales in den Herstellungsprozeß übernommen und produziert seit 1990 Zellen aus Silizium mit Wirkungsgraden zwischen 18 und 19 Prozent[88].

Konzentratorzellen sind ein weiteres Konzept zur Steigerung der Zellenwirkungsgrade. Bei dieser Sonderform der Modulkonstruktion wird über der Photozelle ein Spiegel- oder Linsensystem angeordnet. Das einfallende Sonnenlicht wird damit gebündelt und konzentriert auf die darunterliegende photoelektrische Schicht geleitet. Solche Systeme müssen der Sonne nachgeführt werden, weil sie nur die direkte, gerichtete Solarstrahlung nutzen können. Da bei dieser Technik erhebliche Anforderungen an die Reinheit des Materials und seine Fähigkeit, elektrische Energie zu erzeugen, gestellt werden, wird zur Zeit nur monokristallines Material aus Silizium oder Galliumarsenid verwendet. Die Konzentrationsfaktoren liegen üblicherweise zwischen dem Zehn- und Tausendfachen. Dem Vorteil eines hohen Konzentrationsfaktors stehen Nachteile gegenüber. So geht der Wirkungsgrad der eigentlichen Solarzelle zurück, da sie sich erhitzt, und die konzentrierenden Elemente sind teuer. Die Wärmeentwicklung kann mit einem integrierten Kühlkreislauf gemindert und genutzt werden, zum Beispiel in einer Art Hybridsystem, das neben der Stromproduktion Brauchwasser erwärmt.

Der erste Schritt, die Kosten bei der Herstellung photovoltaischer Zellen zu reduzieren, ist der Übergang von einkristallinem zu multikristallinem Silizium. Dieses Material wird gegossen, was billiger ist als die Herstellung von Einkristallen. Das zuerst flüssige Silizium kühlt kontrolliert ab und erstarrt in einer Struktur aus vielen kleinen Kristallen (multikristallin). Eine Reihe von Produzenten entwickelt die Gieß- und Kristallisationsverfahren weiter. Es ist schon gelungen, die Blöcke zu vergrößern; auch die Qualität des Silizium-Materials wurde verbessert, indem die Kristallisation so gesteuert wurde, daß sie in einer Ebene voranschreitet[89]. Ein weiterer Weg, teueres Silizium zu sparen, besteht in der Produktion sogenannter »selbsttragender Scheiben«. Mit Bänderziehverfahren werden aus der Schmelze direkt Siliziumscheiben gewonnen; es werden sozusagen Siliziumscheiben am laufenden Band produziert. Das übliche Verfahren ist es, Siliziumscheiben, sogenannte Wafer, von Blöcken herunterzusägen. Dabei geht etwa die Hälfte des teuren Materials als »Sägemehl« verloren.

Normalerweise besteht eine Solarzelle aus einer p-dotierten und einer n-dotierten Schicht. Beide Schichten des Kristalls müssen gezielt und gesteuert »verunreinigt« (dotiert) werden, damit sie ihre Eigenschaften erhalten. Bei der von Rudolf Hezel entwickelten MIS-I-Zellen kann auf eine n-dotierte Siliziumschicht verzichtet werden. Der für die Funktionsweise so wichtige pn-Übergang wird ersetzt durch einen Kontakt, der mit einem Metall (Aluminium), einem Isolator (Siliziumoxyd) und einer p-dotierten Siliziumschicht hergestellt wird, wodurch das erforderliche elektrische Feld entsteht. Diese Zellenkonstruktion erfordert weniger Herstellungsschritte als die herkömmlicher Siliziumzellen, und der Material- und Energieaufwand bei der Produktion ist geringer. Es wird erwartet, daß die Produktionskosten um zwanzig Prozent zurückgehen, wenn man diesen Vorteil kombiniert mit der bei Nukem entwickelten Großmodultechnik, die es erlaubt, Module mit einer Fläche von bis zu drei Quadratmetern statt des sonst üblichen halben Quadratmeters herzustellen[90].

Die Kugel- oder Spheral-Solarzelle von Texas Instruments und Southern California Edison ist eine weitere interessante und preisgünstige polykristalline Solarzellen-Variante. Auf einer sechs hundertstel Millimeter dicken, perforierten Aluminiumfolie werden winzige polykristalline Siliziumkugeln mit einem Durchmesser von nur 0,75 Millimetern abgeschieden, insgesamt 18 000 Kugeln auf einer Fläche von 100 Quadratzentimetern[91]. Die kugelförmige Gestalt des Siliziums entsteht automatisch während der Abkühlung des flüssigen Silizium-Materials. Diese Photozelle ist extrem leicht, flexibel und beliebig formbar. Der Firma Texas Instruments ist es gelungen, fertigungstechnische Probleme zu lösen und eine Demonstrationsanlage aufzubauen. Die mit dem geschützten Namen »TI Spheral Cell« bezeichneten Produkte werden zur Zeit ausschließlich an den Partner Southern California Edison geliefert. Nachteile dieser Technik sind die relativ komplizierten Herstellungsschritte und der Wirkungsgrad, der wegen der noch zu geringen Dichte der Siliziumkugeln im Augenblick etwa 10,3 Prozent beträgt[92]. Nach Angaben des Unternehmens sollen bis 1995 die ersten Module auf dem Markt erscheinen, und es soll eine Produktionskapazität von 15 Megawatt pro Jahr aufgebaut werden[93].

Dünnschichtzellen brauchen wesentlich weniger Material als »Dickschichtzellen«. Schon Schichten von wenigen Tausendstel Millimeter Dicke absorbieren mehr als 90 Prozent des Sonnenlichts. Der zweite entscheidende Vorteil liegt darin, daß die Zellen einfach in einer großtechnischen Produktion hergestellt werden können und als Schicht auf großflächige Substrate aufgetragen werden können. Das heute am weitesten verbreitete Dünnschichtmaterial ist amorphes Silizium (a-Si). Die aktive Schichtdicke, in der das Sonnenlicht absorbiert wird, ist bei diesem Material typischerweise einen Tausendstel Millimeter dick[94]. Hohe Wirkungsgrade werden mit Multi-junction Zellkonstruktionen erreicht. Diese Zellen werden aus mehreren photoaktiven Schichten aufgebaut, die übereinander gestapelt werden. Jede Schicht holt sich ihre Energie aus

130

einem bestimmten Wellenlängenbereich des Lichtes. Das Sonnenlicht wird also beim Durchgang durch die Schichten sukzessive absorbiert und in Photostrom umgewandelt. Die Schichten bestehen aus unterschiedlichen Siliziumlegierungen oder werden mit anderen Halbleitermaterialien kombiniert. Solche Strukturen werden auch als Tandem- oder Tripelsolarzellen bezeichnet, je nachdem, wie viele Schichten aufeinander folgen.

Das Problem der amorphen Solarzellen ist, daß der Wirkungsgrad nachläßt, sobald sie dem Licht ausgesetzt werden (Degradation). Der Wirkungsgrad fällt derzeit noch beträchtlich ab, und zwar meistens in den ersten hundert Betriebsstunden. Mit geeignetem Zellendesign ist zu erreichen, daß der Wirkungsgrad sich bei 85 bis 90 Prozent des Anfangswerts stabilisiert[95]. Erstaunliche Erfolge feierten vor kurzem verschiedene amerikanische Solartechnik-Firmen zusammen mit dem US-Energieministerium (DOE). Mit einer Tripelzelle aus amorphem Silizium wurde erstmals ein stabilisierter Wirkungsgrad von mehr als zehn Prozent erreicht. In den ersten tausend Betriebsstunden sank der Wirkungsgrad von 11,8 Prozent nur auf 10,2 Prozent[96].

Aber auch polykristallines Silizium läßt sich in dünnen Schichten auf preiswerte Substrate auftragen. Einige Forscher verwendeten erfolgreich Graphit oder graphitummantelte Keramik als Trägersubstrat. Glassubstrate konnten bisher nicht verwendet werden, da die Siliziumschichten bei zu hohen Temperaturen aufgetragen werden müssen. Mit einer Schichtdicke von einem Zehntel Millimeter auf einem Keramiksubstrat wurde ein Wirkungsgrad von 15,7 Prozent erreicht. Verlängert man den Weg, den das Licht in der Zelle zurücklegt, durch effiziente Einkopplung und Streuung des Lichts sowie durch einen Reflektor auf der Rückseite der Zelle (Lichtfallengeometrie), dann könnte die Schichtdicke auf zwei bis drei Hundertstel Millimeter verringert werden. Bisher ist das Problem aber noch ungelöst, wie diese dünnen polykristallinen Schichten hergestellt werden sollen[97].

Außer dem amorphen Silizium lassen sich auch sogenannte Verbindungshalbleiter als dünne Filme auf ein beliebiges Substrat auftragen und photovoltaisch nutzen, zum Beispiel auf Stahlblech, Fensterglas oder Dachziegeln. Stoffe wie Galliumarsenid (GaAs), Cadmiumtellurid (CdTe) und Kupfer-Indium-Diselenid (CIS) sind in der Diskussion. Diese Halbleiter sind meist polykristallin, mit Ausnahme von Galliumarsenid, das auch monokristallin hergestellt wird. Ihr Wirkungsgrad läßt nicht mit der Zeit nach. Galliumarsenid-Tandemzellen erreichen einen Wirkungsgrad von 35 Prozent, zur Zeit der höchste Wert in der Photovoltaik. Da Galliumarsenid aber sehr teuer ist, werden diese Zellen nur für Sonderanwendungen wie die Raumfahrt und konzentrierende Systeme in Betracht gezogen.

Für dünne, polykristalline Schichten von Verbindungshalbleitern in nicht konzentrierenden Systemen verwendet man heute insbesondere Zellen aus Cadmium-Indium-Diselenid und Cadmiumtellurid. Im Labor konnte der Wirkungsgrad bereits deutlich verbessert werden. In Zusammenarbeit verschiedener europäischer Labors entstand eine CIS-Zelle mit einem Umwandlungsfaktor von 16,9 Prozent[98]. Nicht schlechter sind die Erfolge der Forscher mit CdTe; Wirkungsgrade bis zu 15,8 Prozent sind erreicht worden. Nach erheblichen Anstrengungen verschiedener Firmen in der CIS-Technologie ist es einem amerikanischen Unternehmen (Energy Photovoltaics, Inc.) als erstem gelungen, ein CIS-Modul auf den Markt zu bringen. Nach Angaben der Firma hat das Modul einen Wirkungsgrad von 8,3 Prozent; es soll in den nächsten drei Jahren auf 12 Prozent gesteigert werden [99]. Die Firma Matsushita ist weltweit das einzige Unternehmen, daß kleine CdTe-Solarmodule kommerziell vertreibt.

Es ist allerdings ökologisch bedenklich, in Halbleitern Schwermetalle wie Cadmium, Gallium oder deren Verbindungen zu verwenden. Es sollte genau untersucht werden, welche Mengen dieser Schwermetalle bei der Produktion, im Betrieb und/oder während des Recyclings der Photovoltaikanlagen in die Umwelt entlassen werden, und welche Auswirkungen das hat.

Licht kann auch in elektrischen Strom umgewandelt werden, wenn es auf eine Grenzschicht zwischen einem Halbleiter und einem Elektrolyten fällt. Eine Neuentwicklung, die Nano-Solarzelle von Michael Grätzel, soll in dem eigens gegründeten Institut für angewandte Photovoltaik (INAP) in Gelsenkirchen zur Marktreife gebracht werden. Am Beispiel dieser Zelle wollen wir hier das Funktionsprinzip erläutern. Das Sonnenlicht wird von einem Farbstoff eingefangen, der auf einer Titandioxyd-Schicht (TiO$_2$) haftet. Die TiO$_2$-Partikel haben einen Durchmesser von 10 bis 20 Nanometer (Millionstel Millimeter); daher der Name Nano-Solarzelle. Wenn Licht auf den Farbstoff fällt, injiziert er Elektronen in das Leitungsband des Halbleiters Titandioxyd (Band-Gap drei Elektronenvolt; siehe Glossar). Diese Elektronen werden über den einen der beiden elektrischen Anschlüsse der Zelle, die Kollektorelektrode, gesammelt und fließen von dort in einem äußeren Stromkreis zum Stromverbraucher. Die Gegenelektrode führt die Elektronen der Zelle wieder zu und schließt damit den Stromkreis. Der Farbstoff (Sensibilisator) und die Gegenelektrode werden durch einen flüssigen Elektrolyten voneinander getrennt (siehe Glossar). Dessen Aufgabe ist es, die Elektronen wieder auf den Sensibilisator zu transportieren, der nach der Elektroneninjektion positiv aufgeladen wurde[100]

Da der Elektrolyt flüssig ist, werden hohe Anforderungen an die Dichtigkeit des Systems gestellt. Deshalb gehört es zu den Zielen der Entwicklungsarbeiten an der Nano-Solarzelle, einen geeigneten Festelektrolyten zu finden. Der Wirkungsgrad dieser Zellen liegt derzeit bei 10 Prozent. Bei diffuser Strahlung steigt die Effizienz sogar auf 12 Prozent der eingestrahlten Energie. Diese Tatsache macht die Nano-Solarzelle für mitteleuropäische Breiten interessant. Die Ausbeute läßt sich noch weiter steigern, indem, wie bei den Tandem- oder Tripelzellen, verschiedene für bestimmte Wellenlängen sensitive Farbstoffe kombiniert werden. Ein Vorteil ist auch, daß die Effizienz der Zelle nicht abfällt, wenn sie sich im Sonnenlicht aufheizt. Nano-Solarzellen könnte man deshalb zum Beispiel in Gebäudefassaden integrieren, und es wäre nicht notwendig, hinter den Modulen Luft zur Kühlung strömen zu lassen. Nicht zuletzt kann man den Farbstoff flexibel wählen und so bestimmen, welcher Frequenzbereich des Sonnenlichts zur Stromerzeugung genutzt wird. Probleme mit der Farbstoffstabilität und der Produktion von Modulen größerer Abmessungen verhindern zur Zeit noch den großtechnischen Einsatz.

Viele verschiedene Technologien konkurrieren auf dem Photovoltaikmarkt. Marktreif sind heute die Techniken auf Siliziumbasis. Doch auch dort gibt es sehr unterschiedliche Pfade. Wo Produktion in Megawatt-Mengen stattfindet, sind die Produktionsstätten Manufakturen. Hier wird mit teilweise vorindustriellen Methoden gearbeitet. In die Serienfertigung zu gehen, hieße heute, viel Geld in eine Fabrik zu stecken, von der man nicht weiß, ob sie die richtige, die zukunftsweisende Technik verwendet. Dies ist eine Ursache dafür, daß Investoren den großen Einstieg in diesen Markt noch scheuen.

In der öffentlichen Diskussion entbrennt jedesmal ein heftiger Streit, wenn das Gespräch auf die Energie-Amortisationszeiten von Photovoltaikmodulen und -anlagen kommt. Immer wieder wird in Frage gestellt, ob eine Photovoltaikanlage in ihrer Lebenszeit überhaupt so viel Energie erzeugen kann, wie zu ihrer Produktion investiert werden mußte. Es ist richtig, daß die Photovoltaik zur Zeit auf dem Feld der erneuerbaren Energien die Technik ist, die am meisten Energie für ihre Herstellung verschlingt. Aber detaillierte Untersuchungen haben eindeutig bewiesen, daß Solarzellen keine Energievernichtungsmaschinen sind, sondern Energieproduzenten. (Der Leser möge uns den Widerspruch zum Energieerhaltungssatz verzeihen. Wie jeder weiß, kann Energie weder vernichtet noch erzeugt, sondern nur umgewandelt werden.) Die Energie-Amortisationszeiten der verschiedenen beschriebenen Techniken sind sehr unterschiedlich. Für die Herstellung monokristallinen Siliziums ist wesentlich mehr Energie erforderlich als für Zellen aus amorphem Silizium. Auch die Konstruktion der Module – mit Aluminiumrahmen oder ohne Rahmen – kann die Energiebilanz verbessern oder verschlechtern. Ebenfalls entscheidenden Einfluß hat das Anlagenkonzept, die Entscheidung zwischen einer zentralen, irgendwo auf freier Fläche aufgeständerten Anlage oder der Integration der Module in Dächer oder Fassaden in unmittelbarer Nähe zum Verbraucher.

In einer detaillierten Studie zum Material- und Energiebedarf von zentralen photovoltaischen Anlagen von der Produktion bis zum Recycling oder der Beseitigung haben Gerd Hagedorn und Kollegen ermittelt, daß an mitteleuropäischen Standorten derzeit binnen sieben bis zehn Jahren die aufgewendete Energie wieder zurückgewonnen ist. Diese sieben bis zehn Jahre nennt man die Energierückzahlzeit. Das heißt, wenn eine Anlage dreißig Jahre lang in Betrieb ist, zahlt sie das Drei- bis Vierfache der investierten

134

Energie zurück. Die technische Lebenszeit von Photomodulen ist ungefähr dreißig Jahre. In südlichen Ländern ist die Amortisationszeit nur halb so groß. Zukünftige Entwicklungen werden die Energieeffizienz weiter verbessern. Allein der Einstieg in moderne Fertigungsverfahren wird erhebliche Gewinne bringen. Die Autoren ermittelten für eine Produktion in größeren Serien eine Rückzahlzeit von drei bis fünf Jahren[101]. Eine neue Studie (von W. Palz und H. Zibetta) kommt unter Berücksichtigung neuerer Herstellungsverfahren zu noch wesentlich besseren Energierückzahlzeiten. Danach hätten unter mitteleuropäischen Einstrahlungsbedingungen Module aus polykristallinem Silizium eine Rückzahlzeit von 2,3 Jahren und Module aus amorphem Silizium von nur 1,7 Jahren[102]. Auch diese Energierückzahlzeiten verbessern sich bei Massenproduktion.

Die Technik der Verbindungshalbleiter verlangt wesentlich weniger aktives Material, weshalb ihr Einsatz die Energie-Amortisationzeit noch einmal verkürzt. Eine Untersuchung über Cadmiumtellurid-Solarzellen hat ergeben, daß ein Modul aus diesem Stoff binnen 16 Monaten die Energie wieder eingespielt hat, die für seine Produktion benötigt wurde. Eine großtechnische Anlage zur zentralen Stromproduktion aus diesen Modulen erreicht eine Amortisationzeit von etwas mehr als zwei Jahren[103].

Derzeit liegen die **Kosten** einer Kilowattstunde Strom aus einem Photovoltaik-Kraftwerk in der Bundesrepublik Deutschland bei 1,80 Mark und darüber. Das ist viel, doch darf man nicht aus dem Auge verlieren, daß Solarmodule nach wie vor nur in geringen Stückzahlen gefertigt werden. Eine Serienfertigung würde den Preis auf Bruchteile reduzieren. Ist die solare Einstrahlung größer, fallen die Preise. So kostete die Kilowattstunde Strom des Photovoltaikkraftwerks in Toledo (Spanien) nur noch 60 Pfennig[104]. Die Kosten lassen sich durch den Verzicht auf das teure, hochreine Silizium, durch die Entwicklung neuartiger Solarzellentypen und Materialien sowie durch Erhöhung des Wirkungsgrades senken.

Potential der Photovoltaik: Photovoltaik braucht schattenfreie Flächen, möglichst nach Süden. Ihr Potential in der Bundesrepublik Deutschland ist also mit den verfügbaren Dach-, Fassaden- und Freiflächen verknüpft. Angestrebt wird, für die Photovoltaik keine zusätzlichen Bodenflächen zu versiegeln, sondern bevorzugt Dach- und Fassadenflächen der privaten und öffentlichen Gebäude zu verwenden. Denkbar und innovativ wäre es darüber hinaus, Photomodule auf Lärm- oder Schallschutzwänden an Autobahnen und Bahnstrecken aufzuständern oder die Dächer von Bahnhöfen zu nutzen. In der Schweiz, aber auch in der Bundesrepublik Deutschland, wird das bereits erprobt.

In Deutschland stehen nach Untersuchungen von Martin Kaltschmitt etwa 800 Quadratkilometer Dachfläche für eine photovoltaische Energieumwandlung zur Verfügung, das sind etwa zehn Quadratmeter für jeden Bundesbürger[105]. Extrapoliert man die Ergebnisse von Hans Unger, dann kommen weitere 770 Quadratkilometer oder zirka 9,5 Quadratmeter pro Kopf Fassadenfläche hinzu, die für Photovoltaikmodule geeignet wären[106]. Mit der heute verfügbaren Technik könnten dort etwa 110 Terawattstunden elektrischer Energie pro Jahr erzeugt werden, was etwa 22 Prozent der Nettostromerzeugung der Bundesrepublik im Jahr 1992 entspricht. Drei Viertel dieses Stroms werden auf Dachflächen und der Rest auf Fassadenflächen bei einem Systemwirkungsgrad von zehn Prozent erzeugt. Dies ist eine vorsichtige Schätzung, wenn man bedenkt, daß die heute im Labor erreichten Wirkungsgrade der Solarzellen von mehr als zwanzig Prozent spätestens in zehn Jahren im praktischen Einsatz realisiert werden können. Ein Arbeitskreis »Potentiale«, der im Rahmen der Energiekonsensgespräche im Jahr 1994 tagte, ermittelte ein technisches Potential innerhalb Deutschlands von 18 bis 302 Terawattstunden pro Jahr.

Bei voller Ausschöpfung der von Unger ermittelten Flächen (siehe auch das Kapitel über dezentrale Solarthermie) durch die Photovoltaik ließen sich in Nordrhein-Westfalen auf den Dach- und Fassadenflächen der Gebäude rund 21 000 Gigawattstunden pro Jahr oder etwa 17 Prozent des Strombedarfs gewinnen. Das gilt für polykristalline Solarzellen mit einem Systemwirkungsgrad von 7,5 Prozent. Bei höheren Systemwirkungsgraden, die heute schon handelsüblich sind, würde der Anteil entsprechend steigen.

Die verfügbaren Dach- und Fassadenflächen in der Europäischen Union sind noch nicht im Detail erfaßt. Da aber in den Ländern der EU die Menschen weitgehend unter den gleichen

kulturellen Bedingungen leben, kann man einen groben Anhaltswert bekommen, indem man die Ergebnisse nationaler Studien
extrapoliert. Dies hat Eurosolar im Auftrag der EU getan[107].

Die Dachflächen wurden anhand der Ergebnisse von Arbeiten
aus Deutschland[108] und den Niederlanden[109] ermittelt. Eine Studie
aus Großbritannien[110] ermöglichte zusätzlich die Ermittlung der
potentiell geeigneten Fassadenflächen in der EU. Die Ergebnisse der
Hochrechnungen sind in der folgenden Tabelle dargestellt. Die
möglichen Energiegewinne durch Photovoltaik sind in Prozent an-
gegeben und beziehen sich auf den derzeitigen Stromkonsum in
den einzelnen Ländern der EU. Als Umwandlungsfaktor von der
eingestrahlten Sonnenenergie in elektrischen Strom wurde ein
Modulwirkungsgrad von 13,5 Prozent angesetzt. Da heute schon
Module mit höheren Wirkungsgraden produziert werden können,
wurde der Wirkungsgrad der Infrastruktur einer photovoltaischen
Anlage – zum Beispiel der Wechselrichter, die den Gleichstrom aus
den Zellen in Wechselstrom für das Netz umwandeln – hier vernachlässigt.

So können zum Beispiel in Dänemark nach Kaltschmitt etwa 22
Prozent des derzeitigen Stromverbrauchs durch die Photovoltaik
auf geeigneten Dachflächen produziert werden. Bei Brummelen
sind es sogar ungefähr 29 Prozent, und D. O. Hill, der neben den
Dach- auch die Fassadenflächen in die Kalkulation aufgenommen
hat, kommt auf 82 Prozent des heutigen Stromkonsums. Ähnliche
Prozentzahlen ergeben sich für die EU insgesamt. 21 bis 30 Prozent
des europäischen Stromverbrauchs können auf den Dächern gewonnen werden. Verwendet man auch die Fassaden zur Stromproduktion, könnte mit der heute verfügbaren Technik 83 Prozent des
Bedarf bereitgestellt werden.

Warum liegen die Berechnungen von Hill so weit über den
Ergebnissen der Extrapolationen nach Kaltschmitt und Brumme-
len? Der Grund ist, daß der Umfang der eingestrahlten Sonnenener-
gie auf die verfügbaren Fassadenflächen bisher unterschätzt wurde.
Hills detaillierte Untersuchungen ergaben, daß von der gesamten
Sonnenenergie, die auf die Hülle eines Gebäudes in Plymouth
eingestrahlt wird, 67 Prozent die Fassade treffen und »nur« 33
Prozent das Dach.

Länder	Stromkonsum (1992)	technische Potentiale in Prozent des Stromkonsums		
		Kaltschmitt	Brummelen	Hill
	(TWh/a)	(Prozent)	(Prozent)	(Prozent)
Belgien	68,4	13	20	54
Dänemark	28,9	22	29	82
Deutschland	498,4	17	24	66
Frankreich	441,6	20	25	70
Griechenland	34,4	18	40	112
Großbritannien	306,4	17	24	68
Irland	15	13	26	71
Italien	214,4	34	51	141
Luxemburg	1,2	30	47	137
Niederlande	74,5	19	18	82
Portugal	28,7	25	55	155
Spanien	150,8	24	45	126
EU 12	1862,6	21	30	83

Tabelle 12: Potential Stromproduktion der Photovoltaik in der EU.
Quelle: Eurosolar: Das Potential der Sonnenenergie in der EU; Bonn 1993 und Eurostat: Grundzahlen der Gemeinschaft; 31. Ausgabe, Luxemburg 1994

Auch die für Photovoltaik geeigneten Dachflächen auf der gesamten Welt kann man auf der Basis der vorhandenen Zahlen grob schätzen. Teilt man die gesamte potentiell für die Photovoltaik geeignete Dachfläche durch die Bevölkerungszahl, dann erhält man die pro Kopf verfügbare Fläche. In der Bundesrepublik sind dies etwa zehn Quadratmeter. Da die Bebauungsstruktur in den Industrienationen ungefähr die gleiche wie in der Bundesrepublik ist, kann man die deutsche Zahl benutzen, um die potentiell zur Verfügung stehende Dachfläche in den anderen Industrieländern zu schätzen. Diese Dachfläche wird hier als Weltpotential ausgewiesen, was sicherlich als eine stark untertriebene erste Abschätzung anzusehen ist.

Das Ergebnis: Mit herkömmlicher und heute verfügbarer Technik ließen sich etwa 2100 Terawattstunden elektrischer Energie im Jahr auf den Dächern der Industrienationen gewinnen. Das sind etwa 18 Prozent des Strombedarfs der Welt. Gelänge es, für jeden einzelnen der 5,5 Milliarden Menschen eine Fläche von etwa zehn Quadratmetern mit Solarzellen zu belegen, könnte rechnerisch der Welt-Strombedarf gedeckt werden.

Auch die Photovoltaik ist ein intermittierender Stromproduzent, der im Interesse der Netzstabilität nur einen Teil der in das Stromnetz eingespeisten Energie liefern kann. Doch wie auch bei der Windenergie könnte dieser Anteil in einem veränderten, flexibleren Versorgungsnetz wesentlich höher sein, als er heute veranschlagt wird. Es zeigt sich zudem, daß Wind und Photovoltaik einander recht gut ausgleichen: wenn einer ausfällt, liefert gerade der andere, so daß Anlagen dieser beiden Techniken zusammen kaum intermittieren.

Photovoltaik kann in enormem Umfang in den ländlichen und abgelegenen Gegenden der Entwicklungsländer eingesetzt werden, in denen Hunderte Millionen von Menschen leben. Nur 40 Prozent der ländlichen Bevölkerung der Entwicklungsländer, China und Indien eingeschlossen, werden mit elektrischer Energie versorgt. Weltweit gibt es nur für 55 Prozent der Landbevölkerung elektrischen Strom. Insgesamt aber erreicht der elektrische Strom 63 Prozent der Menschen auf der Erde, in den Entwicklungsländern 52 Prozent[111].

Es scheint völlig verfehlt, in den Entwicklungsländern die Energieversorgungsstruktur der entwickelten Ländern übernehmen zu wollen. Erstens würde es viel zu lange dauern, bis alle Regionen an ein Netz angeschlossen wären, und zweitens würde dies die ökonomische und soziale Entwicklung verzögern, ganz abgesehen von den vorhersehbaren Umweltproblemen. Eine Lösung könnten kleine Photovoltaikanlagen mit Speichereinheit für die elektrische Energieversorgung von einzelnen Haushalten (20 bis 50 Watt) und Dorfgemeinschaften sein. Diese Systeme arbeiten zudem an vielen Orten wirtschaftlicher als konventionelle. So kostet die Kilowattstunde elektrischer Energie aus Photovoltaik in ländlichen Gebieten des Senegals heute etwa vier Mark pro Kilowattstunde; sie könnte derzeit auf weniger als zwei Mark gedrückt werden. Auf den ersten Blick ist der Preis von vier Mark inakzeptabel, doch er ist entscheidend niedriger als der, den die Menschen oft heute bezahlen müs-

sen. In entlegenen Gebieten kann die monatliche Stromrechnung
durchaus bis zu zwanzig Mark pro Kilowattstunde ausweisen[112] –
vorausgesetzt, es gibt überhaupt Strom. In vielen Regionen der Welt
ist die Sonne die einzige Quelle, aus der Strom bezogen werden
kann.

Gemeinsam sind sie stark

Die unterschiedlichen Techniken zur Nutzung der erneuerbaren
Energien mit ihren unterschiedlichen Stärken und Schwächen
müssen sich gegenseitig ergänzen. Nehmen wir als Beispiel Wind
und Photovoltaik in Europa. Diese beiden Energieformen, so zeigen
die Erfahrungen in den letzten Jahre, ergänzen sich in ihrer zeitli-
chen Verfügbarkeit. Biomasse, thermische Stromkraftwerke und
Wasserkraftwerke können ganzjährig und kontrolliert Energie erzeugen.

Das Argument, die erneuerbaren Energien seien nicht in der
Lage, einen signifikanten Beitrag zur Energieversorgung zu leisten,
ist nicht haltbar. Wir haben in diesem Kapitel gezeigt, daß die
technischen Potentiale nicht das Hindernis sind. In der Bundesrepublik Deutschland können etwa 250 Terawattstunden elektrischer
Strom im Jahr aus Wasserkraft, Windkraft und Photovoltaik von der
Sonne bezogen werden. Das ist etwa die Hälfte der Nettostromproduktion von 1992. Sicher, die Windkraft und die Photovoltaik sind
intermittierende Stromquellen, doch die Wasserkraft ist über weite
Zeiten des Jahres verfügbar, und die Biomasse ist eine speicherbare
Energiequelle, die ganzjährig genutzt werden kann. Das Potential
der Biomasse kann nach einer vorsichtigen Schätzung mit 600
Petajoule oder mit etwa sieben Prozent des Endenergiebedarfs an-
gegeben werden. Eine bisher unterschätzte Technologie ist die Solararchitektur, mit deren Hilfe, kombiniert mit einer effizienten
Energienutzung bei der Versorgung von Gebäuden mit Wärme,
etwa 90 Prozent des Bedarfs eingespart werden könnte. Lücken, die
dennoch entstehen, können durch Energieimporte aus den benachbarten Ländern der Europäischen Union via Strom- oder Gasnetz
geschlossen werden.

140

Um das auf etwa 67 Millionen Tonnen Steinkohleeinheiten geschätzte Potential der Solarthermie in der Bundesrepublik Deutschland bereitzustellen, müßten ungefähr 1600 Millionen Quadratmeter Kollektorfläche installiert werden. Ein Viertel davon könnte mit den rund fünf Quadratmeter Dachfläche pro Kopf der Bevölkerung auf privaten Wohnhäusern erreicht werden. Bei der Geschwindigkeit von 215 000 Quadratmetern pro Jahr, mit der zur Zeit in Deutschland Kollektoren installiert werden, würde man dazu Jahrhunderte brauchen. Wollte man die durchschnittliche Kollektorfläche vervierzigfachen, würden immer noch fünfzig Jahre ins Land gehen. Daran sieht man, daß trotz großer Potentiale nicht alle Energieformen gleich schnell große Beiträge zum Bedarf liefern können. Auch hier müssen sich die verschiedenen Nutzungstechniken gegenseitig ergänzen. Zuerst werden in den Industrieländern sicher Wasser, Biomasse und solare Stromkraftwerke bedeutende Anteile übernehmen. In den Entwicklungsländern können alle hier erwähnten Technologien schnell große Beiträge zur Energieversorgung der Regionen liefern.

Das Sonnenenergieangebot in der Europäischen Gemeinschaft ist groß und wartet nur auf einen Nutzer. Wasserkraft, Windkraft und solarthermische Anlagen können den Strombedarf der Union decken. Die Photovoltaik ist in der Lage, auf den Dächern und an den Fassaden der Gebäude weitere 1500 Terawattstunden im Jahr bereitzustellen. Mit anderen Worten, allein diese vier Techniken sind, was das technische Potential anbelangt, in der Lage, fast doppelt so viel elektrischen Strom bereitzustellen, wie gegenwärtig benötigt wird. Das eröffnet die Möglichkeit, mit der Wasserstofftechnologie Treibstoff für Fahrzeuge und Prozeßwärme für die Industrie bereitzustellen. Aus land- und forstwirtschaftlichen Rückständen können zehn Prozent des Primärenergiebedarfs erzeugt werden. Von Biomasseplantagen auf den Stillegungsflächen der Union könnten in der Zukunft weitere 25 Prozent der Primärenergie geerntet werden. Das ergibt in der Summe etwa 35 Prozent der Primärenergie, die, zu Biogas verarbeitet, auch in Gasleitungen über weite Strecken transportiert werden kann.

Wie groß weltweit das Angebot nutzbarer Sonnenenergie im Vergleich zum Bedarf von heute ist, zeigt die Abbildung 19. Im

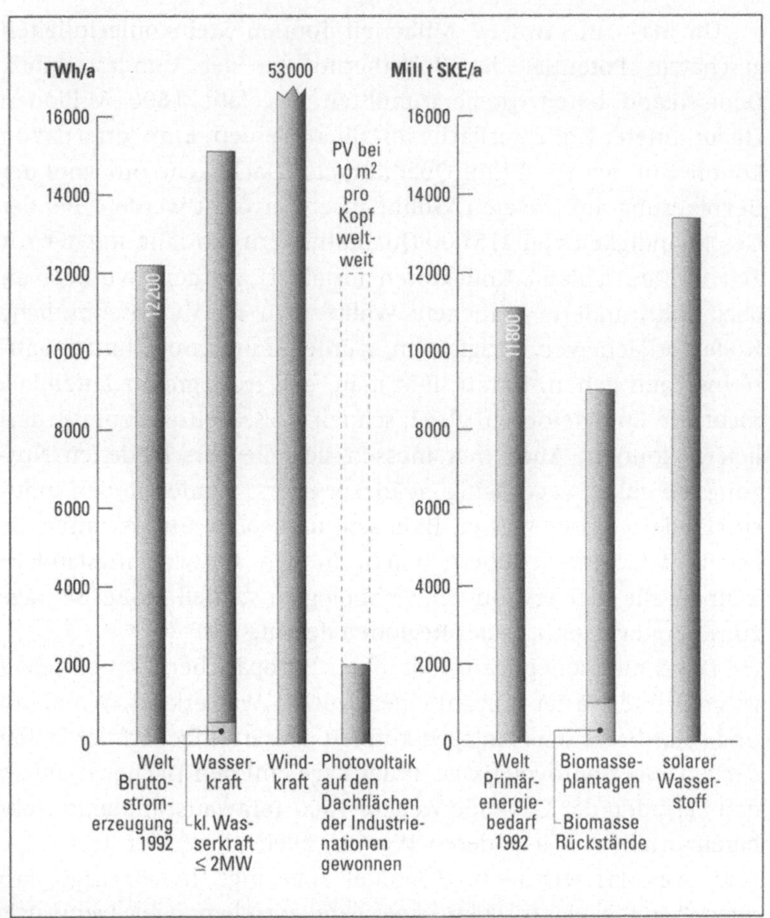

Abbildung 19: Potentiale der erneuerbaren Energien weltweit

ersten Diagramm wird gezeigt, wieviel elektrische Energie erzeugt werden könnte; die zweite Darstellung erlaubt einen Blick auf die Primärenergiemengen, die durch Sonnenenergie ersetzt werden können. Die stromerzeugenden Techniken Wasserkraft, Windenergie und Photovoltaik können mit vorhandener Technik etwa das Sechsfache des heutigen Bedarfs der Welt an elektrischer Energie liefern. Die 2100 Terawattstunden Photovoltaik scheinen ein sehr kleines Potential zu sein, doch hiermit ist nur die Energiemenge gemeint, die auf den Dächern der Industrienationen erzeugt werden kann. Wäre jeder Mensch in der Lage, nur zehn Quadratmeter photovoltaischer Zellen in heute verfügbarer Technik aufzustellen, könnte auch diese Technik rechnerisch den Strombedarf der Welt decken. (Dabei ist allerdings das Problem der Speicherung dieses Stroms nicht berücksichtigt.)

Der Bedarf an Primärenergie kann durch Biomasse nahezu und durch solarthermische Kraftwerke mehr als vollständig gedeckt werden – und das unendlich lange, gemessen in menschlichen Zeiträumen. Wohlgemerkt: Dies alles gilt für die Technik von heute. Das schafft sonst keine der heute genutzten Energietechnologien. Dabei sind die Möglichkeiten der Effizienz und Suffizienz noch gar nicht berücksichtigt. Die vielfach gehörte Aussage, die Sonnenenergie sei nicht in der Lage, einen signifikanten Beitrag zur Energieversorgung zu liefern, ist nicht haltbar.

Speicher – Mit Sonnenenergie erzeugter Wasserstoff

Die Fähigkeiten der erneuerbaren Energien verstärken sich noch, wenn geeignete Speicher bereitstehen. Vom Sommer in den Winter, vom Tag in die Nacht erhält der Speicher den Zugriff auf die geerntete Energie. Die bisher erfolgversprechendste großtechnische Lösung ist die chemische Speicherung der aus der Sonnenstrahlung gewonnenen Energie durch die Elektrolyse von Wasser zu Wasserstoff (H_2).

Das Universum besteht im wesentlichen aus den leichtesten aller Elemente. 75 Prozent Wasserstoff und 23 Prozent Helium (He) – mehr Elemente braucht die Natur nicht, um ein Universum zu bauen. Alle anderen Elemente werden durch die Verschmelzung von Atomkernen im Inneren der Planeten erzeugt. Die Sonne verschmilzt pro Sekunde 400 Millionen Tonnen Wasserstoff zu Helium und setzt dabei eine Wärmeleistung von 380 000 000 000 000 000 000 Megawatt frei. Der ursprünglich auch in der Atmosphäre der Erde vorhandene Wasserstoff hat sich weitgehend in den Weltraum verflüchtigt. Die Schwerkraft der Erde ist zu schwach, um das Gas festzuhalten.

Wasserstoff, der heute technisch genutzt wird, wird überwiegend durch zwei Verfahren gewonnen: die Reformierung von Erdgas und Naphtha (siehe Glossar) sowie die partielle Oxydation von Schweröl. Zwar wird seit mehr als achtzig Jahren die Elektrolyse von Wasser kommerziell betrieben, aber trotzdem hat Wasserstoff aus Wasser heute an den weltweit 500 Milliarden Kubikmeter erzeugten Wasserstoffs nur einen Anteil von weniger als einem Prozent[113].

Verwendet wird Wasserstoff in der chemischen und petrochemischen Industrie zur Herstellung von Ammoniak – der zu Düngemitteln und Kunststoffen weiterverarbeitet wird – sowie bei der Verarbeitung von Erdöl zu Kraftstoffen und hochwertigen Chemieprodukten. Weitere Anwendungsgebiete sind die Metallurgie, die Elektronik und viele andere, bis hin zur Fetthärtung in der Lebensmittelindustrie. Direkt als Energiequelle wird Wasserstoff in der Industrie zur Erzeugung von Prozeßwärme eingesetzt.

Die Energiewirtschaft nutzt Wasserstoff zur Zeit noch nicht. In der Bundesrepublik ist allerdings geplant, zwei Wasserstoff-Sauerstoff-Sofortreservekraftwerke in Mannheim und im Braunkohlekraftwerk Frimmersdorf zu installieren. Diese Kraftwerke sollen binnen weniger Sekunden große Mengen Wasserdampf erzeugen, um einen Ausfall im Stromnetz zu überbrücken. Sofortreservekraftwerke laufen weniger als hundert Stunden im Jahr. Der nächste Schritt in der Nutzung der Wasserstofftechnologie als Energiequelle wäre die Erstellung von Spitzenlastkraftwerken (Betriebszeit mehrere hundert Stunden im Jahr)[114].

Aber zurück zur chemischen Speicherung von Sonnenenergie. Die Idee, Wasserstoff aus Wasser mittels Elektrolyse herzustellen und als Energiequelle zu nutzen, ist nicht neu. Bereits Jules Verne (1874) und Augustin Mouchot (1879) entwickelten den Gedanken, daß damit zukünftige Energieprobleme gemeistert werden könnten. In einem Elektrolyseur wird Wasser in Wasserstoff (H_2) und Sauerstoff (O_2) aufgespalten. Die elektrische Energie, die für diesen Prozeß notwendig ist, kann mit Sonnenenergie erzeugt werden. Denkbar ist der Einsatz von Wasserkraft, von Windenergie, von Photovoltaik oder solarthermischen Stromkraftwerken. Heute wird Wasserstoff aus erneuerbaren Energien dort hergestellt, wo große

144

Wasserkraftwerke preiswert Strom produzieren können, so zum Beispiel am Assuan-Staudamm in Ägypten, in Kanada und in Norwegen. Forschungsprojekte in Deutschland oder mit deutscher Beteiligung gibt es zum Beispiel in Neunburg vorm Wald (Bayern) und in Riad (Saudi Arabien). In diesen Projekten wird Wasserstoff mit photovoltaischen und solarthermischen Anlagen erzeugt. Die Europäische Union und die kanadische Provinz Quebec finanzieren gemeinsam das Euro-Quebec-Hydro-Hydrogen-Pilotprojekt, das untersuchen soll, unter welchen Bedingungen sich flüssiger Wasserstoff über große Entfernungen transportieren läßt.

Heute verwendete, fortgeschrittene Elektrolyseure wandeln 70 bis 75 Prozent der elektrischen Energie in die chemische Energie des Wasserstoffs um. Laborexperimente mit Hochtemperatur-Elektrolyseuren erreichen Wirkungsgrade von 85 bis 90 Prozent. Hochtemperaturanlagen zerlegen Wasserdampf bei 900 bis 1000 Grad Celsius. Der Vorteil ist, daß je nach Prozeßführung 30 bis 50 Prozent weniger elektrische Energie gebraucht wird als bei herkömmlichen Verfahren[115].

Wasserstoff kann man wie Erdgas verbrennen und einen Heizkessel damit befeuern, oder man kann ihn anstelle konventioneller Treibstoffe zum Antrieb von Fahrzeugen und Flugzeugen verwenden. Doch es gibt auch andere Verfahren, sich die chemische Energie im Wasserstoff zu Nutze zu machen, Verfahren, für die Wasserstoff sich besonders gut eignet und die ihn effizienter nutzen als die konventionelle Verbrennung. Eines dieser Verfahren ist die katalytische Verbrennung, die im üblichen Sinne keine Verbrennung ist, da keine Flamme entsteht. Der Wasserstoff »verbrennt« in Anwesenheit eines Katalysators zu Wasser, wobei seine chemische Energie sehr effizient in Hitze umgewandelt wird.

Wird jedoch nicht Hitze gebraucht, sondern elektrischer Strom, dann kann man mit Hilfe von Wasserstoff auf den Umweg verzichten, den konventionelle Öl-, Kohle-, Gas- und Kernkraftwerke gehen müssen. Sie alle verwandeln die Energie in ihrem Energieträger erst einmal in Wärmeenergie, formen diese Wärmeenergie dann in die mechanische Energie der Drehung einer Turbine um, und erst aus der mechanischen wird schließlich elektrische Energie. Die Technik der Brennstoffzelle jedoch, die vor rund 150 Jahren Sir

William Grove erfunden hat, macht aus der chemischen Energie des Wasserstoffs direkt elektrischen Strom; sie kehrt praktisch die Elektrolyse um, bei der ja aus der Energie des Stroms die chemische Energie des Wasserstoffs wird. Die Brennstoffzelle erzeugt aus Wasserstoff und Luft (Sauerstoff) direkt elektrischen Strom; ihr Abfallprodukt ist Wasser. Da der Umweg über die Wärme vermieden wird, ist die Energieumwandlung in einer Brennstoffzelle nicht vom Carnot-Faktor abhängig, der den Wirkungsgrad thermodynamischer Prozesse begrenzt. Die Wirkungsgrade von Brennstoffzellen liegen über denen von Wärmekraftmaschinen, bei bis zu 65 Prozent[116].

Was sagt die Kristallkugel?

»The sign of a truly educated man,
is to be deeply moved by statistics.«
George Bernhard Shaw

Naturwissenschaft und in ihrer Folge die Technik haben in den letzten Jahrhunderten durch ihre partikuläre Sichtweise auf die Welt große Erfolge erzielt. Sie haben die Welt in viele Einzelereignisse, Teilchen und Disziplinen zerteilt. Niemals zuvor haben wir unser Verständnis von der Welt so weitgehend in mathematischen Beschreibungen ausdrücken können. Mit leistungsfähigen Rechenmaschinen wurde es auch möglich, umfangreiche Systeme zu berechnen, numerische Lösungen komplexer Systeme zu finden. Die Simulation von naturwissenschaftlichen Systemen hat in vielen Bereichen der Technik, zum Beispiel im Automobilbau oder in der Luftfahrt, zu einer Verfeinerung und Verbesserung der Geräte geführt. Die Nutzung dieser Methoden zum besseren Verständnis unserer Erde hat unter anderem auch die Vorhersage der Klimaproblematik möglich gemacht.

Seit einigen Jahrzehnten werden diese in der Naturwissenschaft entwickelten Methoden immer häufiger auch auf soziale und politische Fragestellungen angewandt. Ein historisch bedeutsames Beispiel ist der Bericht des »Club of Rome« in den siebziger Jahren über die »Grenzen des Wachstums«. Dort wurde, mit dem sogenannten Forrester-Weltmodell, die wirtschaftliche und politische Entwicklung der Welt simuliert, wurde eine Vorhersage des Ressourcenverbrauchs und der Umweltverschmutzung zukünftiger Jahrzehnte

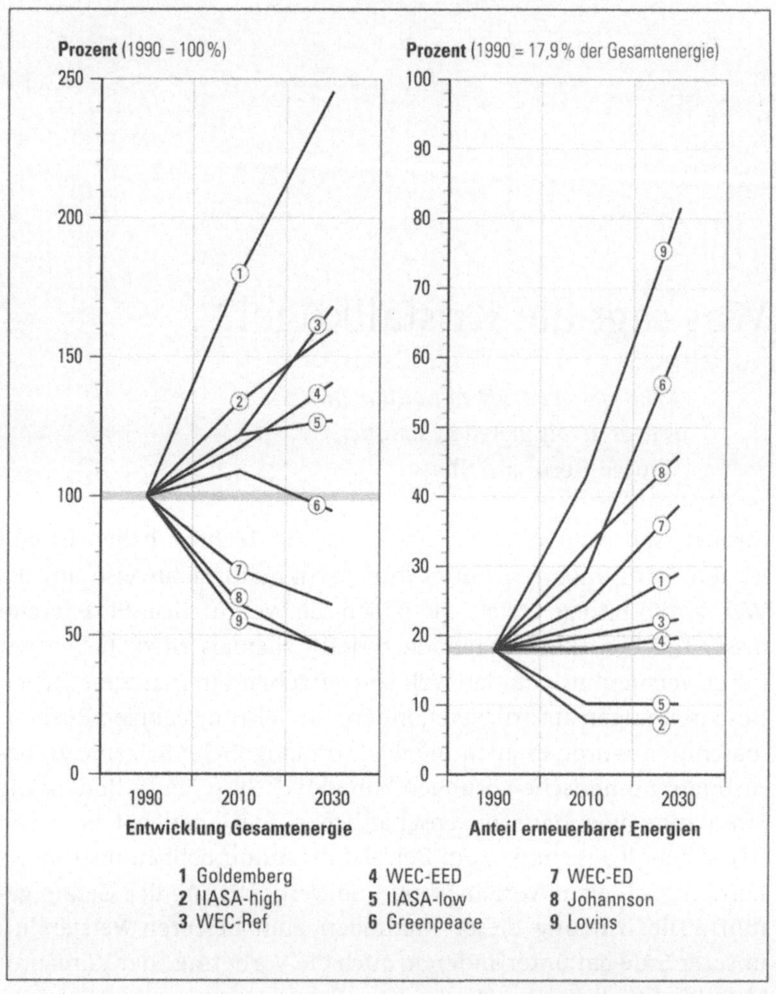

Abbildung 20: Im linken Bildteil wird die prozentuale Veränderung des Weltenergieverbrauches bis ins Jahr 2030 nach verschiedenen Szenarien dargestellt. Referenzjahr ist 1990. Im rechten Bildteil wird der prozentuale Anteil der erneuerbaren Energien an der gesamten Energieversorgung bis ins Jahr 2030 derselben Szenarien dargestellt.

versucht. Dieser Bericht war Anlaß zu ersten Diskussionen über unsere Wachstumsgesellschaft und ihre Zukunft. In den siebziger Jahren wurden in der Diskussion über die Energieprobleme, die unter anderem durch die Ölkrise in Gang gekommen war, mit sehr stark vereinfachten Verfahren Prognosen des zukünftigen Energieverbrauchs aufgestellt, die fast ausnahmslos aus heutiger Sicht falsch waren. Heute werden als moderne Kristallkugeln unterschiedliche Modellsysteme genutzt.

Aus der Weiterentwicklung der Denkschule, die hinter dem Forrester-Weltmodell stand, sind systemdynamische »Top-Down« Modelle von Ländern, vom Energiesystem eines Landes, aber auch von einzelnen Betrieben hervorgegangen. In diesen Modellen werden die wichtigsten Bestandteile dieser Systeme und ihre gegenseitigen Abhängigkeiten mathematisch dargestellt; mit Hilfe eines Szenarios wird die zukünftige Entwicklung einiger interessanter Größen berechnet. Reicht die Genauigkeit des Modells nicht aus, können einzelne Bestandteile wieder als Subsysteme aufgefaßt werden, was die Vorhersagegenauigkeit des Modells erhöhen kann.

Ein Szenario ist ein Drehbuch der Zukunft. Da keine wirkliche Kristallkugel existiert, werden Annahmen über Bestandteile des Systems gemacht. Zum Beispiel können in einem Szenario die zukünftige Entwicklung der Bevölkerungszahl, die technologische Entwicklung und die Geschwindigkeit, mit der sich neue Techniken verbreiten, vorgeschrieben werden. Ein Szenario ist eine Festschreibung eines Teils der zukünftigen Entwicklung unserer Gesellschaft.

Eine andere Denkschule versucht, quasi von unten, also »Bottom-Up«, vom kleinsten Bestandteil aus, ein Modellsystem aufzubauen. Beide Denkschulen und die daraus resultierenden Modelle haben ihre Stärken und Schwächen, aber beide ermöglichen uns im Rahmen ihrer Grenzen, in die Zukunft – in eine mögliche Zukunft – zu schauen. Wichtigste Grenze ist die Subjektivität der Modelle, das heißt: In all diesen Modellen wird ein Teil unserer Welt abgebildet, um Vorhersagen zu machen; welcher Teil wie abgebildet wird, ist von Forschergruppe zu Forschergruppe unterschiedlich. Es läßt sich sehr schwer nachweisen, ob der eine oder der andere Ansatz zur Modellierung eines sozioökonomischen Systems der Bessere ist. In diesem Feld der Wissenschaft können ja keine Experimente angestellt werden, die dann zu einem immer besseren Verständnis führen, wie das zum Beispiel die Physiker tun, um den Aufbau des Atoms zu verstehen.

Auch die Annahmen der Gruppen in ihren Szenarien unterscheiden sich. Hier kommen die subjektiven Erwartungen der verschiedenen Gruppen zum tragen, und manchmal auch ihre Interessen oder die Interessen der Auftraggeber einer solchen Studie. Doch sind diese unterschiedlichen Annahmen wissenschaftlich erlaubt und korrekt. So können Szenarien entstehen, in denen das zentralistische Energiesystem von heute fortgeschrieben wird und erneuerbare Energien nur marginale Bedeutung haben, oder solche, in denen die erneuerbaren Energien eine hohe Bedeutung haben (siehe Abbildung 20). Beides sind zulässige Sichtweisen von unserer Zukunft. Darüber hinaus kann keine Vorhersage die Neuorganisation einer Gesellschaft und ihre Wirkung auf das regionale und überregionale Energiesystem berechnen, und es ist unmöglich, plötzliche Umbrüche wie den Zusammenbruch der Sowjetunion vorherzusagen.

Wozu schauen wir dann in diese Kristallkugel, wenn ihre Auskünfte so vieldeutig sind? Man kann den Modellen und ihren Szenarien entnehmen, unter welchen technischen, sozialen und wirtschaftlichen Bedingungen bestimmte Ziele erreicht werden können. Ein Vergleich der verwendeten Szenarien läßt erkennen, in welche Richtung sich der Trend bei unterschiedlichen Voraussetzungen entwickelt. Innerhalb der »Leitplanken«, die dabei erkennbar werden, wird sich, abhängig von den sozioökonomischen Bedingungen, die Zukunft entfalten.

Der zukünftige Weltenergieverbrauch

Wie eine risikoarme Energieversorgung der Zukunft aussehen könnte, ist bereits mehrmals in Szenarien durchgerechnet worden, und dies nicht nur in der letzten Zeit. In welchem Umfang eine solche risikoarme Energieversorgung umgesetzt werden kann, in welchem Zeitraum und zu welchen Kosten, das hängt stark von politischen Entscheidungen ab. Die vorhandenen Studien machen zum Teil stark voneinander abweichende Annahmen über die Entwicklung der Bevölkerung und des Energieverbrauchs, über die Geschwindigkeit, mit der die neue Energieversorgungsstruktur eingeführt wird, über das Potential, das in den Techniken zur Nutzung erneuerbarer Energien steckt, und über die Förderung, die ihnen zuteil wird.

	UN 1990	Lovins	Goldemberg	Greenpeace	WEC-Ref	WEC-EED	WEC-ED	IIASA-low	IIASA-high	Johannson
Kohle	3100	1310	2070	2700	3840	5010	2890	4700	7340	2840
Öl	3700	1260	3450	2950	4510	5200	3640	3660	4190	3040
Gas	2300	1120	2840	3330	3170	3670	2770	2530	3660	2620
Summe fossil	9100	3690	8360	8980	11520	13880	9300	10890	15190	8500
Nuklear	500	0	750	0	850	990	770	3760	4960	510
Wasser	700		1000	890	1070	1200	990	1060	900	830
Wind u. Solar	300		160	1140	510	670	1030	220	300	610
Biomasse	1100		1340	1650	1490	1400	1240	400	490	2930
Summe regenerativ	2100	2770	2500	3680	3070	3270	3260	1660	1690	4370
Summe Gesamt	11700	6460	11610	12660	15440	18140	13330	16310	21840	13380

Tabelle 13: Energieszenarien verschiedener Autoren für das Jahr 2010; alle Werte in Gigawattjahr pro Jahr (GWa/a).
Quelle: Goldemberg J. et. al.: Energy for a Sustainable World, 1988; Greenpeace: Energy without Oil, 1993; IIASA: Häfele, W. et. al.: Energy in a Finite world, International Institut für Angewandte Systemanalyse, 1981; Johansson, T. B. et. al.: Renewable Energy, 1993; Lovins, A.: Wirtschaftlichster Energieeinsatz, 1983; WEC: Energy for Tomorrow's World, World Energy Council 1992

In der Tabelle 13 und 14 ist dargestellt, wie hoch verschiedene Studien den Primärenergieverbrauch der Welt im Jahr 2010 und 2030 veranschlagen[117]. Alle Autoren der in dieser Tabelle aufgezählten Studien sind sich darin einig, daß die regenerativen Energiequellen langfristig eine wichtige Rolle bei der Energieversorgung spielen werden und daß die Kosten durch weitere Forschung und den Übergang zur Serienproduktion noch beachtlich gesenkt werden können. Dies gilt besonders für die photovoltaische Stromer-

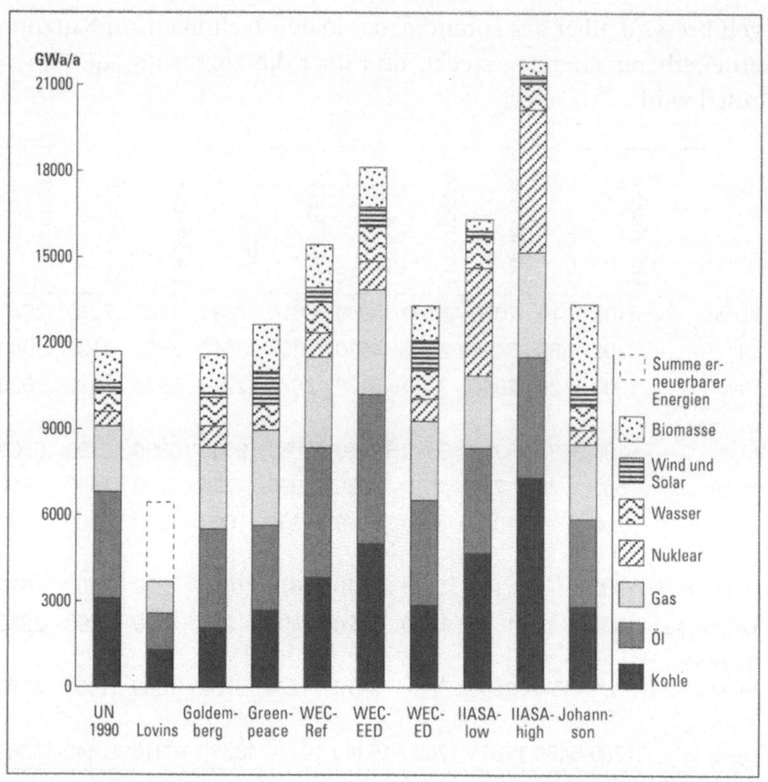

Abbildung 21: In dieser Abbildung sind Gesamtenergieverbrauch und Aufteilung auf die verschiedenen Energieträger in einigen Energieszenarien für die Welt für das Jahr 2010 dargestellt.
Quellen und Zahlen: Siehe Tabelle 13 und 14

zeugung. Alle anderen untersuchten Technologien zur Nutzung der regenerativen Energien liegen heute zumindest nahe an der Wirtschaftlichkeitsgrenze.

Je nachdem, welchen Energieverbrauch die Szenarien für die Zukunft unterstellen, billigen sie den erneuerbaren Energien im Jahre 2010 einen Anteil an der Energieversorgung zwischen 9 und 43 Prozent zu, mit einem Schwerpunkt bei 20 Prozent. In diesen Prozentzahlen sind die nicht kommerziellen Energieträger nicht berücksichtigt. Im Jahr 2030 liegt die Spanne zwischen 8 und 83 Prozent; hier wirken sich die unterschiedlichen Annahmen über

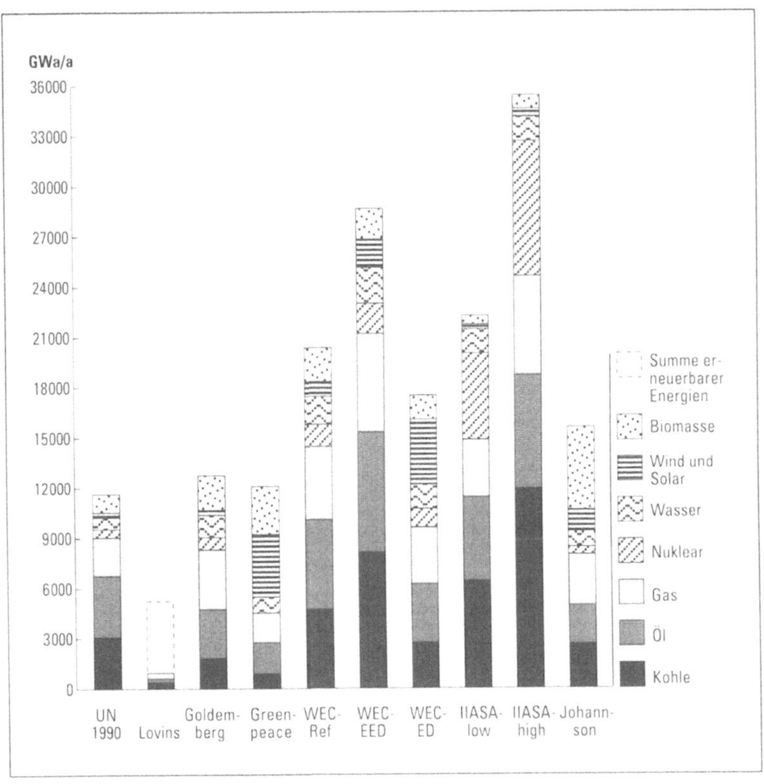

Abbildung 22: In dieser Abbildung sind Gesamtenergieverbrauch und Aufteilung auf die verschiedenen Energieträger in einigen Energieszenarien für die Welt für das Jahr 2030 dargestellt.
Quellen und Zahlen: Siehe Tabelle 13 und 14

die Art der Einführung der Techniken zur Nutzung erneuerbarer Energien besonders stark aus. Neuere Studien, die überregional die Potentiale zu ermitteln versuchen, kommen zu ähnlichen Zahlen. Eine Studie von Eurosolar kommt zu dem Ergebnis, daß die EU mit einer sehr stark forcierten Markteinführungspolitik innerhalb von 25 Jahren die Hälfte des Energieverbrauchs von heute mit erneuerbaren Energien decken könnte (siehe Abbildung 20 und 21).

	UN	Lovins	Goldemberg	Greenpeace	WEC-Ref	WEC-EED	WEC-ED	IIASA-low	IIASA-high	Johannson
Kohle	3100	380	1820	890	4750	8170	2720	6450	11980	2630
Öl	3700	240	2960	1870	5400	7240	3560	5020	6830	2350
Gas	2300	340	3580	1810	4400	5930	3390	3470	5970	3050
Summe fossil	9100	960	8360	4570	14550	21340	9670	14940	24780	8030
Nuklear	500	0	750	0	1330	1810	1120	5170	8090	440
Wasser	700		1330	950	1670	2150	1450	1460	1460	950
Wind u. Solar	300		300	3750	890	1690	3920	300	490	1280
Biomasse	1100		2100	2890	2030	1830	1440	520	810	4990
Summe regenerativ	2100	4270	3730	7590	4590	5670	6810	2280	2760	7220
Summe Gesamt	11700	5230	12840	12160	20470	28820	17600	22400	35700	15690

Tabelle 14: Energieszenarien verschiedener Autoren für das Jahr 2030; alle Werte in Gigawattjahr pro Jahr (GWa/a).
Quelle: Goldemberg J. et. al.: Energy for a Sustainable World, 1988; Greenpeace: Energy without Oil, 1993; IIASA: Häfele, W. et. al.: Energy in a Finite world, International Institut für Angewandte Systemanalyse, 1981; Johansson, T. B. et. al.: Renewable Energy, 1993; Lovins, A.: Wirtschaftlichster Energieeinsatz, 1983; WEC: Energy for Tomorrow's World, World Energy Council 1992

Alle Studien untersuchen nur einen Teil der technischen Optionen für die Nutzung regenerativer Energien; in vielen wird die passiv-solare Nutzung, insbesondere zur Kühlung in den heißen Ländern, gar nicht behandelt oder stark unterschätzt. In einer Studie von Greenpeace aus dem Jahre 1994 ist ein sehr hoher Anteil von Wind- und Sonnenenergie vorgesehen (30 Prozent des Primärenergieverbrauchs im Jahr 2030), aber auch im Szenario »ecological driven« des »World Energy Council« (WECED) wird ein derartiger Ausbau auf weltweit etwa 4000 Gigawatt im Jahr 2030 für möglich gehalten. Die anderen Konzepte setzen stärker auf die Nutzung der Biomasse, besonders Thomas B. Johannson und seine Kollegen. In ihrem Szenario werden im Jahr 2030 etwa 30 Prozent des Primär-

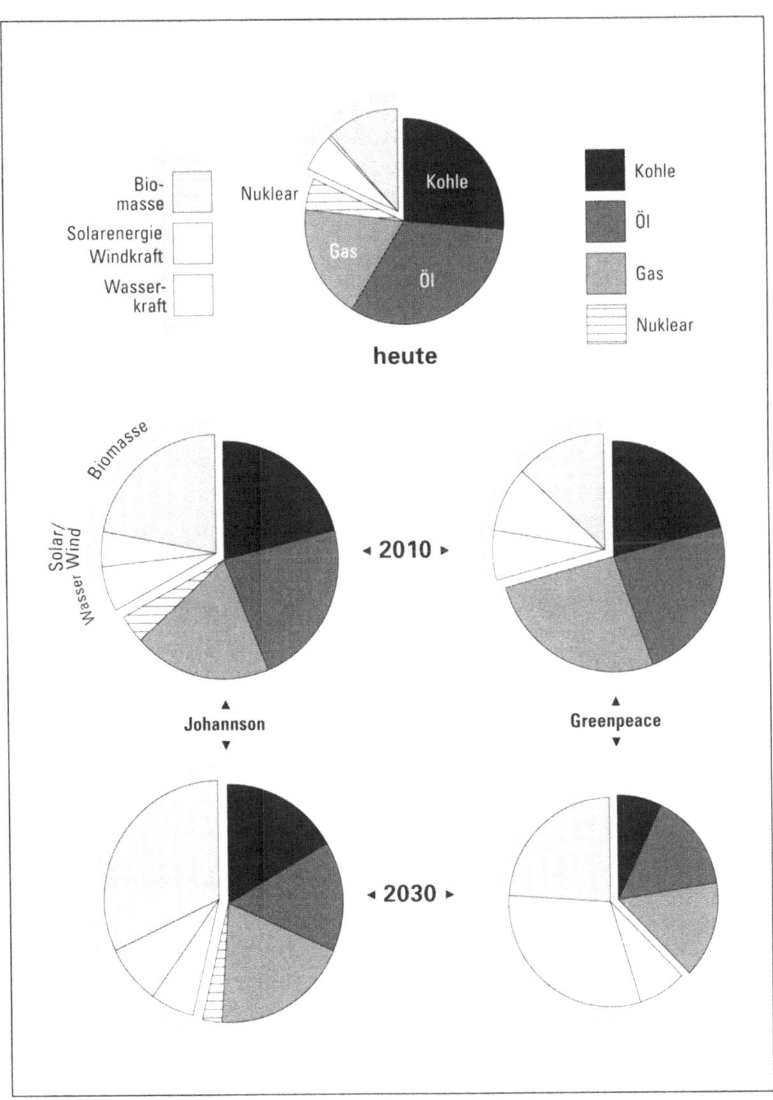

Abbildung 23: Auf dieser Abbildung wird die Entwicklung zweier Szenarien von heute bis ins Jahr 2030 dargestellt. Bei Th. B. Johannson et al. decken die erneuerbaren Energien bis ins Jahr 2030 knapp die Hälfte des Energieverbrauchs, mit einem deutlichen Schwerpunkt bei der Nutzung der Biomasse. In der Greenpeace-Studie können die erneuerbaren Energien mehr als die Hälfte dekken. Dabei sind Sonnenenergie und Windkraft die Hauptträger der Energieversorgung.

energiebedarfs durch Biomasse gedeckt. Die Stromerzeugung aus Biomasse in Anlagen zur Biomassevergasung in Kombination mit modernen Gasturbinen ist eine der wichtigen technischen Entwicklungen, die in vielen Studien erwähnt werden. Daneben sollen aus Biomasse gewonnene Treibstoffe (Methanol, Äthanol, Wasserstoff und andere) langfristig die fossilen Treibstoffe ersetzen (siehe Abbildung 22).

Wieviel Windenergie und photovoltaisch erzeugter Strom genutzt werden kann, ist hauptsächlich dadurch begrenzt, daß wegen der Leistungsschwankungen nur ein bestimmter Anteil des Stromverbrauchs aus diesen intermittierenden Quellen bezogen werden kann, falls keine Speicher eingesetzt werden. Die Annahmen in den Szenarien über den möglichen Anteil der intermittierenden Quellen weichen um den Faktor zwei voneinander ab (Nitsch/Luther: 20 Prozent, Greenpeace (1993): bis zu 40 Prozent). Die Energiegewinnung aus Wasserkraft stellt einen drastischen ökologischen Eingriff dar, insbesondere, wenn das in Großkraftwerken geschieht. Daher rechnen die Studien in der Regel nur mit einem Bruchteil des aus rein wirtschaftlichen Gesichtspunkten einsetzbaren Potentials. Die Stromproduktion in Kleinwasserkraftwerken, insbesondere in den Entwicklungsländern, wird in vielen Studien nur unvollständig behandelt.

Der zukünftige Energieverbrauch der Bundesrepublik

Klaus Traube hat in einer Studie für die Bundesrepublik Deutschland ein Szenario bis zum Jahr 2020 durchgerechnet[118]. In diesem Szenario soll durch eine erhebliche Effizienzsteigerung in den Sektoren Verkehr (Steigerung um 70 Prozent), Haushalte (60 Prozent), Kleinverbraucher (50 Prozent) und Industrie (30 bis 45 Prozent) der Endenergiebedarf um 50 bis 55 Prozent verringert werden; der Stromverbrauch soll 20 bis 25 Prozent sinken. Die Folge wäre, daß der Primärenergiebedarf gegenüber 1987 – damals waren es 2968 Terawatt – um knapp die Hälfte (44 bis 48 Prozent) sinken würde. Der verbleibende Energiebedarf soll dann zu mehr als der Hälfte mit regenerativen Quellen gedeckt werden; nur für den Rest müssen

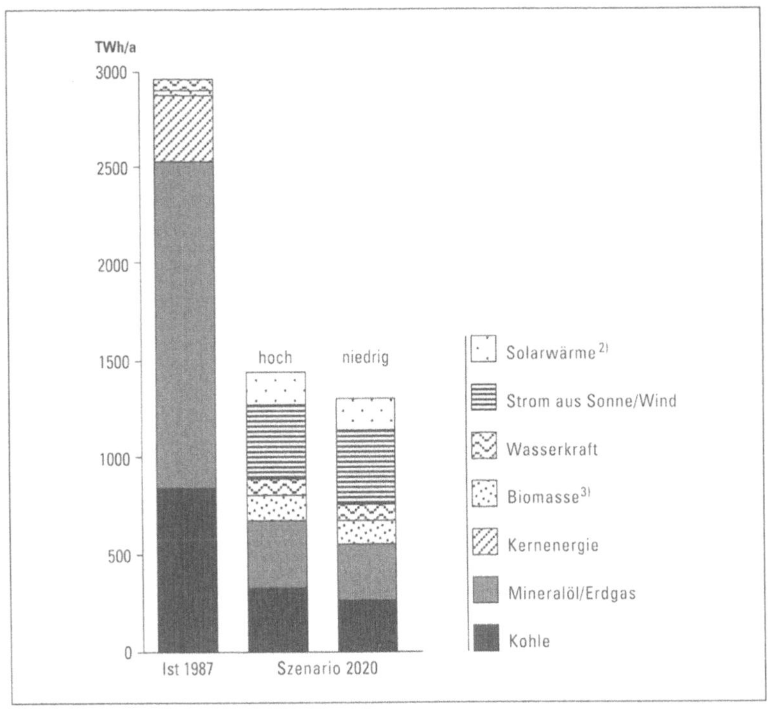

Abbildung 24: Primärenergieverbrauch (fossile und erneuerbare Energieträger, Kernenergie) der Bundesrepublik Deutschland (alte Länder) 1987 und in zwei Szenarien für 2020. Die Szenarien »Hoch« und »Niedrig« unterscheiden sich durch unterschiedliche Annahmen über die Energiesparpotentiale im Industriebereich.
(2) Solarwärme inklusive etwa 15 Prozent Umgebungswärme / Wärmepumpen
(3) Biomasse einschließlich Müll / Klärschlamm
Quelle: Traube, K.: Perspektiven der Umstrukturierung des westdeutschen Energiesystems angesichts des CO_2-Problems, Bremer Energie-Institut, Bremen 1992

fossile Energieträger verbrannt werden. Neben den alternativen Energiequellen, die in Deutschland verfügbar sind, bezieht die Studie einen Stromimport aus solarthermischen Kraftwerken in Spanien oder Nordafrika mit ein (siehe Abbildung 23). Weitere Studien von Nitsch/Luther und der Enquête-Kommission »Vorsorge zum Schutz der Erdatmosphäre« zum Primärenergiebedarf in Deutschland sind in der Tabelle 15 dargestellt. Hier reicht die Spanne des Anteils erneuerbarer Energien von 4 Prozent bis 40 Prozent im Jahr 2010.

	Nitsch/Luther				Enquête-Kommission				
	1987	Sz.I 2010	Sz. III 2010	Sz. I 2030	Sz. III 2030	1987	Ref. 2010	E.pol. 2010	Ausst. 2010	Ausb. 2010
Kohle						91,9	75,9	35,3	35,3	19,1
Öl						128,9	110,2	65,6	37,2	71,7
Gas						71,4	81,6	85,7	103,1	86,2
Summe fossil	289	160	160	104	104	292,2	267,7	186,6	175,6	176,4
Nuklear	39	13	9	0	0	40,3	49,7	45,8	1	89,4
Wasser						5,8	5,7	7,3	7,4	6,9
Wind u. Solar						0				
Biomasse						4,3				
Summe regenerativ	9	110	72	154	100	10,1	13,8	27,3	40,6	19,5
Summe gesamt	337	273	241	258	204	342,6	331,2	259,7	217,2	285,3

Tabelle 15: Energieszenarien für die Bundesrepublik Deutschland (alte Länder); alle Werte in Gigawattjahr pro Jahr (Gwa/a).
Quelle: Nitsch, J. Und Luther, J.: Energieversorgung der Zukunft, 1990 und Enquête-Kommission des Deutschen Bundestages »Vorsorge zum Schutz der Erdatmosphäre«, Dritter Bericht, Bonn 1992

Eine intensivere Einbindung der erneuerbaren Energiequellen in das städtische Energiekonzept streben zum Beispiel die Stadtwerke Rottweil in ihrem Versorgungsgebiet an. Für eine Studie der Stadtwerke wurden detailliert die technischen Potentiale untersucht. Ein Szenario beschreibt den weiteren Weg der Integration regenerativer Energiequellen in das Versorgungsgebiet bis zum Jahr 2010. Ergebnis der Studie war, daß im Versorgungsgebiet der Stadtwerke Rottweil 41 Gigawattstunden Strom im Jahr aus erneuerbaren Energiequellen gewonnen werden könnten (technisches Potential). Das entspricht 30 Prozent des heutigen Stromverbrauchs. Bis zum Zieljahr 2010 könnten davon 45 bis 60 Prozent realisiert werden, abhängig von den Annahmen im Szenario. Sonnenkollektoren und Blockheizkraftwerken (BHKW) könnten 17 Prozent des erwarteten Wärmebedarfs im Jahr 2010 bereitstellen. Dieser Wär-

mebedarf kann noch von derzeit 380 Gigawattstunden im Jahr auf
249 Gigawattstunden gesenkt werden – durch wärmetechnische
Sanierung der vorhandenen Gebäude und bessere Dämmung der
voraussichtlich erstellten Neubauten[119].

Ein Ergebnis ergibt die Analyse all dieser Szenarien und Vorhersagen auf jeden Fall und dies ist nichts neues[120]: Nicht technische
Begrenzungen beschränken den Anteil, den erneuerbare Energien
an der Energieversorgung einnehmen können, sondern einzig und
allein wirtschaftliche und politische Rahmenbedingungen für die
Markteinführung. Damit das Potential der Sonnenenergie ausgeschöpft werden kann, ob weltweit oder in einer Stadt, muß die
Energieversorgung dezentral organisiert und auf die Region ausgerichtet sein. Schwerpunkte einer solchen dezentralen, regionalen
Energieversorgung sind die effiziente Nutzung der Energieressourcen und gleichrangig die Nutzung der vor Ort verfügbaren Ressourcen an erneuerbaren Energien. Die unterschiedlichen Technologien
müssen sich dabei mit ihren unterschiedlichen Stärken gegenseitig
ergänzen und Schwächen ausgleichen. Ein weiteres Merkmal einer
solchen Energieversorgungsstruktur ist der Austausch von Überschüssen zwischen den Regionen mit Hilfe eines überregionalen
Netzes. Zentrale Großkraftwerke sind nur insoweit Bestandteil dieser Energieversorgungsstrukur, als sie die Versorgungslücken der
dezentralen Systeme decken.

Reportage aus der Zukunft (2005): Reisebericht über die dezentrale Energieversorgung in Asien

Was zieht den Westeuropäer nach Indien? Die Menschen? Das schöne Land? Die fremdartige Kultur? Vielleicht alles zusammen. Seit kurzer Zeit aber gibt es einen neuen Grund, den Subkontinent zu besuchen: Wer die fortgeschrittensten Entwicklungen auf dem Energiesektor besichtigen will, der muß neuerdings nach Frankfurt reisen und ein Flugzeug Richtung Fernost besteigen. Wir haben dies für die Leser dieser Zeitung auf Einladung des indischen Wirtschaftsministeriums getan.

Folgt man als Reisender der Barakhamba Road in New Delhi in Richtung Süden erreicht man nach drei Stunden Fahrt, über eine holprige Straßenpiste, die kleine Stadt Tanpur. Hier leben etwa 40.000 Menschen. Die Inder in diesem Teil des Landes finden Brot und Arbeit überwiegend in der Landwirtschaft; Industrie gibt es so gut wie gar nicht. Und doch ist Tanpur eine der neuzeitlichsten Städte der Erde. Nähert man sich der Stadt von Süden fallen einem schon von weitem die vielen kleinen Häuser auf, die nach solararchitektonischem Prinzip gebaut oder modernisiert worden sind. Sokrates hätte seine wahre Freude daran gehabt. Zusätzlich sind die Gebäude mit Solarkollektoren ausgestattet, die warmes Wasser liefern.

Unserem Reiseleiter ist der Stolz auf seine Geburtsstadt ins Gesicht geschrieben. Tanpur war die erste von mittlerweile mehreren indischen Städten, die ihren Energiebedarf vollständig mit Sonnenenergie decken. Auf die etwas ungläubige Frage eines Mitreisenden, ob es denn Strom in Tanpur gäbe, reagierte der Führer fast ein wenig beleidigt. Aufgeregt, aber nichtdestoweniger in reinstem Oxford-Englisch, bescheidet er uns, wir mögen uns gedulden. Die erste Station unserer Rundfahrt ist das Kraftwerk am Stadtrand.

Überdimensionale Salatschüsseln mit rund zehn Meter Durchmesser sind das erste was wir aus der Entfernung erkennen können. Angekommen am Kraftwerk, begrüßt uns ein freudlicher Direktor und lädt uns zu einem Willkommenstrunk. Stehend vor einer Paraboloid-Sterling-Anlage, erklärt er uns, daß es noch drei weitere solcher Anlagenkomplexe rund um Tanpur gibt.

Gekoppelt sind die Anlagen mit einem Vergaser, der aus menschlichen und tierischen Abfällen der umliegenden landwirtschaftlichen Betriebe Biogas gewinnt. Das Gas wird in den Nachtstunden und bei schlechtem Wetter genutzt, um die Stromversorgung aufrecht zu erhalten, wenn die Sonne das vorübergehend nicht tut. Auch einige der neuen indischen Gasturbinen für Reststoffe werden hier eingesetzt. Diese Gasturbinen mit Leistungen im Kilowattbereich sind einer der Exportschlager Indiens. So, wie die Brasilianer und die Dänen den Markt der großen Biogas-Turbinen beherrschen, sind die Inder und die Chinesen Marktführer im Bereich der kleineren Anlagen.

Der höchst erwünschte Nebeneffekt der Biogasnutzung ist, daß Abfälle genutzt werden. Sie werden nicht mehr einfach in den Fluß gekippt, sondern durch eine biologische Abwasserreinigungsanlage geleitet. Das hat zu einer wesentlichen Entlastung des kleinen Flusses; eines Zulaufs des Ganges, geführt. Weniger Schmutz im Wasser und umfangreiche Aufforstungsprojekte haben es möglich gemacht, daß in die Region große Teile der ursprünglichen Flora und Fauna zurückgekehrt sind. Im Fluß kann wieder gefischt werden, und zur Freude der Bewohner von Tanpur entdecken europäische und amerikanische Touristen die Stadt und ihre landschaftlich reizvolle Umgebung.

Eine Folge des neuen Wohlstands, auf die jüngst eine Begleitstudie des Projektes »Sonniges Tanpur« aufmerksam machte, scheint auch für die Inder selbst noch etwas befremdend zu sein. Viele Kinder zu haben, gelte inzwischen bei vielen als Zeichen der Armut, berichtet der Kraftwerksdirektor – und es scheint, als müsse er sich selbst noch ein wenig dazu überreden, das positiv zu finden.

Intelligenz statt Kraft –
Effizienz oder der Faktor 10

Ökonomie im Sinne rationeller und sparsamer Haushaltsführung bedeutet die möglichst effiziente und produktive Nutzung der Ressourcen. Zu besserer Produktivität und Effizienz führen viele Wege. Einer davon ist, so viele Dienstleistungen wie möglich aus den verfügbaren Ressourcen zu erwirtschaften. Ein anderer Weg ist, die Ressourcen mehrfach zu nutzen. Nicht zuletzt ist auch der Einsatz der richtigen, wirksamsten Ressourcen für einen bestimmten Zweck eine Form der Effizienz. Der Ressourcenverbrauch der Menschheit steigt im »fossilen« Zeitalter exponentiell an, und dies nicht nur im Bereich der Energiewirtschaft. Zudem sind die globalen Stoffströme heute auf der Welt ungleich verteilt, mit erheblichem Nord-Süd-Gefälle (siehe Abbildung 28). Nähmen wir den Stoffumsatz und den Verbrauch an nicht erneuerbaren Ressourcen in den industrialisierten Ländern als Maßstab für materiellen Wohlstand, und versuchten wir, diesen Wohlstand auf alle Menschen zu übertragen, dann müßte der Ressourcenverbrauch in der Zukunft siebenmal so hoch sein wie heute[121]. Das ist nicht möglich, weil dafür die Reserven dieser Stoffe auf der Erde nicht ausreichen. Also müssen sie effizienter eingesetzt werden. Es müssen mit den gleichen Ressourcenmengen mehr Dienstleistungen produziert werden.

Wie dramatisch die »Effizienzrevolution« sein kann, das heißt, um wieviel sich die Effizienz in den einzelnen Bereichen der Technik – wozu in diesem Sinne Organisation, Planung und natürlich die Technologie und die Verfahren gehören – wirklich steigern läßt, ist heute noch nicht absehbar. Von einigen Bereichen weiß man,

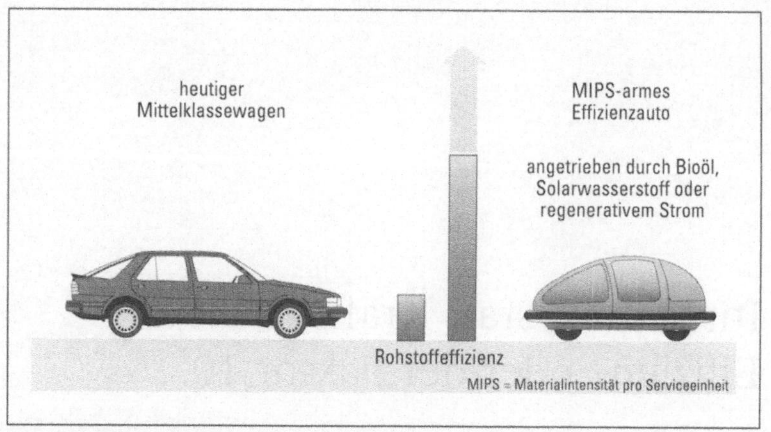

Abbildung 25: Rohstoffeffizienz am Beispiel des Autos, MIPS bedeutet »Material Intensität pro Serviceeinheit«
Quelle: Schmidt-Bleek, F.: Wieviel Umwelt braucht der Mensch, Birkhäuser Verlag 1994

daß Faktoren von bis zu zehn technisch machbar sind, daß also bis zu zehnmal mehr »Nutzen« aus den eingesetzten Rohstoffen gewonnen werden kann als heute (denn um diesen Nutzen geht es letztlich; er ist gemeint, wenn wir von der »Dienstleistung« eines Produktes sprechen). Einige Wissenschaftler haben daher eine Steigerung der Ressourcenproduktivität (Effizienz) auf das Zehnfache als Zielwert für eine ökologische Industriegesellschaft der Zukunft definiert[122].

Was heißt das für das zukünftige Energiesystem? Wollten wir jedem Erdenbürger das Recht auf den gleichen Umfang an Energiedienstleistungen einräumen, müßte der Energieverbrauch weltweit mehr als verdreifacht werden. Rechnet man noch das Bevölkerungswachstum mit ein, wird schnell klar, daß die erneuerbaren Energien eine solche vervier- oder verfünffachte Energienachfrage nicht ohne weiteres in den nächsten Jahrzehnten decken könnten. Die Konsequenz ist: Eine schnelle und möglichst umfassende Versorgung mit Sonnenenergie ist nur möglich, wenn auch hocheffizient mit Energie- und anderen Ressourcen umgegangen wird. In einer Art Doppelstrategie muß einerseits der Energieverbrauch drastisch reduziert werden und andererseits der Anteil der erneuerbaren Energien an der Energieversorgung wachsen. Nur beides gemeinsam kann zum Ziel führen.

Manche Wissenschaftler bevorzugen die Strategie, zuerst die Effizienz zu verbessern – oder, wie es auch genannt wird, in Energiespartechnologien oder »Negawatt« zu investieren – und dann die erneuerbaren Energien zu nutzen. Begründet wird dies damit, daß es, umgerechnet auf das Watt erzeugter beziehungsweise eingesparter Energie, meist billiger ist, in mehr Energieeffizienz zu investieren als in neue Anlagen zur Nutzung erneuerbarer Energie. Dieser Weg ist in der Tat der richtige, schaut man allein auf die monetäre Effizienz und die Geschwindigkeit, mit der sich Erfolge bei der Senkung von Kohlendioxydemissionen erreichen lassen. Einige Argumente sprechen aber dagegen.

Zunächst einmal gibt es einige Nutzungstechniken für die erneuerbaren Energien, die mit reinen Sparmaßnahmen finanziell durchaus konkurrieren können. Einigen anderen Techniken, die heute unter rein marktwirtschaftlichen Gesichtspunkten nicht konkurrenzfähig sind, fehlt nur ein genügend großer Markt. Unter einer entsprechenden Energiepolitik würde dieser Markt entstehen, und die Preise würden sinken. Bei Effizienztechniken ist es umgekehrt: Je mehr Effizienz bereits erreicht ist, desto teurer werden in der Regel weitere Effizienzsteigerungen. Kombiniert man beide Strategien, dann wird die eine immer teurer werden und die andere immer billiger. Im Durchschnitt erhält man für das vorhandene Geld eine gleichmäßige Emissionsverminderung über viele Jahre und Jahrzehnte hinweg.

Manchmal ist Effizienztechnik untrennbar mit einem Sonnenenergiebeitrag verbunden. Einen solchen Fall findet man in der Architektur. Der Schritt zum Niedrigenergie-Solarhaus ist nur realisierbar, wenn sowohl Energieverluste vermieden als auch Energiegewinne durch Sonneneinstrahlung genutzt werden. Der Kostenunterschied zwischen einem nur besonders gut gedämmten Gebäude und einer zusätzlichen Einbindung aktiver und passiver Sonnenenergienutzung beläuft sich auf wenige Prozent der Bausumme.

In anderen Fällen ist der Schritt von der heutigen Technologie zur effizienten mit so viel Entwicklung oder Umstellung verbunden, daß es sich lohnt, gleich zu einer Kombination aus effizienter und solarer Technologie überzugehen. Ein gutes Beispiel dafür ist das hocheffiziente Auto. Wenn bei diesem Automobil sowieso alles neu entwickelt werden muß, vom Antrieb bis zur Karosserie, warum sollte man dann bei der Energieversorgung aufhören? Warum nicht gleich ein Fahrzeug für das Umfeld erneuerbarer Treibstoffe schaffen?

Zuletzt das wichtigste Argument gegen eine Strategie, die Effizienzsteigerungen den erneuerbaren Energien vorzuziehen. Was bedeutet es denn in der Praxis, die Effizienz des heute existierenden Energieversorgungssystems zu steigern? Effizienz zu verbessern bedeutet immer, mit den vorhandenen Ressourcen mehr zu machen. Zu diesen vorhandenen Ressourcen gehören aber nicht nur die Energie-, sondern auch die Geld-Ressourcen. Effizienzverbesserung in der Energiewirtschaft bedeutet also, vorrangig oder sogar ausschließlich solche Effizienztechniken einzusetzen, die sich bei genauer Kalkulation als billiger erweisen als eine einfache Ausweitung des Energieangebots. Dies ist zum Beispiel die Strategie des in jüngster Zeit auch von deutschen Energieversorgern entdeckten Least-Cost-Planning (LCP) und des Contracting: Energiesparen, der Einsatz energieeffizienter Geräte oder das Auslagern von Funktionen in sogenannte Energiedienstleistungsunternehmen werden gezielt aufgerechnet gegen die Ausweitung des Energieangebots, zum Beispiel durch neue Kraftwerke. Beläßt man es aber ausschließlich bei dieser Strategie – LCP und Contracting sind durchaus sinnvolle Komponenten einer Energiesparpolitik, aber eben nur Komponenten –, dann ändert das nichts oder wenig an den bestehenden Strukturen der Energieversorgung, die aus vielerlei Gründen die Verfügbarmachung und Nutzung erneuerbarer Energien behindern.

In vielen praktischen Fällen hat sich die Synergie von Effizienz und erneuerbaren Energien bereits gezeigt, insbesondere im Gebäudebereich. Hausbewohner, die mit Photovoltaikmodulen den derzeit noch kostspieligen Strom ernten, gehen viel bewußter damit um. Das Verhalten von Bewohnern eines »Solar«- oder »Negawatt«-Hauses kann den Energieverbrauch erheblich beeinflussen. In einer Gruppe identischer Häuser verbrauchten bei einem Vergleichstest die einen Bewohner viermal mehr Energie als die anderen.

166

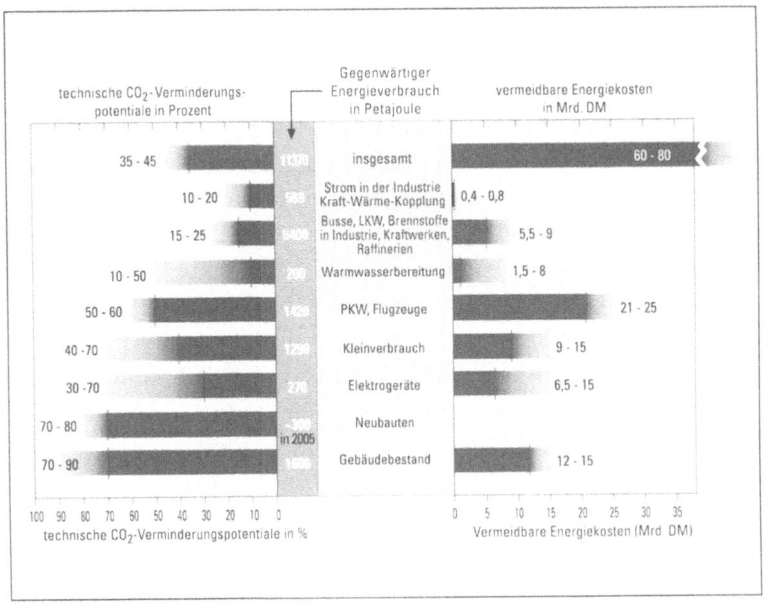

Abbildung 26: Technisches CO₂-Minderungspotential und vermeidbare Energiekosten
Quelle: Enquête-Kommission des Deutschen Bundestages »Vorsorge zum Schutz der Erdatmosphäre«, 1990

Zahlreiche Studien beschäftigen sich mit dem Thema Energieeffizienz, und je nachdem, welche Annahmen gemacht werden, stoßen die Autoren dabei auf teilweise erhebliche Möglichkeiten zur Effizienzsteigerungen. Schon die Enquête-Kommission »Vorsorge zum Schutz der Erdatmosphäre« des Bundestages schätzte das gesamte Einsparpotential in den alten Bundesländern auf 35 bis 45 Prozent und bezifferte die Einsparungen bei den Energiekosten, erreichbar durch Effizienztechnik, auf 60 bis 80 Milliarden Mark (siehe Abbildung 25). In einzelnen Bereichen kam die Kommission auf weit höhere Einsparmöglichkeiten. Die Energieeffizienz der bestehenden Gebäude könnte demnach zum Beispiel um den Faktor zehn gesteigert werden – 90 Prozent des Energieverbrauchs könnten weggespart werden. Dazu ein Zahlenvergleich: In einem normalen deutschen Durchschnittshaus, nach der Wärmeschutzverordnung von 1982 gebaut, werden 15 bis 18 Liter Heizöl pro Jahr und Quadratmeter verheizt[123]; dabei entstehen 66 Kilogramm Kohlendioxyd pro Jahr und Quadratmeter. Nach der neuen Wärmeschutzverordnung gebaut, sollte ein Haus etwa ein Drittel weniger verbrauchen. Niedrigenergie-Solarhäuser kommen mit drei bis sieben Liter Heizöl aus, entsprechend einem Ausstoß von 13 Kubikmeter Kohlendioxyd. Nullenergiehäuser brauchen, wie der Name schon andeutet, gar keine fossilen Brennstoffe. Der Elektrizitätsverbrauch in einem solchen energieautarken Solarhaus ist heute schon um einen Faktor sechs kleiner als im bundesdeutschen Durchschnitt (siehe Abbildung 27).

Die durchschnittlich 220 Kilowattstunden pro Quadratmeter und Jahr, die heute in den alten Bundesländern für Heizenergie benötigt werden, bedeuten einen Kohlendioxydausstoß von, je nach Heizungstyp, 40 bis 60 Kilogramm pro Quadratmeter und Jahr. Müßten wir dieses Kohlendioxyd, statt es durch den Schornstein zu entsorgen, in den bekannten grauen Mülltonnen vor die Haustür stellen, so kämen für eine Achtzig-Quadratmeter-Wohnung 16 bis 21 dieser 320-Liter-Container zusammen – täglich, wohlgemerkt, 365 Tage im Jahr. Das entspräche etwa 10 Quadratmeter Strassenfläche, oder wenn man dies auf angemieteten Flächen im Haus abstellen müßte, zirka 13 Prozent mehr Mietausgaben.

Ein weiteres Beispiel aus den USA zeigt, daß eine Verbesserung der Energieeffizienz bestehender Gebäude um·den Faktor zehn keine Hexerei verlangt, sondern erreichbar ist. Auf den Prüfstand stellte ein privater Energieversorger in Kalifornien die Kalkulationen des »Negawatt-Papstes« Amory Lovins zum Energiesparpotential eines Bürogebäudes des Konzerns. Neue Fenster, Sensoren und Reflektoren wurden eingebaut, um Neonröhren und den Einsatz von elektrischer Energie zur Beleuchtung einzusparen. Als Folge dieser Umbauaktion war die Klimaanlage überdimensioniert; sie konnte verschrottet und durch eine neu konzipierte und kleinere ersetzt werden. Ergebnis: 70 Prozent weniger Stromverbrauch, 90 Prozent weniger Erdgasverbrauch und eine bessere Arbeitsatmosphäre für die Mitarbeiter. Die nötigen Investitionen amortisieren sich dank der eingesparten Energiekosten in weniger als zehn Jahren[124].

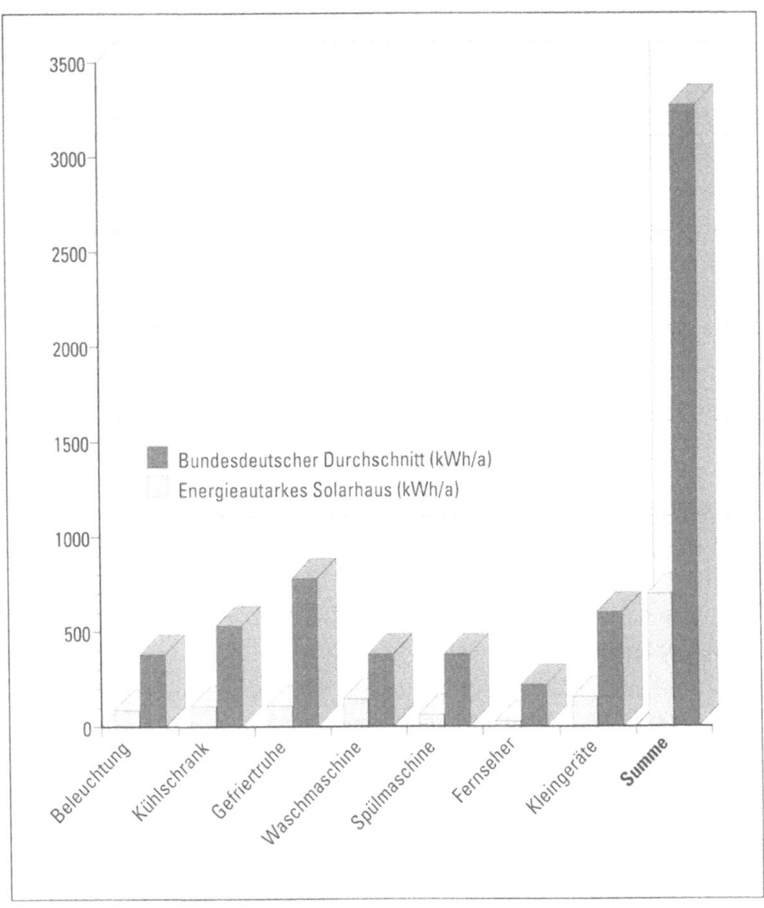

Abbildung 27: Elektrizitätsverbrauch des »Energieautarken Solarhauses« (Vier-Personen-Haushalt)
Quelle: Stahl/Goetzberger, 1992

Obwohl sich diese Art des Energiesparens also sogar ökonomisch lohnt, setzt sie sich unter den gegenwärtigen marktwirtschaftlichen Randbedingungen nicht von selbst durch; auf die Gründe dafür kommen wir noch zu sprechen. Drei Instrumente werden inzwischen eingesetzt, die Potentiale dieser »Nega«-Watts dennoch abzuschöpfen: Least-Cost-Planning (LCP), Contracting und die gezielte Erhöhung der Energiepreise.

Die erste Strategie verpflichtet den Energieversorger dazu, die Möglichkeiten des Energiesparens auszuschöpfen, solange sie billiger sind als die Bereitstellung von zusätzlicher Kraftwerksleistung. Grundidee des LCP ist, daß der Energieversorger sowohl eine Ausweitung des Angebots durch neue Kraftwerksleistung wie eine Senkung der Nachfrage durch Energiesparen kalkuliert und nach gleichen Bewertungskriterien erfaßt. Ziel ist, diejenige Kombination aus Energiekosten (für eingekaufte Energie) und Kapitaleinsatz (für Investitionen in Energiespartechnik) zu ermitteln, die mit den geringsten Gesamtkosten (englisch: least costs) den Bedarf des Kunden an Energiedienstleistungen deckt. Die Idee des LCP erwartet also vom Kunden nicht, auf Dienstleistungen wie Licht, Wärme und anderes zu verzichten, sondern verlangt von den Versorgern zu überprüfen, wie sie diese Energiedienstleistungen kostengünstig und so schonend wie möglich für Erdklima und Umwelt anbieten können[125].

Entscheidend ist, was in diese Kalkulation als »Kosten« alles einfließt. Bei der Kostenberechnung kann man grundsätzlich einen betriebswirtschaftlichen oder einen volkswirtschaftlichen Ansatz wählen. Letzterer berücksichtigt auch die in der Betriebsbilanz nicht auftauchenden gesellschaftlichen Kosten des unvermeidlichen Eingriffs in die Umwelt; er »internalisiert« die »externen« Kosten, wie man sagt. Ein rein betriebswirtschaftlicher Ansatz, also die Optimierung der Kosten aus Sicht des Unternehmens, muß und wird in vielen Fällen den Energieeinsatz nicht so optimieren, daß er auch zum volkswirtschaftlichen Optimum beiträgt; das heißt, es können Lösungen herauskommen, die zwar die Kostensituation des Energieversorgers verbessern, langfristig aber nicht zum Schutz des Erdklimas beitragen.

Das Konzept des Least-Cost-Planning (LCP), oder zu deutsch der Minimalkostenplanung, hatte in den Vereinigten Staaten seinen Ursprung und findet nun auch in der Bundesrepublik immer mehr Anhänger. Der Vorteil einer LCP-Strategie für den Energieversorger liegt darin, daß er ohne Ausweitung seiner Kraftwerkskapazitäten sein Dienstleistungsangebot erweitern kann. Manchmal können sogar Gewinne erzielt werden, da Energie bis heute noch in vielen Bereichen sehr verschwenderisch eingesetzt wird und deshalb meist die Kosten für »Nega«-Watt sehr niedrig sind. Leider viel zu selten wird die Möglichkeit genutzt, diese wirtschaftlichen Gewinne einzusetzen, um gleichzeitig erneuerbare Energien einzuführen. Ein weiterer Vorteil ist, daß das Energieversorgungsunternehmen (EVU) mit dem LCP-Konzept ein Instrument in der Hand hat, sich von einem Versorger zu einem Dienstleister zu wandeln und seine Tätigkeit auf den Markt der Energiedienstleistung auszuweiten. Dem Kunden kann es recht sein, denn genau genommen will er normalerweise kein Gas und keinen elektrischen Strom kaufen, sondern er braucht die Dienstleistungen Wärme, Licht, elektrischen Antrieb und andere.

LCP sieht vor, die Ressourcen sowohl auf der Angebotsseite wie auf der Nachfrageseite in der Zusammenschau (»integriert«) zu planen; daher spricht man auch von integrierter Ressourcenplanung (IRP). Auf der Angebotsseite umfaßt LCP unter anderem die Kraft-Wärme-Kopplung, Erhöhung der Wirkungsgrade von Kraftwerken, Optimierung der Technik und Reduzierung der Transport- und Verteilungsverluste. Die Planung auf der Nachfrageseite, manchmal neudeutsch auch »Demand-Side Management« genannt, fängt bei der Beratung des EVU-Kunden an und hört beim Kauf und Verkauf von Energieeinsparung auf. Der »Kauf« von Energieeinsparung besteht darin, daß der Energieversorger energiesparende Investitionen beim Kunden fördert, entweder durch finanzielle Zuschüsse in Form direkter Zahlungen oder über die Vermittlung zinsgünstiger oder zinsfreier Darlehen. Betriebswirtschaftlich kalkuliert verlangt solch eine Strategie in vielen Fällen eine Erhöhung der Energiepreise; die volkswirtschaftliche Wirkung ist aber positiv. Die Zahlungen können kleine Zuschüsse zu energiesparenden Lampen sein oder finanzielle Unterstützungen in großem Stil bei der Sanierung von Gebäuden. Der »Verkauf« von Energieeinsparung besteht darin, daß das EVU von einem Kunden ein Entgelt für seine Energiedienstleistungen erhält. Beispiele solcher Dienstleistungen sind der Verkauf von Wärmedirektservice – die komplette Heizungsanlage eines Gebäudes wird vom EVU und auf Kosten des EVU installiert und gewartet, eventuell kombiniert mit einer Modernisierung des Gebäudes – oder der Verkauf von »Nutzlicht« an Gewerbe, Handel und Kommunen, also die komplette Übernahme der Verantwortung für die Beleuchtung durch das EVU.

Abbildung 28: Durch geeignete Maßnahmen kann der Verbrauch von fossiler Energie in Altbauten um bis zu 90 Prozent gesenkt werden. Neubauten können sogar so errichtet werden, daß sie keine fossile Energie brauchen.

In einer LCP-Fallstudie für die Stadtwerke Hannover sind neun konkrete LCP-Stromsparprogramme konzipiert worden. Analysiert wurde ihre Wirkung hinsichtlich Stromeinsparung (sowohl Jahresverbrauch wie installierte Kraftwerksleistung), Gesamtkosten der Bereitstellung von Energiedienstleistungen, Auswirkungen auf das Unternehmensergebnis der Stadtwerke Hannover sowie die Strompreise. Sieben dieser neun Programme zielen auf den Industriesektor, Kleinbetriebe und Behörden. Es handelt sich überwiegend um Prämienprogramme, das heißt, um kombinierte Angebote aus Information und Beratung einerseits sowie einen finanziellen Zuschuß zu Investitionen durch die Stadtwerke andererseits. Die neun konzipierten Stromsparprogramme können nach den in der Studie abgeschätzten Erfolgsaussichten 200 Gigawattstunden Energie pro Jahr oder eine Kraftwerksleistung von 40 Megawatt einsparen. Obwohl das weniger als ein Viertel des errechneten technisch-wirtschaftlichen Potentials von 1000 Gigawattstunden pro Jahr oder 34 Prozent des gesamtem Strombedarfs ist, kann sich doch der Kohlendioxydausstoß in Hannover um rund 150 000 Tonnen pro Jahr verringern. LCP-Stromsparprogramme können daher einen wichtigen Beitrag zum Klimaschutz leisten. Die Wirtschaft in der Region entlasten die untersuchten Programme nach den Ergebnissen der Studie langfristig jährlich um Kosten in zweistelliger Millionenhöhe, und die Wirkung auf den Arbeitsmarkt ist positiv[126].

Die zweite Form, effiziente Energiedienstleistungen in den Mittelpunkt ökonomischen Interesses zu rücken, ist das Contracting. Contracting bedeutet, einen Vertrag (englisch: contract) über Dienstleistungen abzuschließen. Ein Kunde kauft nicht die Rohstoffe und Maschinen, sondern gleich die Dienstleistung, also Wärme, Licht oder Lüftung. Dienstleistungen dieser Art gibt es in anderen Branchen schon länger; man denke nur an geleaste Kopiergeräte, gemietete Telefonapparate und vieles andere mehr. Beispiele für solche Dienstleister auf dem Energiesektor gibt es zur Zeit noch nicht sehr viele. Die Stadtwerke Rottweil und Saarbrücken sind Beispiele der Branche. Sie bieten ihren Kunden Raumwärme an, installieren die Heizungsanlagen, betreiben und warten diese. Abgerechnet wird der tatsächliche Wärmeverbrauch, der mit Wärmemengenzählern festgehalten wird[127]. Die Stadtwerke Rottweil nutzen parallel zu ihrer Effizienzstrategie gleichzeitig erneuerbare Energien.

Ein Energiedienstleistungsunternehmen (EDU), das Contracting anbietet, bleibt Eigentümer der Heizung oder der Beleuchtungskörper und sorgt für deren technische, ökonomische und ökologische Optimierung. Contracting ist eine der Methoden des LCP.

Das Contracting-Konzept kann auch für die erneuerbaren Energien eingesetzt werden. Erste Schritte in diese Richtung gibt es bereits. In Wiggenhausen bei Friedrichshafen entsteht ein solares Nahwärmesystem für 500 bis 600 Wohneinheiten, gekoppelt mit einer konventionellen Gas-Brennwert-Heizanlage. Betreiber dieser Anlage sind die Technischen Werke Friedrichshafen. Dem Kunden wird kein Energieträger geliefert, sondern direkt Nutzwärme. Die Anlage ließe sich sehr leicht zu einer vollen Solarenergieanlage umrüsten, wenn der Brennwertkessel anstatt mit konventionellen Energiequellen mit Biogas oder anderen biogenen Energieträgern befeuert würde.

Die dritte Methode, Effizienzsteigerungen zu erwirken, ist, die Preise für Energie anzuheben. Ein Weg zu höheren Energiepreisen, insbesondere höheren Preisen für die fossilen Energieträger, ist die Energiesteuer oder die ökologische Steuerreform (hierzu siehe das Kapitel über energiepolitische Maßnahmen).

Eine Steigerung der Ressourceneffizienz um den Faktor zehn ist schon heute in einigen Bereichen technisch erreichbar, und der Politik stehen auch Instrumente zur Verfügung, den Weg dorthin zu bereiten. Doch die schönsten Ideen und Vorstellungen nutzen wenig, wenn sie nicht in die Tat umgesetzt werden. Eingefahrene Denkstrukturen, die vorhandenen politischen Rahmenbedingungen und die Preisstrukturen auf dem Markt für Energie und energienutzende Anlagen sind die größten Hemmnisse, die es zu beseitigen gilt, um die technischen und wirtschaftlichen Potentiale auszuschöpfen.

Bei all diesen technischen Effizienzsteigerungen (Lampen, Isolierungen etc.) muß sehr streng darauf geachtet werden, daß keine Scheingewinne entstehen. Die Energie- und Rohstoffbilanz auch der Effizienztechniken muß systematisch von der Mine oder der erneuerbaren Energiequelle bis zu ihrer Wiederverwendung oder Beseitigung berechnet werden, »from craddle to grave«[128], von der Wiege bis zur Bahre. Geschieht dies nicht, dann kann der Gewinn, den die höhere Effizienz einträgt, wieder ausgeglichen werden durch hohen Energie- oder Rohstoffverbrauch bei der Rohstoffgewinnung oder der Entsorgung; es ist sogar möglich, daß durch solche vermeintlichen Energieeinspartechniken mehr Umweltschaden entsteht als ohne sie. Die in einem Stoff enthaltene Energie, »graue« Energie genannt, die nötig war, um ihn zu bearbeiten oder herzustellen, und die zur Entsorgung gebrauchte Energie müssen immer gegen den Gewinn aufgerechnet werden.

Zwei Beispiele dazu. Ein altes Produkt gegen ein neues auszutauschen, lohnt sich ökologisch erst dann, wenn das neue Produkt so viel weniger Energie und Materie braucht, daß die Einsparung – von der Wiege bis zur Bahre – größer ist als die zur Herstellung dieses Produkts und die zur Entsorgung des ersetzten Produkts benötigte Energie und Materie zusammen. Meist ist der Ersatz eines Produktes aus ökologischen Gesichtspunkten erst nach einer langen Laufzeit anzustreben, da zum Beispiel erhebliche Mengen an »grauer« Energie in diesem Produkt enthalten sein können. Wintergär-

174

ten, gut ins Haus integriert, unbeheizt und in südliche Richtung ausgerichtet, können die Sonnenenergiegewinne steigern und die Verluste eines Gebäudes senken. Baut man sie aus mit hohem Energieaufwand hergestellten Materialien, werden sie beheizt oder sind sie schlecht ausgeführt, dann sind Wintergärten keine Energiequellen, sondern Energiesenken.

Doch manchmal sind noch nicht einmal neue technische Anlagen nötig, um die Effizienz der Ressourcen zu steigern. Weniger Verluste auch in anderen Bereichen unserer Gesellschaft tragen ebenfalls zur Effizienz eines Systems bei. Die europäische Landwirtschaft zum Beispiel ist sehr energieintensiv. Vom Produzenten bis zum Verbraucher geht etwa die Hälfte der in den Nahrungsmitteln steckenden Energie wieder verloren. Der verschwendende Mensch ist Teil der Ineffizienz des Systems; wir werfen einfach zu viel wertvolle Nahrung fort. Transportvermeidung als eine Form der Effizienzsteigerung im Verkehr, Geschwindigkeitsbegrenzung oder andere Technologien, wie das hocheffiziente Auto, können neben anderen Maßnahmen auch im Verkehrsbereich zu Energieeinsparungen führen.

Wer in seiner Wohnung immer noch die Thermostaten bei 22 Grad Celsius stehen hat, sollte sie herunter drehen, sollte von Zimmer zu Zimmer individuelle Einstellungen wählen. Ein Grad weniger Raumtemperatur kann, je nach Zustand der Wohnung, mehrere Prozent weniger Energieverbrauch bedeuten. Viele Geräte sind dank Fernsteuertechnik und dem Wunsch, sie immer und jederzeit einschalten zu können, permanent in den »Stand By«-Modus geschaltet. In diesem Modus verbrauchen sie allerdings Strom. So verbrennen Videorekorder und HiFi-Anlage in unseren Wohnzimmern Tag und Nacht und kaum bemerkt einige zehn bis hundert Watt.

Ressourcen effizient zu nutzen, bedeutet auch, die richtige Ressource an der richtigen Stelle einzusetzen. Wer würde mit Geldscheinen eine Zigarre anzünden? Doch nur der, dem dieses Geld nicht viel wert ist! Wir verbrennen heute ein schwarzes Gold, um uns zu wärmen oder fortzubewegen. Über Jahrmillionen hat die Natur im Erdöl einen idealen Rohstoff für viele chemische Produkte geschaffen. Mit 100 Kilogramm Öl kann man ein fünf Quadratme-

ter großes Zimmer ein Jahr lang heizen, ungefähr 1000 Kilometer
Auto fahren, 500 Schallplatten produzieren oder mehrere tausend
Packungen Arzneimittel herstellen. Da Öl so billig ist, verbrennen
wir es halt, statt es den nachfolgenden Generationen als Rohstoff-
quelle zu erhalten.

Reportage aus der Zukunft (2006): Selbstversorgende Stadtteile

DIE ZEITUNG: Frau Olynthus, Sie sind von der Insider-Zeitschrift *Management* zur innovativsten Managerin des Jahres 2005 gewählt worden. Womit haben Sie sich diese Ehrung verdient?

Frau Olynthus: Nun, ich habe einfach nur das getan, was eigentlich schon längst fällig war, bereits vorhandene Ideen aufgegriffen, Investoren gesucht und angefangen. Wir haben als erste Stadt in Europa ein Stadtviertel mit ortsansässigem Kleingewerbe energieautark gestaltet und eine solare Vollversorgung für dieses Gebiet aufgebaut. Jetzt haben wir es geschafft. Die Nuß ist geknackt.

DIE ZEITUNG: Wer hätte sich das vor 10 Jahren vorstellen können, mitten in einer Stadt ohne Verkehrslärm mit so viel Lebensqualität und Ruhe leben zu können!

Frau Olynthus: Wahrscheinlich niemand. Doch Träume werden zuweilen auch einmal Wirklichkeit.

DIE ZEITUNG: Wie sieht das Energiekonzept im einzelnen aus?

Frau Olynthus: Nun, der Schlüssel lag darin, eine effiziente Energienutzung mit solaren Energietechniken zu koppeln. Ein Beispiel: die Wohn- und Verwaltungsgebäude des Viertels. Es hat keinen Sinn, Solartechnik einzusetzen, um Gebäude zu beheizen und warmes Wasser bereitzustellen und gleichzeitig die mühsam gewonnene Energie wegen schlechter Wärmedämmung wieder zu verlieren. Als erstes haben die Architekten und Planer in Zusammenarbeit mit den zukünftigen Nutzern über Energiesparmaßnahmen und solare Versorgung nachgedacht. Das war ein wichtiger Schritt.

DIE ZEITUNG: Früher ging das ja anders.

Frau Olynthus: Richtig. Früher wurden in einzelnen Arbeitsschritten der Bau oder die Sanierung eines Gebäudes abgearbeitet, und meistens kamen energetische Maßnahmen zu kurz. Ist ja auch einleuchtend, denn der Architekt war in der Planung damit überfordert, alle Belange eines Gebäudes zu berücksichtigen. Da Energie meist kein Kostenfaktor war, wurde dieser Aspekt unter den Teppich gekehrt. Das war bei unserem Projekt ganz anders. Hier wurden alle Bauangelegenheiten und die Interessen der Benutzer direkt an einem runden Tisch durchgesprochen und in die Tat umgesetzt. Das ging natürlich nicht immer ohne Reibung zwischen den einzelnen Gewerken; da wurde es schon mal laut. Aber das war nicht anders zu erwarten. Dafür sind solche Gedanken einfach noch zu neu.

DIE ZEITUNG: Welche Techniken setzen Sie in dem Stadtviertel ein?

Frau Olynthus: Wichtig ist es bei einem solchen Vorhaben, daß alle möglichen erneuerbaren Energiequellen ineinandergreifen müssen. Intermittierende Quellen, also solche, die nur schwankend Energie zur Verfügung stellen, wie zum Beispiel die Photovoltaik, müssen gekoppelt werden mit speicherbaren Techniken wie Biomassenutzung. Daraus ergibt sich ein kompliziertes Geflecht, das elektronisch und intelligent gesteuert werden muß. Dabei helfen uns Computer, die mit einer Energiemanagementsoftware ausgerüstet sind und im Minutenabstand mit Daten zum Energiebedarf und Energieangebot gefüttert werden. Wir setzen bei diesem Projekt Windkraft, Photovoltaik, Biomasse, Solarthermie und eine kleine Wasserkraftanlage ein. Obendrein benutzen wir intelligente Verbrauchergeräte. Ein Beispiel: Eine Tiefkühltruhe hat eine Reserve von 24 Stunden, wenn sie nicht geöffnet wurde. Wenn unsere intermittierenden Quellen gerade sehr viel Strom liefern, dann kühlt die Tiefkühltruhe so weit runter wie möglich und braucht dann eine Weile keinen Strom mehr. Um Bedarfsspitzen zu glätten, werden elektrische Abnehmer kurzfristig abgeschaltet.

DIE ZEITUNG: Sie sagen, in ihrem Projekt wird Biomasse eingesetzt. Woher kommt die Biomasse? Sie haben doch hier in der Stadt keine Landwirtschaft!

Frau Olynthus: Selbstverständlich nicht. Wo sollten wir das hier auch machen? Doch wir nutzen das Angebot einer Bauernkooperative aus Straeten, die eine Biogasanlage betreibt. Zusätzlich werden die Abfälle der ansässigen Schlachterei, die Bioabfälle unserer kleinen Parks und der Biomüll der Haushalte gesammelt und vergoren. Das gewonnene Gas betreibt dann kleine Blockheizkraftwerke in den Reihenhäusern und versorgt das Nahwärmenetz mit Wärme; der Strom wird ins Netz eingespeist. Zusätzlich werden Rest- und Abfallholz aus der Schreinerei und dem naheliegenden Forstbetrieb gesammelt und Prozeßwärme für die Betriebe bereitgestellt. Das Wärmenetz wird noch von einem saisonalen Speicher, den wir unter das Kinderspielgelände gelegt haben, und einer großen Kollektoranlage unterstützt, die diesen Speicher im Sommer aufheizt. Dazu kommen einige Wärmepumpen, die die Abwärme aus der Bäckerei, der Wäscherei und anderer Quellen nutzen.

DIE ZEITUNG: Ich habe dieses Kollektorfeld gar nicht bemerkt.

Frau Olynthus: Dies ist auch etwas, auf das wir sehr stolz sind. Eine österreichische Firma hat unseren Bolzplatz und das Sportfeld der Gesamtschule als Kollektoren gebaut, das heißt, wir brauchen keine zusätzliche Flächen. Außerdem sind auf den Dächern der Wohnhäuser neben der Photovoltaik hocheffiziente Kollektorsysteme untergebracht.

DIE ZEITUNG: Das reicht doch aber für eine solare Vollversorgung des Viertels nicht aus!

Frau Olynthus: Richtig. Die Wärmebereitstellung für die Gebäude wird komplettiert durch einfache architektonische Maßnahmen wie das Öffnen der Gebäude nach Süden und das Schließen nach Norden. Hinzu kommen hervorragende Wärmedämmung und Wärmerückgewinnung durch kontrollierte Lüftung. Wissen Sie, wir sparen im Gegensatz zu einem Haus konventioneller Bauart 90 Prozent der Energie einfach ein. Da fällt es leicht, den Rest durch stark verbesserte Solartechnik zu decken. Die elektrische Energie wird durch Wind, Photovoltaik, Wasserkraft und Biomasse bereitgestellt, wie gesagt. Gespeichert werden die Überschüsse mit Hilfe von Wasserstoff. Mehrere Brennstoffzellen machen mit diesem Wasserstoff dann bei Bedarf wieder Strom.

DIE ZEITUNG: Die Windkraftanlage haben wir gesehen. Ist die nicht sehr laut?

Frau Olynthus: Nein, damit haben wir hier kein Problem. Das, was Sie draußen auf dem Hügel gesehen haben, ist eine getriebelose Anlage, womit die Emissionen von Lärm auf ein Minimum reduziert werden können. Die Windkrafttechnik hat erstaunliche Fortschritte gemacht. Nein, mit Lärmentwicklung haben wir kein Problem.

DIE ZEITUNG: Damit wären wir beim nächsten Punkt: Wir haben nur sehr wenig Autos gesehen. Wie kommt das?

Frau Olynthus: Es ist uns gelungen, mit den Mietern ein Car-Sharing hinzubekommen. Anstatt der zwei Vehikel pro Familie, was den gegenwärtigen Standard darstellt, stehen für jeden Wohnblock mit zehn Mietparteien zwei Fahrzeuge zur Verfügung, die entweder mit Strom oder biotischen Stoffen angetrieben werden, wie Methanol und Äthanol. Wir sind auch im Besitz eines wasserstoffbetriebenen LKWs. Das Fahrzeug wird hier zur Zeit getestet. Außerdem haben wir dafür Sorge getragen, daß die Bewohner für die täglichen Besorgungen, den Besuch beim Arzt und so weiter nicht mehr als zehn Minuten Fußweg zurücklegen müssen. Das nenne ich geschickte Stadtplanung. Der wöchentliche Familienausflug zum Großmarkt entfällt. Für größere Transporte zum Beispiel von Getränkekisten, Möbeln und ähnlichem haben wir einen Unternehmer gefunden, der mit dieser Dienstleistung Geld verdient.

DIE ZEITUNG: Und wer hat das alles finanziert?

Frau Olynthus: Wie sie sich denken können, war das das größte Problem. Zuerst dachten wir, es rentiere sich nicht und wir seien auf erhebliche Zuschüsse angewiesen. Durch die konsequente Kombination von Energieeffizienz und erneuerbaren Energien ist insgesamt das Heizen und Stromnutzen auf die Dienstleistung gerechnet genauso teuer wie mit klassischen Einzelanlagen.

DIE ZEITUNG: Können Sie das bitte mal auf Deutsch sagen?

Frau Olynthus: Wir machen eine Mischkalkulation: weniger Energieverbrauch, dafür aber Techniken, die manchmal etwas teurer sind. Nehmen wir ein Beispiel. Der Stromverbrauch ist durch Tageslichtnutzung, stromsparende Technik und Steuerung auf ein Sechstel gesunken. Das hat natürlich Geld gekostet, aber nicht so viel, daß wir nicht noch einen Spielraum behalten haben, die leider immer noch teure Photovoltaik mitzufinanzieren. Dann die Biomasse und der Wind – beides Technologien, die für uns zu attraktiven Preisen arbeiten. Bei der Gebäudesanierung war es etwas schwerer, hier haben aber die laufenden Steuererleichterungen für Energiesparmaßnahmen und die Nutzung von solarthermischen Anlagen geholfen. In zwei Jahren, wenn die Energiesteuer eingeführt wird, sind diese Techniken auch rentabel. Ich gebe zu, daß wir auch einige Technologien eingesetzt haben, die noch nicht rentabel sind und die nur dank öffentlicher Förderung eingebaut werden konnten. Der Kleinelektrolyseur und die Brennstoffzelle unseres Wasserstoffspeichersystems sind solche Technologien. Die werden natürlich nur billiger, wenn der Markt groß genug ist.

DIE ZEITUNG: Wie ist das Verhalten der Mieter und Nutzer?

Frau Olynthus: Das ist ganz erstaunlich und hat uns alle überrascht. Nach gut einem Jahr Laufzeit des Projekts, so zeigen die Ergebnisse, hat sich das Verbraucherverhalten entschieden geändert. Energie ist greifbar geworden. Das sichtbare Erleben von Energiegewinnung auf den Dächer und Fassaden der Gebäude, das Windrad und die modernisierte Wasserkraftanlage haben viel für das Verständnis und Empfinden für Energie beigetragen. Die Bewohner verstehen es sogar als Anreiz, viele Geräte, die Elektrizität verbrauchen, abzuschaffen. Brot wird wieder mit der Hand geschnitten, nicht mit der elektrischen Maschine. Einen elektrischen Rasenmäher hat niemand, dafür werden mechanische benutzt. Sogar ein Kurs für die Bedienung einer Sense hat sich etabliert. Das wird nicht als ein zivilisatorischer Rückschritt, sondern als bewußter Verzicht auf Bequemlichkeit verstanden. Ein positiver Nebeneffekt ist, daß zum Beispiel Rückenleiden bei den Bewohnern der Siedlung zurückgegangen sind.

DIE ZEITUNG: Frau Olynthus, wir danken Ihnen für dieses Gespräch.

Gourmet oder Gourmand –
Suffizienz

Ökonomie ist die Einteilung der Erträge und des Wohlstands, der erwirtschaftet wird. Zwei Worte beherrschen diesen Teil einer zukünftigen Energiewirtschaft, Wohlstand und Teilen.

Heute ist sich der Mensch in den industrialisierten Regionen der Welt nicht bewußt, welch gewaltiger Energiewohlstand ihn umgibt. Ein paar wenige Gedankenexperimente reichen aus, sich diesen Luxus vor Augen zu führen. So läßt sich zum Beispiel der Berufspendler, der mit dem Personenwagen zu seiner Arbeit fährt, von einem ganzen Pferdegestüt dorthin ziehen. Die durchschnittliche Leistung eines Personenwagens in der Bundesrepublik liegt bei 60 Kilowatt oder 82 Pferdestärken. Das heißt, daß bei 30 Millionen PKW in Deutschland für jeden Bundesbürger 0,4 PKW oder knapp 34 Pferde zur Verfügung stehen (Stand 1990). Berechnet man aus der jährlich in Europa verbrauchten Energiemenge die stündlich zur Verfügung gestellte Leistung, so ergeben sich durchschnittlich sechs Kilowatt, Tag und Nacht[129].

Ein Kilowatt entspricht etwa der Dauerleistung, die zehn Menschen aufbringen können. Gestattet man diesen »Energiesklaven« oder »Energiearbeitern« einen Zwölfstundentag bei voller Siebentagewoche, dann braucht der durchschnittliche Europäer für seine Ansprüche an Energie die Arbeitsleistung von 120 Energiesklaven. Ein Nordamerikaner verfügt über 220, ein Mensch in einem Entwicklungsland hingegen im Durchschnitt nur über zwei. Im Durchschnitt – das bedeutet in den Entwicklungsländern, daß eine dünne Schicht auf dem Niveau der industrialisierten Länder lebt und die

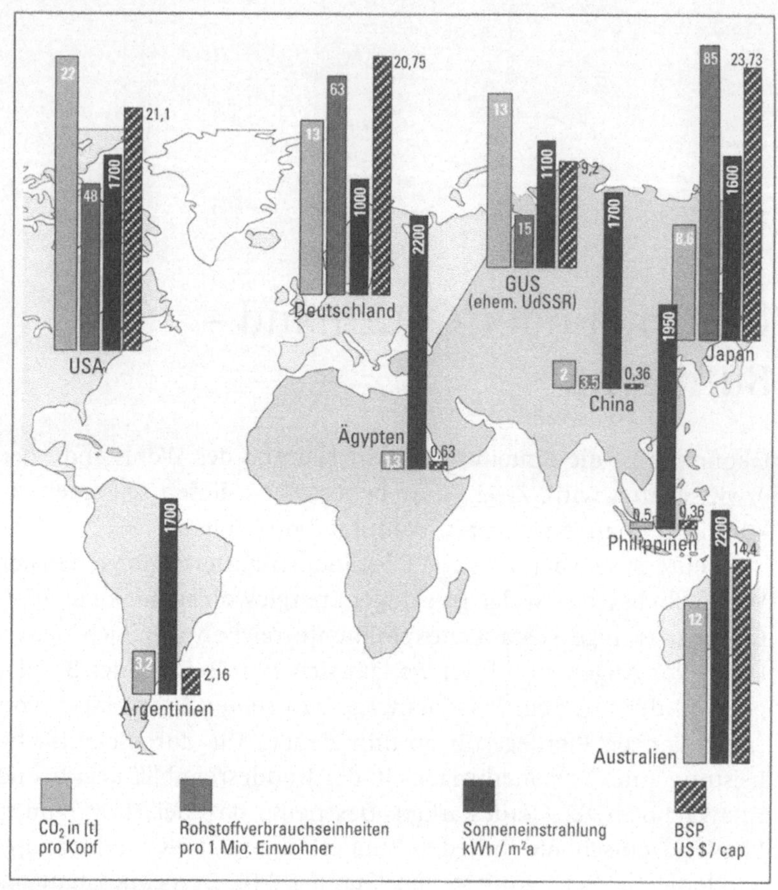

Abbildung 29: Weltweite Kohlendioxyd Emissionen, Rohstoffverbrauch und Bruttosozialprodukt pro Kopf, Sonneneinstrahlung pro Quadratmeter und Jahr Bezugsjahr 1990
Quelle: World Resources Institute: World Resources 1990-91; und OECD: Environmental Indicators, Paris 1991; und Bleischwitz, R. und Schütz, H.: Unser trügerischer Wohlstand, Wuppertal Institut 1992

Mehrheit nicht an den technischen Errungenschaften der Neuzeit teilhaben kann (siehe Abbildung 28).

Einige Rechenbeispiele sollen die Arbeit dieser »Energiesklaven« veranschaulichen. Eine Kilowattstunde Energie erbringt, wer zehn Stunden lang ununterbrochen auf einem Fahrrad leicht bergan fährt oder sich selbst auf einen 5000 Meter hohen Berg trägt. Weltweit werden heute etwa 12 000 Terawattstunden elektrische Energie produziert (also zwölf Milliarden Kilowattstunden). Um diese Energie zu erzeugen, müßten alle Menschen dieser Erde, jeder für sich, etwa 1000 Kilogramm auf den Mount Everest bewegen, und das etwa 90 mal im Jahr.

Aber wir können nicht nur einen großen Energiewohlstand genießen, sondern wir haben ihn auch permanent verfügbar. Energie jederzeit und in großen Mengen für Dienstleistungen nutzen zu können, ist heute keineswegs für viele Menschen selbstverständlich und war in der Geschichte der Menschheit niemals üblich. Daß wir über solche Mengen von Energie so zuverlässig verfügen können, ist nur möglich, weil wir die Vorräte dieser Erde an fossilen Brennstoffen aufbrauchen.

Diese Verfügbarkeit der Energiedienstleistungen hat in den letzten Jahrzehnten dazu geführt, daß der Mensch sich in immer stärkerem Maße von den natürlichen Rhythmen seiner Umgebung abgekoppelt hat. Kälte in den warmen Regionen der Welt und Wärme in den kalten Regionen der Welt? Kein Problem, zu welcher Zeit auch immer. Paradoxerweise werden dann Wohnräume in den kalten Ländern auf 22 und mehr Grad aufgeheizt, während in den heißen Regionen die Kühlung auf 15 oder 16 Grad eingestellt wird. Da arbeiten und leben dann Menschen in den warmen Regionen der Erde im Pullover, während der Mitteleuropäer im Winter im Hemdchen vor dem Fernseher sitzt. Und nicht nur unsere Vorstellungen von Behaglichkeit haben sich von den Zyklen und Eigenschaften unserer Regionen entkoppelt. Erdbeeren im Winter aus Südafrika, Nelken jederzeit aus Lateinamerika und Afrika oder Orangensaft aus Brasilien orts- und saisonunabhängig (siehe Abbildung 29) bedeuten nicht nur, daß in den Herkunftsregionen Landwirtschaft mit hohem Energieaufwand betrieben wird, sondern dabei auch noch einen enormen Aufwand an Flugtransport (für die Erdbeeren und die Nelken), Schiffs- und LKW-Transport (für den Orangensaft) und Energie (für die Kühlung). Auch dies ist nur möglich geworden durch die Form der Energiewirtschaft, wie wir sie derzeit betreiben.

Der Traum vom »schneller, höher, weiter« war nur träumbar, weil die fossilen Brennstoffe eine hohe Energiedichte haben, viel

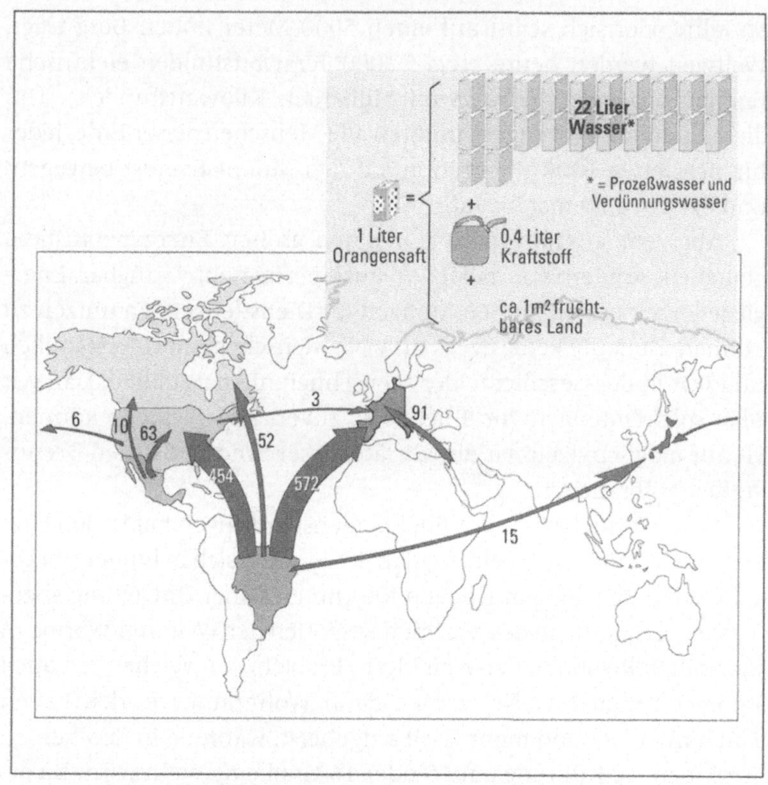

Abbildung 30: Umweltverbrauch für die Herstellung von einem Liter Orangensaft an Wasser, Kraftstoff und Land (Durchschnittswerte 1990); Transportwege und Transportmengen (1989, in 1000 Tonnen) des Orangensafts
Quelle: Kranendonk, S.; Wuppertal Institut 1992; FAO 1991; Florida Department of Citrus, Working paper No. 6, 1991

Energie in wenig Masse. Unser konsumorientiertes Industriesystem mit seinen hohen Produktionsraten und seinem hohen Rohstoffverbrauch war ohne Dampfmaschine, Elektrizität und dem Otto- und Dieselmotor nicht denkbar. Henry Fords Idee, daß jeder seiner Arbeiter im Prinzip in der Lage sein sollte, die Produkte zu kaufen, die er produzierte, war der Beginn einer Spirale immer schnelleren und immer umfangreicheren Konsums. Energiedichte, Verfügbarkeit und der niedrige Preis der Brennstoffe haben es uns auch erlaubt, ein Ernährungssystem zu entwickeln, in das wir mehr

Energie hineinstecken, als wir herausholen, indem für jede Kalorie, die der Mensch mit einem Lebensmittel ißt – die Kalorie ist ein Maß für Energie –, ein Vielfaches, teilweise das Zwanzig- bis Fünfzigfache an fossiler Energie oder anderen landwirtschaftlichen Produkten (Tierfutter zum Beispiel) investiert werden muß – ganz zu schweigen von den Begleiterscheinungen wie Bodenerosion, Bodendegradation und dem Verlust von Pflanzen- und Tierarten.

Das fossile Zeitalter hat einem Teil der Menschheit einen Luxus, einen Besitzstand und Konsummöglichkeiten gebracht, wie noch nie auf dieser Erde. Doch ist dies »Wohlstand«? Es ist sicherlich Wohlstand im Sinne von wohl-»habend«, besitzend, und auch im Sinne von Wohl-»Stand«, von den Möglichkeiten, gesellschaftlichen Stand und Rang zu repräsentieren, nach dem Motto: Wer hat, wer praßt, der ist wer. Sicherlich ist es kein Wohlstand im Sinne des »Wohls«, des Wohlfühlens, der Muße, des Erlebens und des Lebensglücks.

Wohlstand im erweiterten Sinne ist Beschäftigung, Bildung, Gesundheit, Sicherheit (sozial und politisch), Abwesenheit von Gewalt, Information, Freizügigkeit, Kommunikation, Freizeit, gleiches Recht für Alle, Rechtsstaatlichkeit, und Umweltqualität. Unser Maß Wohlstand zu messen, das Bruttoinlandsprodukt (BIP) ist ungeeignet Wohlstand in diesem Sinne oder die Zerstörung der Umwelt zu messen. Nordhaus und Tobin haben 1974 den Index für zukunftsfähigen ökonomischen Wohlstand (Index of Sustainable Economic Welfare, ISEW) und den Indikator für tatsächlichen Fortschritt (Genuine Progress Indicator, GPI) formuliert. Mit diesen Maßzahlen, in die neben dem BIP noch andere Größen einberechnet werden, kann man zeigen, daß seit der Mitte der siebziger Jahre der Wohlstand in den meisten Ländern der westlichen Welt abnimmt, obwohl das Bruttoinlandsprodukt steigt. Der Wachstum des Bruttoinlandproduktes ist eng gekoppelt mit der Arbeitsproduktivität und die ist in den letzten zwei Jahrhunderten verfünfzigfacht worden. Gleichzeitig ist die Ressourcenproduktivität gleich geblieben oder anders ausgedrückt, die Arbeitsproduktivität ist mit einem Anstieg des Materialverbrauchs bezahlt worden[130].

Doch hat uns diese höhere Arbeitsproduktivität mehr Zeit geschenkt? Schauen wir ihn uns an, unseren Mitteleuropäer mit

Auto. Im Durchschnitt arbeitet er zehn Prozent seiner Arbeitszeit, also rund 50 Minuten am Tag, nur um sein Vehikel finanzieren zu können, und dann muß er täglich in diesem Vehikel auch noch lange Strecken zur und von der Arbeit fahren. Und ein anderes Beispiel: Der Deutsch-Brasilianer José Lutzenberger, Umweltunternehmer und zeitweise Umweltminister in Brasilien, schätzt, daß die moderne Gesellschaft genau so viel Arbeitszeit in die Produktion der notwendigen Nahrungsmittel steckt wie die vor-»fossile« Gesellschaft, natürlich anders verteilt, jetzt nicht mehr hauptsächlich auf dem Feld, sondern eher in der Nahrungsmittel- und der chemischen Industrie.

Diese Beipiele zeigen, daß Fortschritt nicht immer zu mehr Komfort oder zu Zeitersparnis geführt hat. Und ob die Einführung der Computer wirklich allen Nutzern Zeit gespart hat, ob nicht beispielsweise die Zeitersparnisse, die die Textverarbeitung gebracht hat, von den gestiegenen Ansprüchen an die Gestaltungsqualität alltäglicher Schriftstücke und dem Kampf gegen die Tücken der Maschine wieder aufgefressen worden sind, ist keineswegs klar.

Anders zu arbeiten, Wohlstand anders zu definieren, sozusagen die Seele baumeln zu lassen oder aktiv zu sein, zu tanzen, zu wandern und was einem an sinnvollen Tätigkeiten sonst noch einfällt, zu arbeiten, um zu leben, und nicht die Arbeit als Lebensziel zu sehen – dies alles werden wichtige Lernziele für die Menschen in den industrialisierten Ländern sein. Die Utopie, so wenig wie möglich zu arbeiten, versorgt zu sein, sich wohlzufühlen und den Kopf frei zu haben für wichtige Dinge, ist ein Lebenskonzept, das sicherlich ökologischer ist als um des lieben Konsums und der Standesobjekte willen zu arbeiten. Es ist ein Wohlstandsmodell, das auf der Idee der ausreichenden, genügenden, der zulänglichen Versorgung aufbaut, mit anderen Worten, der Suffizienz.

Kernpunkt der Idee der zukunftsfähigen Entwicklung ist das gleiche Recht für alle Menschen auf die Erfüllung der Grundbedürfnisse und Lebensansprüche innerhalb Ihrer Generation und auf allen Kontinenten und für alle folgenden Generationen. Die Forderung nach gleichem Recht bedeutet in einer Welt der ungleichen Rechte und des ungleichen Zugriffs auf die natürlichen Ressourcen die Forderung nach einer Neuverteilung. Die industrialisierten Länder verjubeln in den »roaring twenties« – und damit sind nicht die zwanziger Jahre gemeint, sondern das 20. Jahrhundert – die Reichtümer der Welt, der Norden auf Kosten des Südens (siehe Abbildungen 28 und 3) und diese Generation auf Kosten der späteren (siehe Abbildung 4). Derzeit leben ungefähr 1,3 Milliarden Menschen unterhalb des Existenzminimums – Menschen, die weniger als 370 US-Dollar im Jahr ausgeben können[131]. Und 500 bis 800 Millionen Menschen hungern[132].

Wenn schon moralische Überlegungen dieser Art die Bereitschaft zum Teilen nicht wecken, dann vielleicht diese andere Erkenntnis: Nähme man den Stoffumsatz und den Pro-Kopf-Verbrauch an nicht erneuerbaren Ressourcen von heute in den industrialisierten Ländern als Maßstab für den materiellen Wohlstand von morgen in der ganzen Welt, dann müßte, wie gesagt, der Ressourcenverbrauch in der Zukunft siebenmal so groß sein wie heute. Diese Ressourcen aber haben wir nicht. Also heißt es, heute, hier und bei uns, damit anzufangen, die Ressourcen neu zu verteilen, Effizienz und erneuerbaren Ressourcen in den Vordergrund zu stellen und zu fragen, was genügend ist, so daß andere Regionen auch für ihr Wohlstandsmodell genügend Ressourcen haben. Ein gleichmäßiger verteilter Wohlstand hätte viele positive Effekte.

Auch wer diesen Überlegungen über Wohlstand und Teilen nicht folgen will, muß über Suffizienz nachdenken. Es hilft alles nichts: Effiziente Energienutzung und die Versorgung mit erneuerbaren Energien reichen zusammen nicht aus, das Ziel einer zukunftsfähigen Energieversorgung zu erreichen, wenn gleichzeitig der Bedarf an Energiedienstleistungen schneller steigt, als Techniken der rationellen Energienutzung und solche für die Nutzung erneuerbarer Energien in den Markt eingeführt werden können, und dadurch der Verbrauch an fossilen Brennstoffen weiter zunimmt. Bisher ist das so. Die Effizienzsteigerungen der letzten Jahrzehnte sind mehr als überkompensiert worden durch die gestiegenen Konsumansprüche in den industrialisierten Ländern.

Zwei Beispiele: In der Bundesrepublik Deutschland wird zwar dank besserer technischer Anlagen und besser gedämmter Häuser inzwischen pro Quadratmeter Wohnfläche nur noch halb so viel Energie zum Heizen verbraucht wie vor einigen Jahrzehnten, dafür

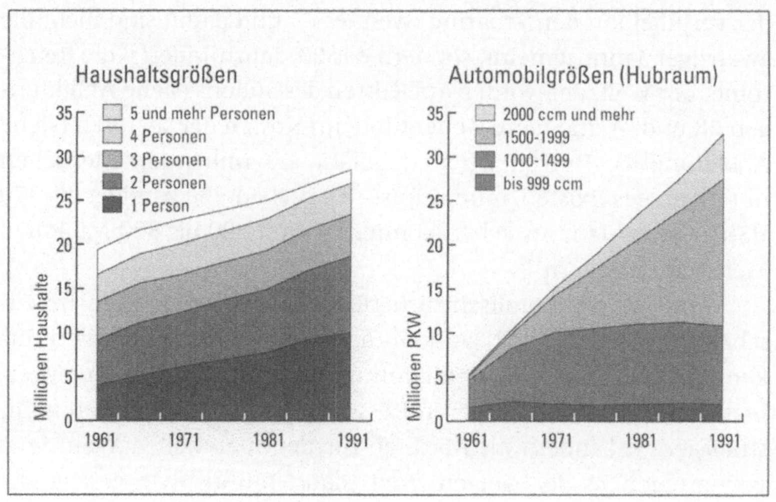

Abbildung 31: Entwicklung der Haushalts- und Automobilgröße.

leben aber immer weniger Menschen auf immer mehr Wohnfläche. Durch den Trend zu Ein- und Zwei-Personen-Haushalten ist trotz aller technischer Verbesserungen der Effizienzgewinn aufgebraucht worden. Der Hubraum der Fahrzeuge und die Gesamtzahl der Fahrzeuge sind im selben Zeitraum ebenfalls gestiegen und haben alle Fortschritte der Automobiltechnik überkompensiert (Abbildung 31). All dies sind Anzeichen eines stark gestiegenen Wohlstandes zu Lasten der Umwelt.

Wir werden in Zukunft entscheiden müssen, welche Energiedienstleistungen wir wollen. Heute werden 72 Prozent der Energie von 23 Prozent der Weltbevölkerung verbraucht. Wenn morgen, im Sinne einer gerechten und zukunftsfähigen Weltwirtschaft, alle an der Energieversorgung teilhaben wollen, dann wird dies auch bedeuten, daß in den reichen Ländern auf bestimmte Energiedienstleistungen, zumindest auf den weiteren Zuwachs verzichtet werden muß. Auf wieviele, das hängt davon ab, wie gut es gelingt, den erneuerbaren Energiequellen Priorität zu geben und effiziente Nutzung der Energie zu einem selbstverständlichen Kriterium bei allen Entscheidungen über Energienutzung zu machen.

Reportage aus der Zukunft (2008): Power for the world

Es ist noch gar nicht so lange her, da waren 2,5 Milliarden Menschen auf der Welt ohne elektrische Energieversorgung. Die meisten davon lebten in den ländlichen Regionen der Entwicklungsländer. Bemühungen, klassische Techniken zur Elektrifizierung in den Entwicklungsländern zu etablieren, sind in der Vergangenheit weitgehend fehlgeschlagen. Die enormen Investitions- und Betriebskosten für den Netzausbau bis in die dünn besiedelten Regionen erwiesen sich einfach als nicht finanzierbar, und praktisch alle Projekte haben sich als unrentabel erwiesen. Politiker[133] der Europäischen Union mit Weitblick hatten aus diesem Grund schon Anfang der neunziger Jahre des vorigen Jahrhunderts die Idee, ein Programm mit dem Titel »Power for the World« aufzulegen. Dieses Projekt sollte zum einen die Elektrifizierung ländlicher Regionen beschleunigen und zum anderen die Nutzung der erneuerbaren Energien anschieben. Beides ist gelungen, und der Impuls aus Brüssel entwickelte sich zu einem Selbstläufer.

Heute sind die erneuerbaren Energiequellen gar nicht mehr wegzudenken aus dem dörflichen Leben in Afrika, Lateinamerika oder anderen Gegenden der Welt, die von den Segnungen der zentralen Energieversorgung weitgehend verschont geblieben sind. Hier, in diesem Ende des vergangenen Jahrtausend fast vergessenen Teil der Welt, hatten die erneuerbaren Energien leichtes Spiel, sich gegenüber konventioneller Technik durchzusetzen. Denn hier konnte keine der stromerzeugenden Techniken preiswerter als Photovoltaik, Wind, Wasser und vor allem die Biomassenutzung elektrische Energie anbieten – paradoxerweise, wenn man sich an die damalige Diskussion über die regenerativen Energiequellen in den Industrienationen erinnert. Der angebliche Nachteil der geringen ökonomischen und damit auch technischen Ergiebigkeit, der ihnen den Nimbus der Entwicklungsbedürftigkeit einbrachte, kehrte sich um zu einem Vorteil. Denn diese Länder sind heute in der Lage, auf umweltfreundlichste Art und Weise elektrische Energie zu erzeugen.

Aber nicht nur dies. Gleichzeitig konnten Kleinindustrie und Gewerbe installiert werden. Die Menschen schafften es nicht nur, sich in der Energieversorgung unabhängig von importierten Energieträgern zu machen, sondern sie erreichten zugleich Selbständigkeit in der Bereitstellung von Material und Know How zur Installation und Wartung der technischen Geräte. Darüber hinaus hat die Elektrifizierung der ländlichen Regionen deren Attraktivität erhöht. Telekommunikation mittels satellitengestützter Telefonsysteme war plötzlich möglich, und die Kühlung von Lebensmitteln verbesserte die Ernährungslage.

Ein Beispiel: Vor kurzem wurde im Senegal zum tausendsten Mal eine Stromversorgung für ein abgelegenes Dorf aus erneuerbaren Energiequellen errichtet und eingeweiht. Die Dorfgemeinschaft hat sich für eine Kombination aus Biomassenutzung und Photovoltaik entschieden. Die Solarmodule kommen aber nicht aus Europa, Amerika oder Japan, sondern aus dem Senegal selber. Hier werden die Module gefertigt und vertrieben. Der Rohstoff Silizium muß allerdings noch importiert werden. Doch die Pläne der Afrikaner sehen auch eine Produktionsanlage zur Herstellung von Silizium-Scheiben vor. Ist diese Anlage erst einmal errichtet, könnten alle Teile der Photomodule im Land produziert werden. Weitere Projekte sind in der Planung. Als nächstes steht die Umrüstung eines Krankenhauses auf dem Plan. Neben der Photovoltaikanlage und dem biomassebefeuerten Blockheizkraftwerk ist auch eine solar betriebene Meerwasserentsalzungsanlage zur Versorgung mit Frischwasser im Entstehen.

Doch der eigentliche Fortschritt im Senegal liegt nicht in der Anwendung der Solartechnik, sondern in der Möglichkeit, die technischen Geräte, die Montage und die Pflege der Anlagen im Senegal

mit den Einheimischen zu leisten. Dadurch gab es neue Arbeitsplätze und eine Entspannung der finanziellen Situation des Landes. So
wie im Senegal, das hier nur als ein Beispiel dienen sollte, haben
viele Länder mit niedrigem Bruttosozialprodukt einen Weg zur
Stabilisierung der sozialen und politischen Situation gefunden. Der
erste Schritt ist damit getan, daß Länder wie der Senegal sich auf
die Sonnenseite des Lebens schlagen.

Der SES-Pfad

Eine zukunftsfähige Energieversorgung der Zukunft wird sich auf drei Säulen stützen müssen: erstens auf die Sonne und die erneuerbaren Energien, zweitens auf eine effiziente Nutzung der verfügbaren Ressourcen, damit die Ressourcen, die wir der Umwelt entnehmen, möglichst viel zu dem Wohlstand beitragen, den wir uns leisten wollen, und drittens auf eine bewußte Entscheidung über Grenzen des Konsums, die Suffizienz. Sonne-Effizienz-Suffizienz sind die Eckpfeiler einer zukunftsfähigen Energiewirtschaft.

Diese Potentiale an Sonnenenergie und Effizienzsteigerung abzuschöpfen, bedarf es einer dezentral und regional orientierten Energieversorgung. Gleichrangig nebeneinander stehen die effiziente Nutzung der Energieressourcen und die Nutzung der vor Ort verfügbaren Ressourcen an erneuerbaren Energien, an den Küsten mehr die Windkraft, in ländlichen Gebieten mehr die Biomasse, in bebauten Gebieten Photovoltaik sowie die passive und aktive Wärmenutzung. Der Austausch der Überschüsse der Regionen mit Hilfe eines überregionalen Netzes ist ein weiteres Merkmal dieser Energieversorgungsstruktur. Dieses Netz kann ein Stromnetz oder aber auch ein Gasnetz sein, in das dezentral eingespeist wird. Der Transport von hochwertiger Biomasse ist eine weitere Möglichkeit. Dieses überregionale Netz dient auch der Speicherung von Überschüssen. Das Speichermedium kann Biogas sein oder auch mit Strom erzeugter Wasserstoff. Erst zuletzt wird in zentralen Großkraftwerken die Energie erzeugt, die noch zur Bedarfsdeckung fehlt. Zentrale Kraftwerke können Wasserkraftanlagen, Biomassekraftwerke oder thermische Kraftwerke sein. Auch Kraftwerke, die in anderen

Regionen erzeugte Brennstoffe wie zum Beispiel Wasserstoff oder Biogas benutzen, sind Teil des zentralen Teilsystems.

Bevor wir die Hemmnisse besprechen, die auf dem Wege liegen, und die Schritte, die über die Hemmnisse hinwegführen, wollen wir Folgen, Mythen und Nebeneffekte eines SES-Pfades behandeln.

SES und die Mythen – Fläche, Kosten

Über kaum einen Bereich der Technik gibt es so viele Mythen, vorsätzlich fehlerhafte Darstellungen und Vorurteile wie über die Sonnenenergietechnik. Mit dem Mythos, die Quellen erneuerbarer Energie sprudelten zu schwach, haben wir uns an anderer Stelle gründlich auseinandergesetzt. Den Mythos von der negativen Energiebilanz, insbesondere der Photovoltaik, haben wir dort entkräftet.

Viele Kritiker führen gegen die Nutzung der erneuerbaren Energien den großen Flächenbedarf an. Ausgangspunkt ihrer Argumentation ist die geringe Energiedichte der regenerativen Energiequellen im Vergleich zu den konventionellen Energieträgern. Daraus leiten sie ab, daß eine Energieversorgung mit erneuerbaren Energien mehr Fläche braucht. Aus der Sicht des Umweltschutzes ist die geringe Energiedichte der erneuerbaren Energien ein Vorteil. Je mehr Energie mit einer Technik auf einem begrenzten Raum gewonnen werden kann, desto höher kann in der Regel auch der ökologische Schaden sein – und umgekehrt. Die Energiedichte ist geradezu ein Maß für die Fähigkeit einer Energieumwandlungstechnik, an einem Ort Schaden anzurichten. Andererseits ist wegen der geringen Energiedichte der Verbrauch an Fläche für das Sammeln und Konzentrieren dieser Energie größer als bei konventionellen Technologien. Die Photovoltaik wird in diesem Zusammenhang meist für ein Zahlenbeispiel herangezogen, um zu verdeutlichen, daß riesige Gebiete mit Kraftwerksanlagen versiegelt werden müßten, wenn man die Gesellschaft mit elektrischem Strom aus Solarzellen versorgen wollte. Doch warum eine Anlage, deren Technik sie für eine dezentrale Nutzung prädestiniert, zentral auf einer freien Wiese aufbauen? Es gibt genügend Bauten, an denen sich Photomodule anbringen lassen, auf Dächern etwa, an Fassaden oder auf Lärmschutzwänden. Für diese Technik, genauso wie für die Solararchitektur oder die dezentrale Nutzung von Sonnenwärme, muß keine zusätzliche Fläche versiegelt werden.

Der Flächenbedarf von Windkraftanlagen kann auf ein Minimum reduziert werden, nämlich auf die Größe des Fundaments des Windrads und die Trafostation. Unterhalb einer Windkraftanlage kann, so Lärmschutzgründe nicht dagegen sprechen, der normale gewerbliche Betrieb fortgeführt werden. Bereits installierte Windparks beweisen, daß nur noch eine Fläche bis zu 0,05 Quadratmeter pro Kilowatt installierter Leistung benötigt wird. Als erster, grober Indikator für die Umweltauswirkungen von Wasserkraftwerken kann nach Untersuchungen von José Roberto Moreira und Kollegen das Verhältnis von installierter Leistung zu gefluteter Reservoirfläche dienen. Das Wasserkraftwerk Itaipu in Brasilien zum Beispiel hat einen spezifischen Flächenbedarf von knapp hundert Quadratmeter pro Kilowatt. Andere Wasserkraftwerke erreichen Werte von bis zu vier Quadratmeter pro Kilowatt. Als kritisch identifizieren die Wissenschaftler eine spezifische Leistung von fünf Kilowatt pro Hektar[134]. Die solarthermischen Kraftwerke zur Stromerzeugung in den USA mit einer Gesamtleistung von 350 Megawatt wurden auf 750 Hektar Landfläche installiert. Dies entspricht einem spezifischen Flächenbedarf von etwa 20 Quadratmetern pro installiertem Kilowatt[135].

Wirklich interessant ist die Frage, wieviel Fläche denn möglicherweise für den Anbau von Biomasse zur Verfügung steht, unter der Bedingung, daß der Boden zukunftsfähig bewirtschaftet wird. Im Rahmen der Studie »Sustainable Europe« haben wir unter anderem den Umweltraum Boden untersucht und unter dem Blickwinkel einer zukunftsfähigen Landnutzung ein Szenario für das Jahr 2010 entworfen. Eine wesentliche Voraussetzung für dieses Szenario war, daß der Bevölkerung zukunftsfähig genug Nahrungsmittel für eine gesunde Ernährung zur Verfügung gestellt werden. Darüber hinaus haben wir weitere Forderungen aufgestellt und Annahmen gemacht, die die Aufteilung der Bodenflächen innerhalb der Europäischen Union betreffen. So haben wir uns in der Studie zum Beispiel die Forderung der »International Union for the Conservation of Nature« (IUCN) zu eigen gemacht, zehn Prozent der Landfläche der Natur zurückzugeben und die wirtschaftliche Nutzung in diesen Gebieten zu untersagen[136]. Weiterhin haben wir die Forderung nach der Bewirtschaftung der Acker- und Weidefläche nach den Kriterien des ökologischen Landbaus berücksichtigt und in unseren Berechnungen den Nahrungsmittelbedarf für den einzelnen Bürger auf eine Menge begrenzt, die den Empfehlungen der Deutschen Gesellschaft für Ernährung entspricht[137]. Selbst wenn der Bedarf an Nahrungsmitteln, Viehfutter und zusätzlichen Agrarprodukten (zum Beispiel Baumwolle, verschiedenen Obstsorten, Kaffee, Kakao, Tee, Tabak usw.) auf der Landfläche innerhalb der Grenzen der EU produziert würde, bleibt eine Acker- und Weidefläche von ungefähr 160 000 Quadratkilometern für den Anbau von Energiepflanzen übrig. Nach einer ersten Überschlagsrechnung ließen sich auf dieser Fläche etwa zehn Prozent des heutigen Primärenergiebedarfs der Europäischen Union anbauen; hinzu käme die Energie, die aus Reststoffen aus der Forst- und Landwirtschaft gewonnen werden kann[138].

Heute sind etwa zwölf Prozent der Fläche der Bundesrepublik Deutschland versiegelt (siehe Abbildung 33). Dieser Fläche nehmen im wesentlichen die Gebäude ein, in denen wir wohnen und arbeiten, sowie die Transportwege (Straßen, Bahngleise usw.), die uns untereinander verbinden. Über dieser Grundfläche, sozusagen in der zweiten Etage, gibt es 3500 Quadratkilometer Dachfläche. Hiervon sind, wie bereits beschrieben, 800 Quadratkilometer so günstig der Sonne zugewandt, daß sie solartechnisch nutzbar sind. Ähnlich verhält es sich mit den Fassadenflächen der Gebäude, die zum Beispiel für die Photovoltaik nutzbar gemacht werden können, wenn sie in die richtige Richtung zeigen. Wir haben die Rechnung bereits vorgeführt: Etwa 22 Prozent der heutigen Nettostromerzeugung der Bundesrepublik könnten auf diesen Flächen produziert werden. Diese Flächen stehen zur Verfügung, ohne daß ein einziger Quadratmeter Deutschlands zusätzlich betoniert werden muß. Sie können direkt zum Einfangen von Sonnenenergie genutzt werden, sozusagen als Zweitnutzung.

Innerhalb der geographischen Grenzen der Europäischen Union (EU 12) wird eine Fläche von 1,32 Millionen Quadratkilometern für Ackerbau und Viehzucht in Anspruch genommen.

198

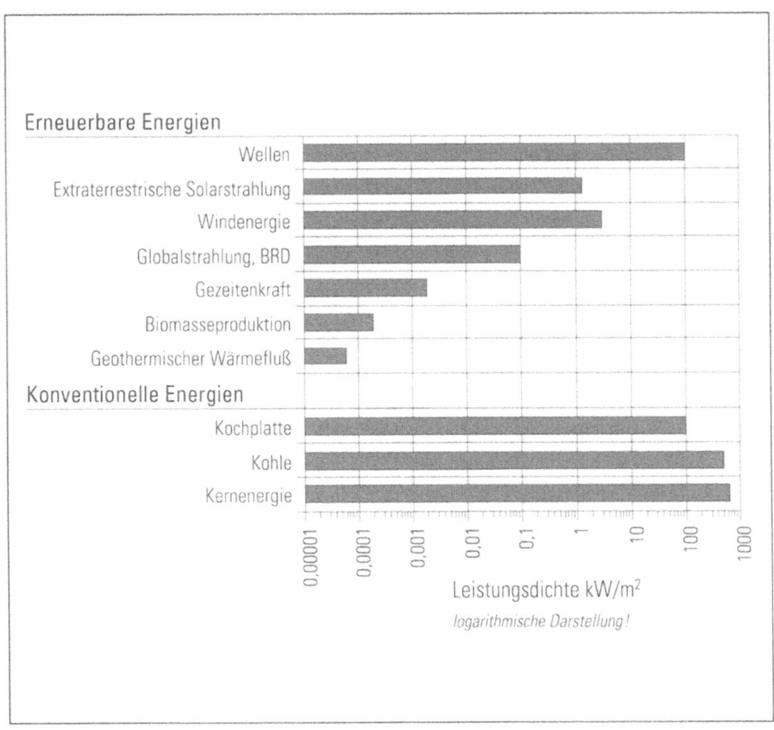

Abbildung 32: Leistungsdichten verschiedener Energietechnologien

Zusätzlich greift die Union außerhalb ihrer Grenzen auf eine landwirtschaftliche Fläche von 121 000 Quadratkilometern für weitere Produkte wie Baumwolle, Futtermittel, Kaffee, Tee usw. zu. (In dieser Zahl sind Import und Export gegeneinander aufgerechnet.) Insgesamt also werden etwa 1,4 Millionen Quadratkilometer beansprucht, um Produkte für Ernährung und Bekleidung zu produzieren. Um zehn Prozent der Primärenergie aus Biomasse zu produzieren, wären etwa zwölf Prozent der Acker- und Weideflächen der Union erforderlich, also 164 000 Quadratkilometer. Allein durch das »Set aside«-Programm der EU zur Stillegung von Ackerfläche sollen nach Schätzungen bis ins Jahr 2005 etwa 80 000 Quadratkilometer Land für andere Formen der Nutzung frei werden, auf denen rund fünf Prozent des Primärenergiebedarfs der EU angebaut werden können.

Im Vergleich dazu erscheinen die 19500 Qudratkilometer gering, die nach Angaben der Deutschen Forschungsanstalt für Luft- und Raumfahrt (DLR) für solarthermische Kraftwerke in Südeuropa zur Verfügung stehen. Wir wollen das Thema Energienutzungspotentiale hier nicht noch einmal strapazieren; nur der Deutlichkeit halber sei wiederholt, daß auf diesen 19500 Quadratkilometern 75 Prozent des Strombedarfs der EU gewonnen werden können – auf Flächen, die zur Verfügung stehen und an die nötige Infrastruktur gut angebunden sind. Und um den Energiebedarf der ganzen Menschheit zu produzieren, genügen, nimmt man den Energieverbrauch von heute, fünf Prozent der Wüstenflächen oder 1,3 Prozent der gesamten Landfläche der Erde.

Diese Zahlen machen deutlich, daß es auch kein Flächenproblem der erneuerbaren Energien gibt. Flächen, die genutzt werden können, damit die Sonnenenergie einen großen Anteil an der Energieversorgung übernimmt, sind in der Bundesrepublik genügend, in Europa reichlich und auf der ganzen Erde in verschwenderischem Maße vorhanden.

In mehreren wissenschaftlichen Untersuchung[139] ist der Landverbrauch verschiedener Energietechnologien geschätzt worden. Wenn dreißig Jahre lang eine Gigawattstunde elektrischer Strom produziert wird, so braucht ein Kohlekraftwerk dafür eine Fläche von 3642 Quadratmetern (inklusive Mine, Abraumhalden etc.), zentrale solarthermische Stromkraftwerke 3561 Quadratmeter, Photovoltaikanlagen (auf Feldern aufgestellt) 3237 Quadratmeter, Windanlagen 1335 und geothermische Kraftwerke 404 Quadratmeter. Für den Windpark »Nordfriesland« im Friedrich-Wilhelm-Lübke-Koog in Schleswig-Holstein wurden auf 650 Quadratmetern 50 Windkraftanlagen mit einer Gesamtleistung von 12500 Kilowatt installiert – und dies mit älteren, leistungsschwächeren Anlagen (Inbetriebnahme 1991). Mit den heute gebauten 600- und 500-Kilowatt-Windkraftanlagen ließe sich auf dieser Fläche deutlich mehr ernten.

Aber verlangt denn nicht die Nutzung von Biomasse große Flächen und enormen Transportaufwand? Ein Biomasse-Stromkraftwerk im Zehn-Megawatt-Leistungsbereich, dessen Rohstoffe auf höchstens einem Zehntel der umliegenden landwirtschaftlichen

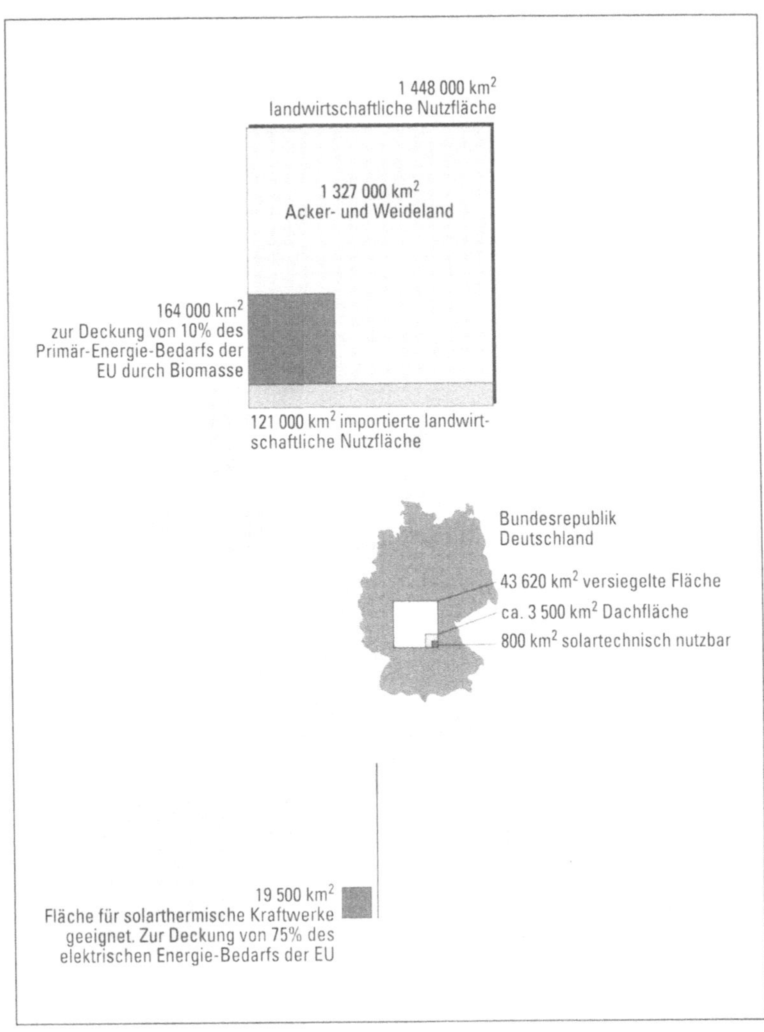

Abbildung 33: Flächenbedarf der erneuerbaren Energien

Fläche angebaut werden, kommt mit einem Einzugsbereich von sieben Kilometer Radius aus, je nach Ergiebigkeit der Böden und Wirkungsgrad der Stromerzeugung.

Der Höhe des Preises für eine Kilowattstunde Strom oder Wärme ist das älteste Argument gegen die Nutzung der regenerativen

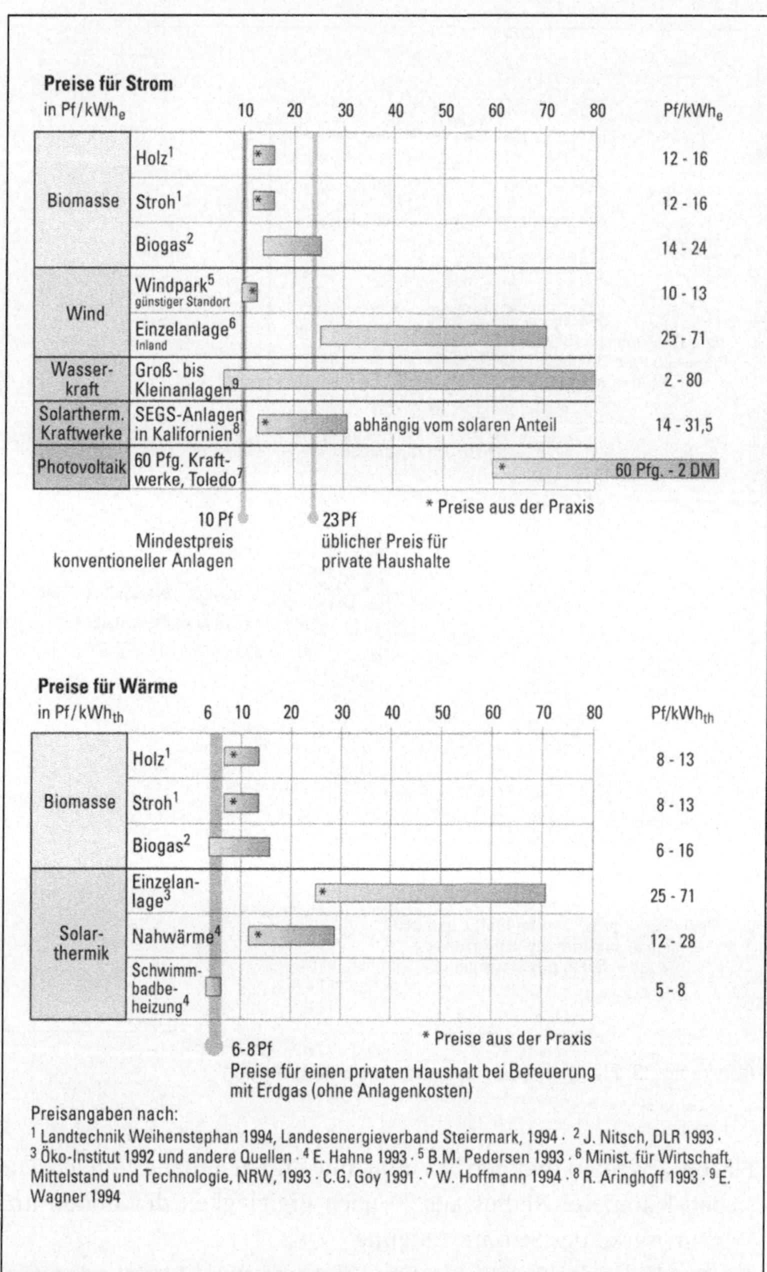

Abbildung 34: Strom- und Wärmegestehungspreise der erneuerbaren Energien

Energien. Wir haben die Preise von heute schon an anderer Stelle aufgeführt. Die Abbildung 33 »Strom- und Wärmegestehungspreise« faßt die gesammelten Erkenntnisse noch einmal zusammen.

Das Schaubild zeigt die Preise der Stromgewinnung mit den unterschiedlichen Techniken, in der unteren Abbildung sind die Wärmegestehungspreise dargestellt. Die Länge der Balken zeigt die Spannbreite der erzielbaren Preise. So liegt zum Beispiel der Herstellungspreis für eine Kilowattstunde Strom in einem Windpark an günstigem Standort bei 10 bis 13 Pfennig, und der für die Kilowattstunde Wärme aus einem solarthermisch betriebenen Nahwärmesystem zwischen 12 und 28 Pfennig.

Als Vergleichsmaßstab ist der Preis für Strom und Wärme aus den konventionellen Energieträgern in der Bundesrepublik Deutschland eingezeichnet. Für den elektrischen Strom zahlt der private Abnehmer ungefähr 23 Pfennig, abhängig von der verbrauchten Menge. Wer viel Strom verbraucht, zahlt meist einen geringeren Kilowattstundenpreis als derjenige, der wenig verbraucht. Für eine Kilowattstunde Wärme aus Erdgas bezahlt der Kunde heute zwischen 6 und 8 Pfennig. Mit diesen Preisen stehen die erneuerbaren Energien in Konkurrenz.

Die Grafik zeigt, daß einzelne Techniken nahe der Wirtschaftlichkeit sind oder diese bereits erreicht haben. Zum Beispiel ist die solarthermische Schwimmbadheizung heute schon billiger als eine Erdgasheizung. Andere Nutzungstechniken sind aber noch weit entfernt von der Wirtschaftlichkeit. Dafür gibt es viele Gründe. Die externen Kosten, die bei der Nutzung konventioneller Ernergieträger entstehen, werden nicht in den Preis für die Kilowattstunde Strom oder Wärme einbezogen, zum Beispiel die Emission von Kohlendioxyd und deren Folgen für das Erdklima. Die Preise sagen nicht die ökologische Wahrheit[140], das heißt: die durch die Produktion erzeugten Schäden, sogenannte externe Kosten, spiegeln sich in Ihnen nicht wieder.

Summiert man die sozialen (externen) Kosten fossiler Elektrizitätserzeugungssysteme, so ergeben sich nach nach einer Untersuchung von Olaf Hohmeyer zusätzliche Kosten von mindestens 4 bis 9 Pfennig pro Kilowattstunde bei den fossilen Brennstoffen und bei der Stromerzeugung durch Atomkraftwerke zusätzliche Kosten von

10 bis 21 Pfennig pro Kilowattstunde. Dagegen hat die Nutzung der erneuerbaren Energien einen Nettonutzen für die Gesellschaft (also vermiedene Kosten) von 6 bis 12 Pfennig (Windenergie) oder 7 bis 17 Pfennig (Photovoltaik). Da in dieser Studie überall, wo die Daten unsicher waren, mit dem niedrigsten Schätzwert gerechnet wurde, liegt der gesamte soziale Nutzen der erneuerbaren wahrscheinlich erheblich höher.[141]

Die fehlende Massenproduktion ist ebenfalls ein wichtiger Grund für die hohen Preise zum Beispiel der Photovoltaik. Bei der Solarmodulherstellung wird heute vieles noch von Hand gefertigt. Damit schließt sich ein Teufelskreis aus hohen Preisen wegen fehlender Massenproduktion und fehlender Massenproduktion wegen geringer Abnahme wegen hoher Preise, der durchbrochen werden muß. Ein geeignetes Instrument, Umwelt-Folgeschäden der Energienutzung in den Preis einzubeziehen, ist die ökologische Steuerreform oder eine Energie- beziehungsweise CO_2-Steuer. Natürlich muß in einem zweiten Schritt eine materialgebundene Steuer folgen, denn nur die Energie als Maßstab einer ökologischen Umstrukturierung zu nehmen ist nicht ausreichend.

SES-Pfad und Umwelt

Aus dem Blickwinkel der Natur kann der Slogan für die Energiewirtschaft eigentlich nur lauten: Jede nicht erzeugte Kilowattstunde ist eine gute Kilowattstunde. Doch Energie braucht der Mensch zum Überleben. Keine Technik, auch nicht die der erneuerbaren Energien, kommt zum ökologischen Nulltarif. Auch bei den erneuerbaren gilt es, die »Schweinereien« so klein wie möglich zu halten. Mit den wichtigsten zur Zeit erkannten Problemfeldern wollen wir uns in diesem Kapitel befassen. Aber bevor wir uns jetzt den ökologischen Nachteilen dieser Techniken zuwenden, sei noch einmal an etwas erinnert, was wir an anderer Stelle ausgeführt haben: Derzeit können nur die erneuerbaren Energien eine Chance für eine zukunftsfähige Versorgung mit Energie darstellen.

Aus der Sicht des Umweltschutzes ist der wesentliche Unterschied zwischen den Energiequellen konventioneller Art (Öl, Kohle, Gas und Uran) und den erneuerbaren Energien, daß keine chemischen Stoffumwandlungen stattfinden. Letzteres gilt für die Biomasse nicht. Das heißt, daß während der Energieumwandlung keine klimagefährdenden Schadstoffe, keine radioaktiven Stoffe und keine Giftstoffe emittiert werden. Bei der Biomassenutzung werden zwar Verbrennungs- und andere Produkte erzeugt, die emittierten Stoffe sind aber vorher, beim Entstehen der Biomasse, der Natur entnommen worden. Allerdings können, wie bei allen Verbrennungsprozessen, durch Verunreinigungen im Brennmaterial Stoffe freigesetzt werden, die ökologisch nicht unbedenklich sind. Bei allen Verbrennungsprozessen entstehen Stickoxyde und andere Emissionen, die durch geeignete Vorkehrungen verringert werden müssen.

Natürlich ist auch das Kohlendioxyd, das beim Verbrennen von Öl, Kohle und Gas entsteht, vor Urzeiten der Natur entnommen worden. Doch hat das damals wesentlich länger gedauert, als heute die Rückgabe des CO_2 an die Natur. Nur wenn die Entstehung eines natürlichen Rohstoffes und seine Nutzung durch den Menschen in vergleichbaren Zeiträumen vor sich gehen, ist diese Nutzung »zukunftsfähig«.

Während also der eigentliche Vorgang der technischen Umwandlung von erneuerbarer Energie in für den Menschen nutzbare Energie kaum Auswirkungen auf die Umwelt hat, sieht das etwas anders aus bei den vor- und nachgelagerten Prozeßschritten. Herstellung und Montage sowie Beseitigung beziehungsweise Rezyklierung von Windrädern und Solarzellen sind mit konventionellen Herstellungsprozessen verknüpft und daher nicht emissionsfrei. Diese Emissionen und auch die Umweltauswirkungen der Nutzung der Technik selbst müssen erkannt und so weit wie möglich minimiert oder vermieden werden.

Ein weiterer Punkt, der aus ökologischen Gründen berücksichtigt werden muß, ist der Material- und Energiefluß, den eine Sonnenenergiewende nach sich ziehen würde. Den wahrscheinlich größten Material- und Energieaufwand benötigt von den hier beschriebenen Techniken der Nutzung erneuerbarer Energien die Photovoltaik. Photovoltaikmodule in einem zentralen Photovoltaikkraftwerk müssen zum Beispiel aufgeständert werden. Allein für diese Aufständerung würden bis zu 50 Gramm Beton, 11 Gramm Stahl und 2 Gramm Kupfer je Kilowattstunde Strom benötigt (bei monokristallinen Modulen, bei einer geschätzten Lebensdauer der Photomodule von 20 Jahren und einer Betriebszeit von 1000 Stunden pro Jahr)[142]. Im Gegensatz dazu werden in einem Steinkohlekraftwerk nur 3 Gramm Stahl, 12 Gramm Beton und 0,013 Gramm Kupfer pro Kilowattstunde verbaut (bezogen auf ein 450 Megawatt Steinkohlekraftwerk mit einer Bruttostromerzeugung von 2380 Gigawattstunden pro Jahr)[143].

	Beton (g/kWh)	Stahl (g/kWh)	Kupfer (g/kWh)	Quarzsand (g/kWh)	Energiebedarf (g SKE/kWh)
Photovoltaik zentral (1)	50	11	2	10 – 25	128
Photovoltaik dezentral (1)	0	0,2	-	10 – 25	112
Steinkohlekraftwerk (2)	12	3	0,013	-	340

Tabelle 16: Material- und Energieverbrauch im Vergleich
(1) monokristalline Solarmodule, Lebensdauer 20 Jahre, mitteleuropäische Einstrahlung, 1000 Stunden Betriebszeit im Jahr
(2) 450 Megawattblock, Bruttoerzeugung 2380 Gigawattstunden pro Jahr
Quelle: Lewins, B.; Hagedorn, G.; Hellriegel, E.; Hantzsche, U.; Dones, R.; Zollinger, E.

Der Materialstrom für die Photovoltaik erscheint in dieser Gegenüberstellung exorbitant hoch. Das liegt aber daran, daß wir das Beispiel eines zentralen Photovoltaikkraftwerks mit aufgeständerten Modulen gewählt haben. Diese Massenströme sind nicht erforderlich, wenn die Module dezentral auf Gebäuden oder in der Bausubstanz installiert werden. Dann sind vielmehr im mitteleuropäischen Raum für eine Kilowattstunde Strom aus Photovoltaik nur noch zwischen 10 und 25 Gramm Quarzsand für die Herstellung von Siliziumwafern und Glasscheiben nötig, außerdem etwa 0,2 Gramm Stahl oder 2 Gramm Aluminium, je nach Modulkonstruktion[144]. Außerdem verbrauchen monokristalline Solarmodule, die in ein Dach integriert sind, pro Kilowattstunde Strom, den sie erzeugen, etwa 112 Gramm Steinkohleeinheiten Primärenergie. Zum Vergleich: Für die Förderung von Steinkohle sowie für den Bau, Betrieb und Abriß eines Steinkohlekraftwerks werden etwa acht Gramm Steinkohleeinheiten pro Kilowattstunde elektrischer Energie verbraucht. Dies ist nicht viel, verglichen mit den genannten Zahlen für das Photovoltaikkraftwerk. Doch Photovoltaikmodule brauchen keinen Brennstoff, um Energie liefern zu können. Dem Kohlekraftwerk muß man noch die verwendete Steinkohle anrechnen. Damit kommt man dann auf einen Primärenergieeinsatz von etwa 340 Gramm Steinkohleeinheiten pro Kilowattstunde Strom[145].

Die Zahlen verdeutlichen zum einen, daß auch die Photovoltaik nicht zum ökologischen Nulltarif zu haben ist, und zum anderen, daß die Nutzung des konventionellen Energieträgers Kohle mit vergleichsweise größeren Materialströmen verbunden ist als die der Photovoltaik. Die spezifischen Werte je Kilowattstunde bei der Photovoltaik lassen sich in sonnenreichen Regionen noch verringern, ohne daß dazu eine zusätzliche technische Weiterentwicklung nötig wäre; denn eine Solarzelle im Süden Spaniens liefert über das Jahr doppelt so viel elektrischen Strom wie in der Bundesrepublik. Technische Innovationen wie verbesserter Wirkungsgrad und die Entwicklung von Dünnschichtsolarzellen können die Stoffströme weiter verringern.

Ein Berechnungsbeispiel zeigt, daß der mögliche Energienutzen aus einem Kilogramm Silizium mit dem aus einem Kilogramm angereichertem Uran konkurrieren kann. Heute wird in Kernspaltungsreaktoren aus ungefähr 0,0032 Gramm angereichertem Uran eine Kilowattstunde Strom erzeugt[146]. Das entspricht etwa 310 Megawattstunden Energie aus einem Kilogramm angereichertem Uran. Ein Photovoltaikmodul aus amorphem Silizium benötigt dagegen zur Produktion einer Kilowattstunde elektrischer Energie etwa 0,01 Gramm der gasförmigen Siliziumverbindung Silan (SiH_4). Ein Gramm Silan enthält 0,88 Gramm Silizium[147]. Mit diesen Zahlen ergibt sich ein Energiegewinn von 114 Megawattstunden aus einem Kilogramm Silizium. Uran ist also lediglich um den Faktor 2,7 besser. Produziert das gleiche Modul den Strom nicht in Mitteleuropa, wie in dem Beispiel angenommen, sondern in Südeuropa,

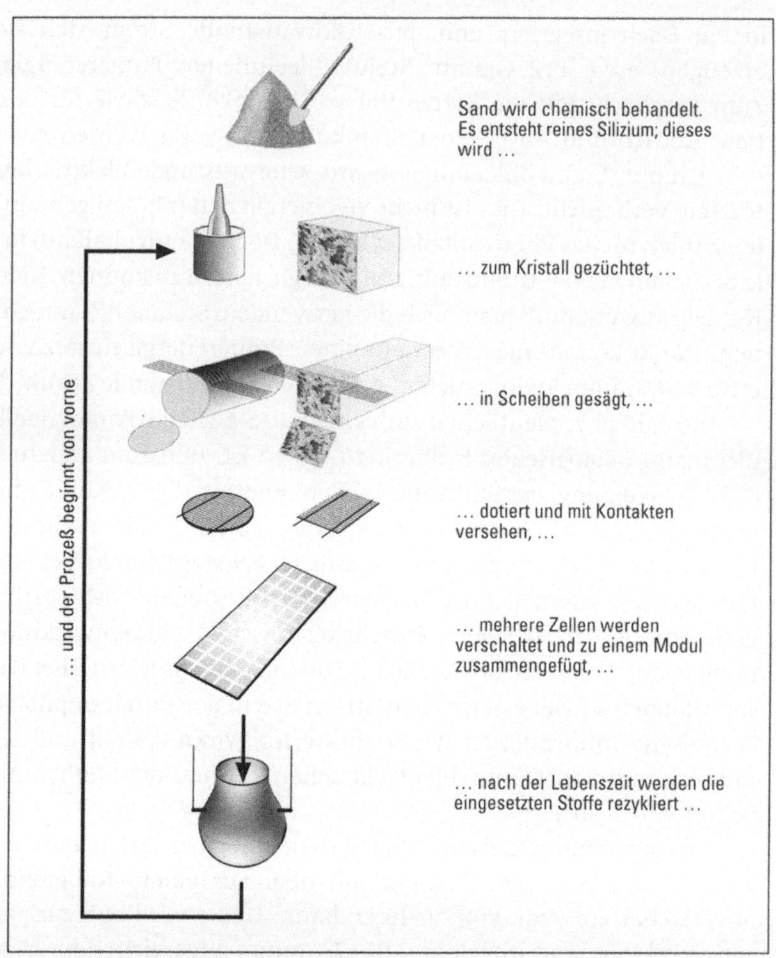

Abbildung 35: Photovoltaik-Prozeßkette

dann kann die doppelte Menge elektrischer Energie geerntet werden. Somit läßt sich dort ungefähr gleich viel Energie aus einem Kilogramm Silizium gewinnen wie aus einem Kilogramm Uran – mit einem Unterschied: Das Silizium kann rezykliert oder problemlos entsorgt werden, das Kilo Uran hat sich in andere radioaktive Isotope verwandelt, die über viele Generationen hinweg die Umwelt gefährden (siehe Abbildung 34).

Besonders kritische Aufmerksamkeit verlangen Solarmodule, die statt des relativ harmlosen Siliziums schwermetallhaltige Verbindungen wie Galliumarsenid oder Cadmiumtellurid enthalten. Wo sie hergestellt und verwendet werden, sind besondere Vorsichtsmaßnahmen nötig, etwa für den Fall eines Feuers, und entsprechende Recyclingverfahren sind dringend geboten. Zum Beispiel kann durch ein Pfandsystem sichergestellt werden, daß Solarmodule mit kritischem Inventar nicht auf Mülldeponien oder in eine Müllverbrennungsanlage gelangen, wo dann die Schwermetalle mobilisiert werden können[148]. Man kann sich mit einer gewissen Berechtigung die Frage stellen, ob angesichts der Belastungen, die durch solche Schwermetallmodule entstehen können, auf eine breite Anwendung dieser Technik nicht zugunsten der Siliziumtechnik verzichtet werden sollte.

Die Nutzung regenerativer Energiequellen braucht nicht nur Umweltraum, sie nimmt auch Einfluß auf die Tier- und Pflanzenwelt. Die größten Probleme machen große Wasserkraftwerke. Nur eines von mehreren Problemen ist die radikale Veränderung weiter Landstriche in ökologisch empfindlichen Regionen, wie zum Beispiel in den Regenwäldern tropischer Gebiete. Ein bisher nicht untersuchtes Feld sind die indirekten Folgen des Baus solcher Kraftwerke in den Tropen mit der großen Zahl von Arbeitskräften, die dazu nötig ist. In dichter besiedelten Gebieten kann der Bau eines großen Wasserkraftwerkes, ähnlich wie der Braunkohletagebau, die Umsiedlung vieler Menschen verlangen, mit den unvermeidlichen sozialen Problemen, die daraus erwachsen. Die Folge kann sein, daß solche Großprojekte mehr zerstören als nutzen. Aus diesem Grund ist es um so wichtiger, die Wasserkraftnutzung in kleinen Kraftwerken zu fördern und weiter auszubauen. Man sollte allerdings den Einzelfall betrachten und jedes Großprojekt genau untersuchen. Um es mit den Worten der Vereinten Nationen zu sagen: »… in many cases small may be better, big is not always bad, especially when considering the impact per kWh of output.«[149]. Zu deutsch: Das Kleine mag in vielen Fällen das Bessere sein, aber groß ist nicht notwendig immer schlecht, besonders dann nicht, wenn man sich ansieht, welche ökologischen Folgen pro erzeugter Kilowattstunde Energie in Kauf genommen werden müssen.

Die Windenergie ist schon oft unter Beschuß geraten, wo es um den Lebensraum der Vögel ging. Einige Studien sowohl in Deutschland als auch im benachbarten Ausland sind dieser Kritik bereits nachgegangen. Die vom Bundesministerium für Forschung und Technologie (BMFT) bei der Norddeutschen Naturschutzakademie in Auftrag gegebenen Studie hat an zehn verschiedenen Standorten achtzig Anlagen in Niedersachsen und Schleswig-Holstein untersucht. Die statistische Auswertung ergab, daß im Zeitraum eines Jahres (1989/1990) an sieben Standorten mit 69 Anlagen (für die drei anderen Standorte wurde keine Statistik erstellt) wahrscheinlich 32 Vögel durch die Windkraftanlagen zu Tode kamen. Vergleichende Untersuchungen aus den Niederlanden und Dänemark bestätigen, daß weder in Niedersachsen noch in Schleswig-Holstein Windkraftanlagen eine ernsthafte Gefahr für die Vogelwelt darstelle. Es scheint, daß Zugvögel die Anlagen an ihren Rotorgeräuschen erkennen und umfliegen. Vergleicht man, wie viele Vögel an anderen Bauwerken oder im Straßenverkehr sterben, so sind Windkraftanlagen von eher untergeordneter Bedeutung. Zum Vergleich: Im Zeitraum von April 1989 bis August 1990 wurden am Funkturm Puan Klent auf Sylt 418 tote Vögel gezählt[150]. Die beschriebenen Ergebnisse beziehen sich auf Anlagen in einem Mindestabstand von 400 Metern von der Deichlinie. Werden Windkraftanlagen direkt in Deichnähe, im Vordeichgelände oder auf Molen gebaut, dann ist mit einem höheren Vogelschlagrisiko zu rechnen. Gründe hierfür sind zum einen, daß der Deich von Zugvögeln als Leitlinie genutzt wird und daß an Deichen oft Luftwirbel entstehen, die Vögel in die Rotorblätter treiben können. Zum anderen benutzen Vögel die Gebiete vor den Deichen bevorzugt als Rast und Nahrungsgebiet. Eine sachgerechte Standortauswahl, insbesondere für Windparks, ist daher unumgänglich.

Das Vogelschlagrisiko kann deutlich verringert werden, wenn die Windräder farbig gestaltet werden. Es sei darauf hingewiesen, daß auch andere technische Bauten, zum Beispiel Strommasten, Vögel nicht unwesentlich gefährden. Viel zu oft gibt es an diesem Punkt unnötige Auseinandersetzungen zwischen Natur- und Umweltschützern. Die einen wollen um jeden Preis ein spezielles Biotop retten, die anderen setzen den Klimaschutz über alles. Dabei gibt es doch genügend Standorte, die beiden gerecht werden. Absurd ist die gelegentlich geäußerte Befürchtung, Windräder würden zu viele Insekten töten. Dies ist eines der vielen Märchen, die der Propaganda gegen die erneuerbaren Energien dienen. Wer diese Vorwürfe äußert, hat sich offenbar niemals angesehen, wie viele Insekten durch Fahrzeuge erschlagen werden oder an Beleuchtungskörpern aller Art verbrennen.

Anbau und Nutzung von Energiepflanzen können den Kohlendioxydausstoß mindern helfen und sich auf diesem Weg positiv für das Erdklima auswirken. Doch dieser positive Effekt könnte überdeckt oder sogar überkompensiert werden, wenn bereits bestehende Strukturen und Anbaumethoden aus der Land- und Forstwirtschaft übernommen würden. Besondere Problemfelder sind der Anbau von Monokulturen und der intensive Einsatz von Dünger und Pflanzenschutzmitteln. Eine zukunftsfähige Energiewirtschaft, die Biomasse anbauen und nutzen will, kann sich nicht auf eine zu intensive Landwirtschaft stützen, ohne sich ad absurdum zu führen. Eine sorgfältige Auswahl der Energiepflanzen muß sicherstellen, daß für jeden Standort die am besten geeignete Art oder Artenmischung gefunden wird. Auswahlkriterien sollten die klimatischen Bedingungen, die Bodeneigenschaften und die umgebende Flora und Fauna des gewählten Standorts sein.

Damit Energieplantagen möglichst wenig gedüngt werden müssen, ist es wichtig, daß die angepflanzten Arten die Nährstoffe effizient nutzen. Zentrale ökologische Bedeutung hat vor allem der Stickstoff. Luft besteht zu 78 Prozent aus Stickstoff (chemisches Zeichen N). Pflanzen wären damit übermäßig gut versorgt. Da die meisten Stickstoff jedoch nicht aus der Luft, sondern nur in Form von Ammonium- und Nitrat-Ionen aufnehmen können, sind sie auf den Stickstoff im Boden angewiesen; der Stickstoffgehalt des Bodens wird zum begrenzenden Faktor. Kombiniert man stickstoffverbrauchende Pflanzen mit stickstoffbindenden Pflanzen, dann können stabile Erträge ohne zusätzliche Stickstoffdüngung erreicht werden. Bestätigung fand diese Strategie in einem auf Hawaii durchgeführten Versuch über zehn Jahre, bei dem ohne Stickstoffdüngung 25 Tonnen Trockenmasse pro Hektar geerntet werden konnten, wenn die stickstofffixierende Albizia zwischen Eukalyptus gepflanzt wurde[151].

Kurzumtriebswälder müssen kaum noch gedüngt werden, wenn Blätter und Zweige auf dem Boden zurückbleiben. Eine weitere Strategie ist es, Pflanzenarten auszuwählen, die Nährstoffe besonders effizient nutzen. Es gibt eine breite Palette solcher Pflanzen. Vom Miscanthus zum Beispiel ist bekannt, daß sich durch Zugabe von Stickstoff der Ertrag nicht steigern läßt. Zudem werden Nährstoffe zum Ende der Vegetationsperiode in die Wurzel zurückverlagert und dort über den Winter gespeichert. Die Stickstoffdüngung kann daher auf ein Minimum reduziert werden, auf Werte zwischen null und fünfzig Kilogramm pro Hektar und Jahr[152].

Andere Nährstoffe wie Phosphor, Kalium und Magnesium sind in den Verbrennungsrückständen enthalten und können wieder auf die Felder verteilt werden. So kann der Nährstoffkreislauf weitgehend geschlossen werden. Wenn der Anbau von heimischen Pflanzen auf degradierten Flächen schwierig oder sogar unmöglich geworden ist, können Energiepflanzen ein Mittel sein, diese Flächen zu restaurieren. In Äthiopien hat man dies mit Eukalyptus erfolgreich praktiziert. Um die Erosion besser in den Griff zu bekommen, pflanzte man in den USA Kulturen von Pflanzen, die nur im Abstand von mehreren Jahren eine Bearbeitung des Bodens verlangen. Die Erosion verringerte sich auf 14 Millionen Hektar hoch erosionsgefährdetem Ackerland um 92 Prozent.[153]

Stichwort Biodiversität – Vielfalt der Arten. Daß Energieplantagen die Artenvielfalt gefährden könnten, ist ein Kritikpunkt, der oft angeführt wird. Schauen wir uns den Sachverhalt genauer an. Gegenwärtig wird nur ein halbes Prozent der Pflanzen der Welt zur Nahrungsmittelproduktion genutzt. Würde man auf landwirtschaftlichen Flächen zusätzlich Energiepflanzen anbauen, dann würde man dort – gemessen an der heutigen Nutzung – die Artenvielfalt erhöhen. Das Argument, die Artenvielfalt werde gefährdet, ist jedoch zum Beispiel dann richtig, wenn Kurzumtriebswälder Naturwaldbestände verdrängen. Ist dies aber nicht der Fall, sondern werden landwirtschaftliche Monokulturen ersetzt oder bereits degradierte Flächen mit Energiepflanzen bewirtschaftet, hat dies positive Effekte auf die biologische Diversität der Landschaft[154].

Lärm entsteht kaum oder gar nicht, wo Sonnenenergie direkt in nutzbare Wärme oder Strom umgewandelt wird. Diese Art der

212

Umweltbelastung geht nur von sich bewegenden Maschinenteilen oder Einrichtungen aus. Die Solarthermie und die Photovoltaik brauchen keine bewegten mechanischen Teile, sieht man einmal von den konventionellen Teilen der jeweiligen Kraftwerksanlagen ab, zum Beispiel von solarthermischen Kraftwerken, oder von den Elektromotoren zur Nachführung von Spiegeln – alles Technologien, die kaum Lärmprobleme bereiten.

Bei Windkraftwerken hingegen muß man auf die Geräuschbelastung achten. Quellen für Geräusche sind zum einen das Getriebe und der Generator, zum anderen die Windströmung an den Rotorblättern. Getriebe und Generator können eingekapselt und so aufgehängt werden, daß sich keine Schwingungen auf die Gondel übertragen. Das hält den entscheidenden Teil der Geräusche zurück. Eine weitere Möglichkeit ist die Konstruktion getriebeloser Anlagen. Nach dem heutigen Stand der Technik können Windkraftanlagen gebaut werden, bei denen mechanisch erzeugte Geräusche keine Rolle mehr spielen[155]. Will man allerdings die Rotorgeräusche verringern, dann muß man Kompromisse eingehen zwischen Lärmentwicklung und der optimalen Form sowie der Festigkeit und Stabilität von Anlagenteilen. Heute verringert man diese Geräusche durch relativ geringe Geschwindigkeit der Blattspitzen. Bei zeitgemäßen Anlagen mit einer Leistung von 500 Kilowatt mißt man an der Emissionsquelle einen Schallpegel von 98 bis 101 dB (A); zum Vergleich: Ein schwerer LKW emittiert einen Geräuschpegel von 85 dB (A)[156], und die Schmerzgrenze liegt bei 120 dB (A) und entspricht dem Geräuschpegel eines Propeller-Flugzeugs.

Die Lärmbelästigung durch technische Anlagen regelt die Technische Anleitung Lärm (TA Lärm) im Bundesimmissionsschutzgesetz. Nach den Regeln dieser TA muß zwischen einzelnen Windkraftanlagen der 500-Kilowatt-Klasse und reinen Wohngebieten ein Abstand von bis zu 400 Metern eingehalten werden. Ein Windpark mit mehreren Anlagen dieser Größe darf höchstens bis auf 500 Meter an die nächsten Wohnhäuser heranreichen. Diese Abstandsregelung ist sinnvoll und notwendig, denn ab einem Schallpegel von mehr als 85 dB (A) treten Gesundheitsschäden auf, auch wenn der Lärm als erwünscht empfunden wird (zum Beispiel in Diskotheken)[157]. Doch sollte nicht verschwiegen werden, daß bei Windgeschwindigkeiten von mehr als acht bis zehn Metern pro Sekunde der Wind selbst in der Regel mehr Krach macht als die Windkraftanlagen[158].

Ästhetische Einwände und der Vorwurf, eine optische Belästigung darzustellen, werden heute in erster Linie gegen die Nutzung der Windenergie ins Feld geführt. Ein anderer Bereich ist die Solararchitektur; einige ihrer typischen Merkmale bei der Konstruktion von Häusern finden bei manchen Bauaufsichtsbehörden keine Zustimmung, weshalb sie nicht oder nur schwer eine Genehmigung erteilen, mit der Begründung, das Stadtbild erhalten zu wollen – eine Entscheidung, die aus Gründen der Ästhetik manchmal verständlich, aus Gründen des Klimaschutzes aber fragwürdig ist.

Wie sehr Windenergieanlagen oder auch andere technische Einrichtungen eine Landschaft visuell »verschmutzen«, ist stark von der subjektiven Einschätzung des Betrachters abhängig. Dies wird bestätigt durch Aussagen wie die von Sir Bernard Ingham, dem Pressesekretär der früheren britischen Premierministerin Margret Thatcher. (Sir Ingham ist nebenbei Mitglied einer Anti-Windkraft-Gruppe und Berater der Kernenergielobby in Großbritannien.) Sir Ingham sagte: »People who think the windmills are attractive are esthetically dead«[159], zu deutsch: Menschen, die Windkraftanlagen für attraktiv halten, sind ästhetisch tot. Kommentare dieser Art tragen zur Sachdiskussion nichts bei. Eine Gegenfrage sei aber erlaubt: Was verstehen die Herren vom Schlage Inghams denn unter Ästhetik, angesichts der Halden in Bitterfeld, die mit radioaktiven und giftigen Stoffen aus der Urangewinnung angefüllt sind, angesichts der strahlenden Ruine von Tschernobyl oder angesichts der Barentssee vor Murmansk, die als Endlager für radioaktive Substanzen mißbraucht wird? Diese Art von Diskussion führt nicht weit und endet in einer Sackgasse!

Im Auftrag des Landkreises Wesermarsch wurde eine interdisziplinäre landschaftsästhetische Bewertung von Windenergieanlagen sowohl in sozialwissenschaftlicher als auch in landschaftsplanerischer Sicht durchgeführt[160]. Das Ergebnis dieser und auch anderer Studien war, daß Touristen wie Ortsansässige der Nutzung der regenerativen Energien prinzipiell aufgeschlossen gegenüber stehen. Doch sehen Bürger vor Ort und Touristen aus der Region die

214

Umgestaltung ihrer Umwelt stärker unter politischem Blickwinkel als Urlauber aus ferneren Gegenden. Zum Beispiel empfinden Touristen aus der Region die offene Wesermarsch beziehungsweise die Küstenlandschaft als charakteristisch für die Region und würden visuelle Eingriffe wie Windenergieanlagen als störend empfinden. Urlauber, die aus fernen Gegenden in Küstenregionen reisen, haben sich hingegen schon an den Anblick von Windkraftanlagen gewöhnt und würden sie sogar vermissen, wenn es sie nicht mehr gäbe. Als Sünden an der Natur erkennt ein weitgereister Urlauber vielmehr die riesigen Hotelbauten in Strandnähe[161]. An dieser Grenzlinie entlang verläuft der Konflikt zwischen dem ästhetischen Verständnis von Einheimischen und Fremden. Er bestätigt zum einen, wie subjektiv solche Urteile sind, und zum anderen, daß bei der Umgestaltung des Nahbereichs immer ein Effekt auftritt, der im angelsächsischen NIMBY-Effekt heißt (**N**ot **I**n **M**y **B**ack **Y**ard) und im Deutschen das Sankt Florians Prinzip.

Dieser Effekt tritt nicht nur auf, wenn ein neues Industriegebiet oder eine Müllverbrennungsanlage geplant werden, sondern er macht auch den Befürwortern der erneuerbaren Energien manchmal das Leben schwer. Schnell ist man als Freund der Sonnenenergie dann mit abfälligen Bemerkungen über die »Sankt-Florians-Jünger« bei der Hand – gelegentlich zu schnell. Widerstand gegen Veränderungen der Nahwelt können einen durchaus verständlichen Anlaß haben. Die Lebenswelt der Menschen vor allem in den Industrieländern verändert sich immer schneller und schneller – so schnell, daß die Psyche des einzelnen und das soziale Gefüge der Gesellschaft manchmal nicht mehr folgen können. Widerstand gegen Eingriffe in die Umwelt kann aus dieser Sicht als eine Art Immunreaktion der Gesellschaft verstanden werden, eine Abwehr gegen einen Eingriff, der als bedrohlich empfunden wird, weil es keine Mittel gibt, damit umzugehen, oder die Zeit nicht reicht, diese Mittel zu entwickeln.

Auf der einen Seite ist es also positiv, daß Menschen ihre Umwelt bewahren wollen, wie sie ist. Dieses Bewahren ist auch ein untrennbarer Bestandteil eines seßhaften Verhaltens, wie wir es im Vorwort beschrieben und gefordert haben. Doch es gibt Fälle, in denen sich Dinge ändern müssen, damit andere Dinge bewahrt werden können. Die Grenze des Bewahrens ist dort erreicht, wo kurzfristiges Konservieren bestimmter Umweltaspekte langfristig zu einer viel größeren nicht rückgängig zu machenden Änderung der Umwelt führen. Auf welcher Seite dieser Grenze eine Widerstandsaktion angesiedelt ist, läßt sich nicht einfach und pauschal entscheiden, sondern es muß im Einzelfall abgewogen werden. Und dabei kann es nur schaden, wenn es sich einer der Kontrahenten zu leicht macht.

Doch zurück zur Windenergie: Abhilfe gegen ästhetische Einwände können eine formschönere Gestaltung der Windkraftanlagen und eine geschicktere Einbindung in das Umfeld schaffen. Trotzdem: Windkraftanlagen müssen vom Wind frei angeströmt werden können, das liegt in der Natur der Sache.

Eine weitere wichtige Form der visuellen Belästigung durch Windkonverter ist der Schlagschatten, den die sich drehenden Rotoren bei Sonnenschein werfen. Dieser »Discoeffekt« ist natürlich zeitlich und räumlich begrenzt. In einer Entfernung von 120 Metern von einer Anlage mit einer Nabenhöhe von 30 Metern beobachtet man ihn, unter Berücksichtigung von klimatischen Bedingungen (Windrichtung, Bewölkung usw.), maximal 30 Minuten pro Tag[162]. Das Bundesimmissionsschutzgesetz schreibt, wie oben beschrieben, wegen der Geräuschbelästigung einen Abstand von bis zu 400 Metern von Wohngebieten zu Einzelanlagen und von 500 Metern zu Windenergieparks vor. In dieser Entfernung ist aber die Belästigung durch den Schlagschatten noch geringer. Eine Untersuchung des Deutschen Windenergie-Instituts hat ergeben, daß der Schlagschatten einer Anlage mit 40 Meter Rotordurchmesser und einer Nabenhöhe von 50 Metern, die im vorgeschriebenen Abstand zu Wohngebieten gebaut ist, rein theoretisch im Jahr etwa 45 Stunden lang beobachtet werden kann. Bezieht man nun noch Windstärke, Windrichtung und Bewölkung mit in diese Betrachtung ein, dann reduziert sich die Dauer des Discoeffekts bei Einzelanlagen auf neun Stunden und bei Windparks auf zirka zwei Stunden pro Jahr[163].

Es gibt auch positive Auswirkungen der Nutzung erneuerbarer Energien auf die Umwelt; wir haben an anderer Stelle einige aufgezählt, wie die Möglichkeit, Wasser mit Wasserpflanzen (zum Beispiel Hyazinthen) zu reinigen, Chemiedünger durch Biodünger aus der Biomasseverwertung zu ersetzen oder Dünger als Reststoff der Bioölproduktion herzustellen. Im wesentlichen haben wir uns aber mit den möglichen Umweltproblemen befaßt. Deshalb sei es an dieser Stelle noch einmal gesagt: Bei der Nutzung erneuerbarer Energien, gleichgültig mit welcher Technik, entstehen keine Kohlendioxydemissionen, es bleiben keine radioaktiven Isotope übrig, und es sind derzeit keine globalen oder Generationen übergreifenden Risiken bekannt.

SES-Pfad und zukünftige Gesellschaft

Der »SES«-Pfad wird viele Bereiche der Technik, der Gesellschaft beeinflussen. Von der chemischen Industrie mit diskontinuierlichen auf Photochemie basierenden Produktionsprozessen bis zur Verkehrstechnik. Hier nur einige Worte zu erneuerbaren Energien und ihren möglichen Einsatz in der Verkehrstechnik. Auf Strecken bis zu einem Kilometer Länge ist der Fußmarsch die schnellste Beförderungsart, denn jedes Fahrzeug braucht eine gewisse Rüstzeit, bis es schließlich ins Rollen kommt. Ein Fahrradfahrer, der sein Rad vom Abstellplatz abholt und am Zielort abstellt und sichert, ist einem Personenwagen auf Strecken bis zu zehn Kilometer Länge in jedem Fall zeitlich überlegen, bei langer Suche nach einem Parkplatz sogar auf größeren Strecken. Kein anderes Fahrzeug und fast kein anderes Lebewesen muß weniger Energie in seine Fortbewegung stecken als der Fahrradfahrer. Mit der Energie, die ein Auto für etwa 200 Meter verbraucht, kommt ein Fahradfahrer zehn Kilometer weit. Auf dem Stellplatz eines Autos können zehn klassische Fahräder abgestellt werden und fünf moderne Zweiräder. Fahrradfahren ist also nicht nur eine ideale Umsetzung von Biomasse in Energie, sondern bringt auch eine enorme Flächenersparnis mit sich.

Ein modernes Fahrrad – ob für zwei oder eine Person ausgelegt – hat mit der herkömmlichen Bauweise eines Fahrrades nicht mehr viel gemein. Das Sesselrad oder Doppelsesselrad, auch »Twice« (two passengers tricycle) genannt, ist ein Dreirad, dessen hervoragendstes Merkmal eine schnittige Kunststoffkabine ist, in der die beiden Fahrer (beim Doppelrad) nebeneinander sitzen. Die Form dieser Kabine entspricht modernstem Design, und ihre Luftwiderstandsbeiwerte lasssen sogar die der neuesten Sportwagen hinter sich. Während der klassische Fahrradfahrer bei Tempo 30 fast 500 Kilo Luft zur Seite schieben muß (was fast seine gesamte Tretenergie aufzehrt), hat der moderne Sesselfahrer nur noch 150 bis 200 Kilo beiseite zu schieben. Eleganz und Styling können es glatt mit einem Sportwagen heutiger Bauart aufnehmen, nur daß es nicht von einem Zwölfzylinder Einspritzmotor angetrieben wird, sondern ganz schlicht und einfach von den Beinmuskeln und der verzehrten Biomasse.

Stadtautos, optimiert auf eine Geschwindigkeit zwischen 30 und 50 Stundenkilometer, werden neben den Muskelfahrzeugen ihren Dienst tun. Diese Stadtautos, maximal zwei Meter lang, extrem wendig und leicht gebaut, werden von Hybridantrieben bewegt. In Hybridantrieben werden unterschiedliche Techniken miteinander kombiniert. Im Stadtverkehr beschleunigen Fahrzeuge oft kurz und rollen dann längere Strecken bis zum nächsten Halt. Es bieten sich daher Hybridantriebe an, die die Bewegungsenergie des Fahrzeugs beim Bremsen wiedergewinnen und für die nächste Beschleunigung zur Verfügung stellt.

Ein solcher Hybridantrieb ist die Kombination von Verbrennungsmotor, einem elektrischen Asynchronmotor und Batterien. Zum Beschleunigen nutzt man den Verbrennungsmotor, beim Bremsen leitet man die überschüssige Bewegungsenergie in die Batterien, beim Rollen sorgt der Elektromotor für einen gleichmäßigen Lauf. Statt des Verbrennungsmotors ist auch eine Kombination mit Brennstoffzellen denkbar. Antriebsmittel könnte Wasserstoff oder Bioöl sein. Auf jeden Fall wären dies hocheffizienten Fahrzeuge nichts neues; es gibt sie schon heute. Die ersten Versuchsfahrzeuge sind schon vorgestellt worden, Viersitzer mit hoher Reichweite, einer Maximalgeschwindigkeit von mehr als hundert Stundenkilometern und einem Verbrauch von weniger als zwei Litern auf hundert Kilometer.

Elektroautos, Fahrzeuge, die mit Batterien und elektrischem Antrieb fortbewegt werden, sind momentan sehr stark im Gespräch. Solange diese Fahrzeuge nicht mit aus erneuerbaren Energien hergestelltem Strom betrieben werden, gehören sie zu den Errungenschaften, die nur vordergründig ökologische Vorteile haben. Kommt die Energie aus fossilen Kraftwerken, so ist ein vernünftiger Spar-Verbrennungsmotor effizienter, gemessen an den Kohlendioxydemissionen. Kommt der Strom aus einem Kernkraftwerk, so bedeutet dies radioaktive Isotope. Weitere Problempunkte dieser Technologie sind die Stoffströme, die zur Herstellung der wiederaufladbaren Stromspeicher in Bewegung gesetzt werden müssen, und die Wiederverwendung der meist sehr kurzlebigen Akkumulatoren.

Unter den Rahmenbedingungen einer Energiewirtschaft auf der Basis erneuerbaren Ressourcen können im Lufttransport alte Techniken wieder zu neuer Bedeutung kommen. Nicht jede ausgestorbene Technik war schlecht. Erinnern wir uns: Als Charles Lindbergh 1927 in einem Flugzeug mühselig den Atlantik überquert hatte, hatten Zeppeline schon im Liniendienst die USA mit Deutschland verbunden. Das militärische Interesse an Flugzeugen und die »Hindenburg«-Katastrophe am 6. Mai 1937 in Lakehurst haben der Luftschifftechnik vorerst ein Ende bereitet. Moderne Luftschiffe haben nur noch die äußere Form mit ihren Vorgängern gemein. Die »Hindenburg« war mit dem leicht entzündlichen Wasserstoff gefüllt. Nun sorgt das unbrennbare Edelgas Helium für den Auftrieb. Hochfeste Kunststoffe bilden die Hülle, und Leichtbaumethoden mit Verbundbaustoffen erhöhen die Tragfähigkeit der Luftschiffe. Trotz der großen Gaskörper wird das Luftschiff der Zukunft sehr wendig sein. Starke Motoren, die sich in alle Richtungen drehen lassen, stabilisieren es selbst in den heftigsten Turbulenzen. Es kann punktgenau senkrecht auf und absteigen und liegt dabei ruhiger als ein Hubschrauber in der Luft. Ist Schnelligkeit gefordert, so treiben die Motoren das Schiff zu einer Geschwindigkeit von bis zu 200 Stundenkilometern an. Diese Luftschiffe sind mit einem automatischen Druckausgleich ausgestattet, so daß unabhängig von Flughöhe und wetterbedingten Luftdruckänderungen der Gasdruck konstant bleibt. Damit brauchen die modernen Luftschiffe keinen Balast mehr abzuwerfen oder wertvolles Heliumgas abzulassen wie ihre Vorgänger. Die große Außenfläche der Hülle wird mit Solarzellenfolien belegt sein und diese Schiffe mit dem so erzeugten Strom antreiben.

Doch auch dem klassischen Flugzeug ist eine Zukunft beschieden. Statt mit Kerosin könnten die Flugzeuge mit Solar-Wasserstoff angetrieben werden. Äußerlich würde sich solch ein Flugzeug nicht allzu sehr von den heutigen unterscheiden: Ein dickerer Rumpf, um die Wasserstofftanks unterbringen zu können, eventuell Entenvorflügel, die Flügel kleiner, da der Treibstoff Wasserstoff leichter ist und somit weniger Auftrieb notwendig ist, Motoren, die wie eine Kreuzung von Propeller und Düsentriebwerk aussehen. Solche UDF(unducted fan)-Turbo-Propellermotoren haben eine doppelte Reihe von Propellerblättern, die sich gegensinnig drehen. Sie sind viel sparsamer im Verbrauch als herkömmliche Triebwerke.

Diese Flugzeuge werden tiefer und langsamer fliegen als die heutigen, damit möglichst keine Abgase in die Stratosphäre getragen werden. Sie wären, weil sie Wasserstoff als Treibstoff nutzen, sogar sicherer als heutige Flugzeuge. Wenn eine kerosinbetriebene Maschine verunglückt, das Kerosin ausläuft und in Brand gerät, verbrennen oder ersticken die Passagiere. Wasserstoff breitet sich dagegen ungleich weniger weit aus, er verdampft dank seiner niedrigen Siedetemperatur von minus 253 Grad Celsius und seiner geringen Dichte sehr schnell. Ein Wasserstoffbrand wäre an einer Stelle konzentriert und würde nur ein Zehntel so lange dauern wie ein Kerosinbrand. Insgesamt wäre also die Chance der Passagiere zu überleben größer. Strom, Wasserstoff oder Bioöle aus erneuerbaren Energien sind auch Antriebsmittel für Züge, Lastwagen und Schiffe.

Verkehrsmittel, die erneuerbare Energien nutzen, sind von Natur aus eher langsam und können dadurch zu einer Entschleunigung unserer Gesellschaft beitragen. Die erneuerbaren Energien liefern aber genügend Antriebsmittel in Form von Muskelkraft, Strom aus Photovoltaik, Solar-Wasserstoff oder Bioölen, um der Energienachfrage des Verkehrsektors gerecht zu werden.

Eine Politik, die sich am Dreiklang von Solarenergie, Effizienz und Suffizienz orientiert, wird zahlreiche und neue Chancen eröffnen. Entwicklungsländern beispielsweise werden sich Möglichkeiten eröffnen, ihre Zahlungsbilanz auszugleichen, indem sie »heimische« erneuerbare Energieträger nutzen, und ländliche Gebiete mit Strom und Gas zu versorgen, ohne dafür zuerst ein großes, landesweites Versorgungsnetz aufbauen zu müssen. Die dezentrale Versorgung eines großen Teils der heute noch nicht mit Energie versorgten Gebiete wird nicht nur zur Folge haben, daß die Lebensqualität auf dem Lande steigt. Im Zuge dieser Versorgung mit Energie wird auch die Landflucht zurückgehen; in ländlichen Gebieten zu leben, wird attraktiver, wenn dank der jetzt dezentral verfügbaren Energie Kühlung, Beleuchtung, Kommunikation und Unterhaltung (TV und Radio) möglich werden.

In den Industrieländern könnte die Verlagerung der Prioritäten auf die erneuerbaren Energieträger neue Arbeitsplätze schaffen – wie viele, darüber gehen derzeit die Schätzungen noch weit auseinander. Grund für den zusätzlichen Arbeitskräftebedarf ist der dezentrale Charakter einer Versorgung mit erneuerbaren Energien. Für die Bundesrepublik Deutschland könnte dies nach ersten Schätzungen mehrere hunderttausende Arbeitsplätze bedeuten, für die EU mehrere Millionen. Das »International Network for Sustainable Energy« (INforSE) rechnet mit 600 000 bis 1 300 000 zusätzlichen Arbeitsplätzen in der EU innerhalb der ersten zehn Jahre einer Politik der Umstellung auf erneuerbare Energien. Das Worldwatch-Institut kommt zu dem Ergebnis, daß für die Erzeugung von jeweils tausend Gigawattstunden im Jahr durch Kernkraftwerke 100 Arbeitsplätze geschaffen werden, durch Kohlekraftwerke 116, Solarthermie 248 und Wind 542 Arbeitsplätze. In welchem Maß die Nutzung von Reststoffen und Energiepflanzen zur Arbeitsplatzsicherung und zum Schaffen neuer Arbeitsplätze in der Landwirtschaft beitragen wird, ist noch unbekannt.

Am Beispiel der Solarthermie hier ein paar Zahlen zum aktuellen Stand der Arbeitsplätze. Zur Zeit stammt ein Großteil der Weltproduktion von Solarkollektoren aus Ländern des Nahen Ostens. Die Türkei und Israel gehören mit einer Jahresproduktion von jeweils 400 000 Quadratmetern zu den weltweit größten Produzenten. Die bedeutendste Fertigungsindustrie der EG hat Griechenland, wo derzeit etwa 130 000 Quadratmeter pro Jahr produziert werden. In Deutschland wurden 1990 etwa 40 000 Quadratmeter hergestellt. Die Gesamtproduktion der EU des Jahres 1990 summierte sich auf 245 800 Quadratmeter. 500 Firmen fertigten, vertrieben und installierten im Jahre 1990 Solarkollektoren und beschäftigten bei einem Jahresumsatz von etwa 180 Millionen ECU etwa 3000 Menschen[164].

	Fossile Energien	Atomspaltung	Atomfusion	Solartherm. Wärme	Solartherm. Strom
Unbegrenzte Verfügbarkeit	nein	nein	ja	ja	ja
Reduzierung CO_2	nein	ja	ja	ja	ja
Reduzierung Wärmeemissionen	nein	nein	nein	ja	ja
Landschaftsschonung	nein	nein	nein	ja	ja
Vermeidung großer Unfallgefahren	nein	nein	vielleicht	ja	ja
Reduzierung administrativer Kosten	nein	nein	nein	ja	ja
Entlastung der Zahlungsbilanz	nein	ja	ja	ja	ja
Reduzierung internationaler Konflikte	nein	nein	nein	ja	ja
Soziale Akzeptanz	nein	nein	nein	ja	ja
Reduzierung öffentlicher Transportkosten	nein	nein	ja	ja	ja
Entstehung neuer industrieller Arbeitsplätze	nein	ja	ja	ja	ja
Förderung dezentraler Wirtschaftstrukturen	nein	nein	nein	ja	ja
Erhöhung der Energieautonomie (Industrieländer)	nein	ja	ja	ja	ja
Erhöhung der Energieautonomie (Entwicklungsländer)	nein	nein	nein	ja	ja

Tabelle 17: Soziale Kosten- und Nutzungsvergleich der Energieträger

	Photovoltaik	Wind	Biomasse-abfall	erneuerbare Biomasse-Pflanzung	Klein-wasserkraft	Groß-wasserkraft
Unbegrenzte Verfügbarkeit	ja	ja	ja	ja	ja	ja
Reduzierung CO_2	ja	ja	ja	ja	ja	ja
Reduzierung Wärmeemissionen	ja	ja	ja	ja	ja	ja
Landschafts-schonung	ja	ja	ja	richtig an-gewendet ja	ja	nein
Vermeidung großer Unfallge-fahren	ja	ja	ja	ja	ja	nein
Reduzierung administrativer Kosten	ja	ja	ja	nein	ja	nein
Entlastung der Zahlungsbilanz	ja	ja	ja	ja	ja	ja
Reduzierung internationaler Konflikte	ja	ja	ja	ja	ja	nicht immer
Soziale Akzeptanz	ja	ja	ja	richtig an-gewendet ja	ja	nein
Reduzierung öffentlicher Transportkosten	ja	ja	ja	nein	ja	ja
Entstehung neuer industrieller Arbeitsplätze	ja	ja	ja	ja	ja	nein
Förderung dezentraler Wirtschaftstrukturen	ja	ja	ja	ja	ja	nein
Erhöhung der Energieautonomie (Industrieländer)	ja	ja	ja	ja	ja	ja
Erhöhung der Energieautonomie (Entwicklungsländer)	ja	ja	ja	ja	ja	ja

Quelle: Scheer, H.: Sonnenstrategie – Politik ohne Alternative -, Piper Verlag, München 1993

Nicht nur in den Entwicklungsländern bedeutet die Nutzung erneuerbarer Energietechnolgien eine Entlastung der Zahlungsbilanzen. Im Jahr 1990, sind in der EU 60 Milliarden ECU, alleine für Ölimporte, an Zahlungen ins Ausland gegangen. Im selben Zeitraum hat die BRD zirka 50 Milliarden DM für den Import von Energieträgern gezahlt. Die Nutzung der heimischen Quellen erneuerbarer Energietechnolgien läßt einen immer größer werdenden Teil dieser Geldmittel innerhalb der Länder. Von diesem Geldfluß werden in den Industrieländern hauptsächlich die ländlichen Gebiete profitieren. Würde man nur etwa zehn Prozent der Stromversorgung der EU mittels Biomasse produzieren, zu einem Preis von zwölf bis zwanzig Pfennig, so bedeuted dies, einen zusätzlichen Umsatz für diese Regionen und die Biomasse verarbeitenden Industrien von 23 bis 38 Milliarden DM pro Jahr. Diese Möglichkeit einer zusätzlichen, langfristig gesicherten Einnahmequelle senkt den Bedarf an Subventionen im landwirtschaftlichen Sektor.

Die Sicherheitspolitik der Industrieländer ist im starken Maße von der Energieversorgung beeinflußt. Ein Golfkrieg, mit geschätzten Kosten von 60 Milliarden Dollar, war ein Krieg zur Sicherung der Ölreserven für die Industrieländer. Erneuerbare Energietechnologien fußen auf Ressourcen die weltweit sehr weit verbreitet sind. Die Erpressbarkeit der Länder sinkt daher aus zwei Gründen. Erstens weil sie eine höhere Eigenversorgung mittels effizienter und erneuerbarer Energietechnologien erreichen können (auch außerhalb des Sonnengürtels), und zweitens weil fast jedes Land im Sonnengürtel der Erde Energie für Exportzwecke liefern kann. Der hohe Anteil an Eigenversorgung und die Möglichkeit vieler Länder des Sonnengürtels Energie zu exportieren, wird sicherlich das Gliechgewicht zwischen Industrieländern und den heutigen Entwicklungsländern verändern. Erneuerbare Energie wird meist dezentral geerntet, es entstehen keine großen Komplexe und das Fehlen von großen Konzentrationen an chemischen oder gar radioaktiven Stoffen, um die es sich lohnen würde zu kämpfen oder die Ziel terroristischer Anschläge werden könnten, tragen zur politischen Risikoarmut dieser Technologien bei. Dies und die hohe soziale Akzeptanz der meisten Solartechnologien sind weitere positive Aspekte. Die meisten Technologien zur Nutzung der regenera-

Abbildung 36: Gesellschaft heute und morgen. Heute zentral und morgen dezentral

tiven Energien sind von allen Ländern der Welt heute schon beherrschbar, so daß auch keine Spannungen zwischen den technologischen Habenichtsen und den Habenden auftreten können. Die Gleichverteilung der Ressourcen, die allgemeine Zugänglichkeit, die geringen sozialen Implikationen haben dazu geführt, daß erneuerbare Energietechnologien auch die »demokratischen« oder »friedlichen« Energietechnologien genannt werden.

Die Auswirkungen auf die Gesellschaft werden noch vielfältiger sein, als wir es uns heute denken können und sicherlich nicht in allen Fällen positiv. Angefangen bei der Organisation unserer Gesellschaft, die von den Produktionsverfahren über die Industriestrukturen ein anderes Gesicht bekäme (siehe auch Abbildung 36), bis hin zu sozial-psychologischen Auswirkungen auf die Menschen, die in einer solchen Gesellschaft leben. Eine stabile Versorgung mit Energie, unter den Bedingungen, die die erneuerbaren Energietechnologien aufwerfen, kann durch elektronische Datenverwaltung und Kommunikation erleichtert werden. Die Organisation vieler kleiner unterschiedlicher und gleichberechtigter Produzenten und ein effizientes Netzmanagement, bis zum einzelnen Verbraucher, wird ein interessantes und lohnendes Anwendungsgebiet für den »Datahighway« und zukünftiger EDV Systeme sein. Diese Form der Organisation unterscheidet sich erheblich von der heutigen zentralen Organisation der Energiewirtschaft.

Über die sozial-psychologischen Auswirkungen läßt sich nur spekulieren. Wird die Nutzung der Solarenergie den Menschen wieder den natürlichen Rhythmen seiner Region näher bringen? Vielleicht. Das hängt unter anderem auch davon ab, ob die Gestaltung der Lebensräume dies zulassen. In einem Solarhaus wird der Mensch diese Zyklen mehr wahrnehmen als in einer Mietwohnung, die mittels Biomasse geheizt wird und wo der Strom nach wie vor aus der Steckdose kommt. Wird die Gesellschaft entschleunigt? Nun auch Bioöl Fahrzeuge können sehr schnell gefahren werden. Auch in einer solar versorgten Gesellschaft können wir hektisch und betriebsam der Arbeit und dem Konsum hinterher hetzen.

Wird die zunehmende Dezentralisierung der Energiewirtschaft zum neuen Regionalismus beitragen? Wahrscheinlich. Viele Fragen können aufgeworfen werden, und nur sehr spekulative Antworten sind möglich.

Eines ist aber sicher, heute kann der Einstieg in den »SES«-Pfad Mut machen. Die Ohnmacht des einzelnen gegenüber den großen Problemen der Zeit und die daraus resultierende Resignation bei alten, und was besonders gefährlich ist, bei jungen Menschen, läßt sich mildern. An der Bevölkerungsexplosion kann der einzelne nicht unmittelbar etwas ändern. An der Versorgung mit Energie durch dezentrale erneuerbare Energietechnologien, beim Einsatz effizienter Techniken in seinem Umfeld ist gerade der einzelne gefragt. Eine dezentrale Energieversorgung, ob in den Industrienationen oder in den Entwicklungsländern entwickelt sich wahrscheinlich eher und besser von unten, aus der Bevölkerung heraus, als daß sie von oben bestimmt wird. Der einzelne als Hausbesitzer, Landwirt, Mieter, Mitglied einer Betreibergesellschaft hat die Möglichkeit seinen Teil zu seinem eigenen effizienten und suffizienten Umgang mit Energiedienstleistungen und Versorgung mittels erneuerbaren Energietechnologien beizutragen. Dieses ist unmittelbare Gesellschaftsveränderung. Einige Pioniere zeigen auf, wo der »SES«-Pfad entlang geht, meist folgen die Nachbarn und Kollegen nach kurzer Zeit (siehe auch Kapitel Maßnahmen und Nachwort). Dies hat die Geschichte der erneuerbaren Energien bisher auch bestätigt. Erfolgsgeschichten der erneuerbaren Technologien sind alle von unten, von den einzelnen in den letzten zwei Jahrzehnten geschrieben worden. Ob es die vielen Betreibergesellschaften waren bei der Einführung der Windenergie, das Programm zum Selbstbau von Kollektoren in Österreich, die Kleinwasserkraftwerke in der Karibik oder die kostengerechte Vergütung in Deutschland, um nur einige wenige Beispiele zu nennen, alles Initiativen kleiner Gruppen von Menschen. Dies sollte Mut machen, dies ist die Antwort auf die Frage vieler, was man tun kann, und dies ist eine Verpflichtung. Die Möglichkeiten der heutigen Nutzung der erneuerbaren Energien, im Falle von Betreibergesellschaften sogar schon mit kleinem finanziellen Aufwand, verpflichtet uns zu handeln, wenn wir diesen Wandel wollen, wenn wir die Umweltprobleme ernst nehmen. Der Spruch »ich kann eh nichts machen« gilt für die erneuerbaren Energien nicht.

Reportage aus der Zukunft (2003): Solarthermische Kraftwerke in Nordafrika

Die Sonne brennt heiß und unnachgiebig. Die Quecksilbersäule des altmodischen Thermometers an der Wand der Karawanenstation klettert auf 45 Grad Celsius. Wer kein Beduine ist, wandert hier nicht freiwillig und schon gar nicht mitten am Tag. Und trotzdem, in einiger Entfernung steht ein berühmtes Bauwerk, das sich gerade zu dieser Tageszeit zu besichtigen lohnt. Eine kleine Karawane einheimischer Beduinen bricht auf. Wankend erheben sich die Kamele mit lautem Klagen über die unangenehme Unterbrechung ihrer Ruhe. Wir fahren mit dem Landrover zu diesem Bauwerk.

Ägypten. Eine Million Quadratkilometer groß, davon 95 Prozent Wüste. Land der Pharaonen und des Sonnengottes Re. Vor Jahrtausenden entstanden hier am Nil die berühmtesten Bauwerke der Welt, die Pyramiden. Die Grabstätten der Pharaonen liegen vor uns, Ausdruck und Zeugen eines einzigartigen Totenglaubens. Viele Geheimnisse ranken sich nach wie vor um diese Bauwerke einer längst vergangenen Kultur. Die Zeit scheint still zu stehen. Kein Wind weht, der erfrischen könnte, kein Schattenwurf, der Kühle verspricht. Die Sonne steht auf dem höchsten Punkt und brennt. Der Durst und der Wunsch nach einem kühlen Bier bleibt, wird verdrängt und schließlich gelöscht mit lauwarmen Wasser, das wir im Wagen mitführen.

Dann urplötzlich, wie durch Geisterhand, Lichtreflexionen am Himmel. Wüßten wir es nicht besser, würden wir dem Glauben verfallen, eine Fata Morgana trübe unsere Sinne, und Re schicke uns den Wahnsinn. Doch es ist anders, wir sind fast am Ziel. »*Mahtet Tawlid Kaharba Bel Taka Elschamsiea*« das Sonnenkraftwerk, steht am Eingang auf dem großen Schild. Das bisher einzige solarthermische Kraftwerk in den weiten Wüstengebieten von Ägypten. 120 Megawatt sind hier in den vergangenen drei Jahren installiert worden, weitere 120 Megawatt sollen folgen. Dieses Kraftwerk produziert elektrischen Strom aus der eingestrahlten Sonnenenergie. Teile des hier gewonnenen Stroms werden für gutes Geld nach Europa verkauft.

Stolz berichtet uns der ägyptische Direktor der Anlage, daß dies das erste solarthermische Kraftwerk der Welt ist, das den elektrischen Strom nur aus Sonnenenergie gewinnt, ohne eine fossile Zusatzfeuerung. Der Bedarf in der Nacht wird aus überschüssiger Energie der Sonne vom Tag gedeckt, die in einem Speicher »gelagert« wird. Das Kraftwerk besteht aus vier Dreißig-Megawatt-Turmanlagen mit Spiegeln (Heliostaten), die einen Durchmesser von fast 50 Metern haben. Die Lichtreflexionen, die wir bei der Anreise aus der Ferne schon wahrgenommen haben, werden von diesen Spiegelflächen verursacht.

Anlagen dieser Art und Parabolrinnenanlagen sind nicht nur in Ägypten, sondern entlang der Mittelmeerküste Nordafrikas, also auch in Marokko, Tunesien, Algerien, Libyen, Jordanien und Israel, geplant und realisiert worden. Führend in diesem Geschäft war Marokko, wo schon Ende der neunziger Jahre mit dem Ausbau solcher Kraftwerke begonnen wurde. Insgesamt soll eine Kapazität von 50 Gigawatt in Nordafrika in den nächsten zehn Jahren erstellt werden. Diese Energie soll dann teilweise gegen gute Devisen an die energiehungrigen Staaten in Europa geliefert werden. Dabei haben es die nordwestlichen Staaten Afrikas einfacher, ihre Stromlieferungen müssen nur die Straße von Gibraltar überwinden. Auch auf anderen Kontinenten werden solche Anlagen in großer Zahl installiert. In Kalifornien wurde das älteste Feld thermischer Solarkraftwerke erweitert, in der Nähe von Mexiko City sind einige entstanden, und auch in Asien sind erste Anlagen installiert worden.

»Sie sind aus Deutschland, nicht wahr?«, fragt uns der Mann im benachbarten Dorf mit dem bunten Aufdruck »Power for the people« auf dem T-Shirt. »Ein Bier?«, fragt er weiter. Wir nicken ungläubig, und tatsächlich wird uns ein gekühltes Bier angeboten. »Der Kühlschrank«, berichtet der Mann lächelnd, »wird duch eine Absorptionskältemaschine betrieben. Wir nutzen die Sonnenwärme auch, um Kälte zu produzieren. Und«, fährt er schmunzelnd fort, »solange keine ›ägyptische Finsternis‹ über dieses Land hereinbricht, wird das Kraftwerk dort noch umweltschonend Strom produzieren, wenn meine Ur-Enkel schon Großväter sind.«

Und warum läuft's nicht? Hemmnisse

*»Der Sand im Getriebe unserer Zeit ist jener,
den wir uns in die Augen streuen.«*
Andre Brie

Die Energieträger, die der Mensch benutzt, und die Energietechnologien, die er sich zunutze macht, sind eng verflochten mit seiner kulturellen, wirtschaftlichen und politischen Entwicklung. Angefangen mit der Muskelkraft von Mensch und Tier und mit der Biomasse – die das Feuer nährte – hat sich der Mensch die unterschiedlichsten Energietechnologien angeeignet oder sich zur jeweils herrschenden gesellschaftlichen Organisationsform die passenden Technologien gesucht (siehe Tabelle »Zeittafel zu Energietechnologien und Gesellschaft«). Diese Interdependenz von Gesellschaft und Technologie drückte sich nicht nur darin aus, daß der Mensch bevorzugt solche Technologien sucht und entwickelt, die in seine Zeit passen, sondern auch umgekehrt darin, daß er bekannte, vielversprechende Technologien vernachlässigt. Die Meinung vieler Technologen, in ihrem Metier werde stets das realisiert, was technisch machbar sei, ist also irrig. Die Frage, warum eine Technologie sich zu einem bestimmten Zeitpunkt entwickelt hat, läßt sich nur beantworten, wenn bei der Suche nach dieser Antwort das gesellschaftliche und kulturelle Umfeld der Zeit im Blick bleibt. Für uns bedeutet das den Umkehrschluß, daß auch wir unser zukünftiges Energiesystem nicht nur nach technologischen Gesichtspunkten aufbauen können.

Energie-quelle	Technische Form der Anwendung	gesellschaftliche Form der Anwendung (vorwiegende Arbeitsorganisation)	Zeitübersicht
Muskel-kraft	Hebel, Keil, Flaschenzug, schiefe Ebene	In der Antike: Sklaverei	Vorgeschichte (1. Anwendung von Hebel und Keil) und Antike
Wasser-, Windkraft	Unterschlächtiges Wasserrad Oberschlächtiges Wasserrad Windmühlen (Wellen und Übersetzung), Blockwindmühle Holländische Windmühle	Leibeigenschaft (Abhängigkeit von geistlichen oder weltlichen Grundherren) Zunftorganisation (Handwerkertum in den Städten)	8.–10. Jahrhundert in der Antike bekannt 14. Jahrhundert 17. Jahrhundert
Chemische Energie Kohle (Gas) Erdöl	Dampfmaschine (große standortgebundene Maschinen) Dieselmotor (transportable Antriebsmaschine)	Fabrikwesen und Unternehmertum Multinationale Konzerne	18./19. Jahrhundert 20. Jahrhundert
Atomare Energien	Kraftwerke (nahezu ausschließliche Anwendung)	Staatlich subventionierte Konzerne	Seit ca. 1960
Regenerative Energien	Wasser, Wind, Biomasse, Solarthermie (passiv, aktiv und zentral), Photovoltaik (Dezentrale und zentrale Produktion)	Betreibergesellschaften, Individuelle Betreiber (EDV, Datahighway)	Ende des 20. Jahrhunderts und 21. Jahrhundert

Tabelle18: Zeittafel zu Energietechnologien und Gesellschaft
Quelle: teilweise nach Varchmin, J. und Radkau, J.

Versuche in Vergangenheit und Gegenwart, die erneuerbaren Energien auf dem Markt einzuführen, stießen und stoßen immer wieder auf eine Reihe von Hemmnissen. Da ist zuerst einmal die intellektuelle Hürde, mangelndes Wissen. Eine weitere Hürde ist die strukturelle: Die heutige Energiewirtschaft in den industrialisierten Ländern ist zentralistisch aufgebaut; eine Energiewirtschaft der erneuerbaren Energien wäre dezentral organisiert. Eine dritte Hürde, die man nicht unterschätzen sollte, sind sicherlich die Kosten.

Letztere läßt sich durch eine Verbesserung der Wettbewerbsfähigkeit der Sonnenenergietechniken im In- und Ausland beiseite räumen. Es ist in vielen Fällen richtig: Die Gestehungspreise für Strom und Wärme aus erneuerbaren Energien, über die in der öffentlichen Diskussion so oft geklagt wird, sind ein Hindernis. Wir haben bereits gezeigt, welche Technologien heute schon an der Wirtschaftlichkeitsschwelle sind und welcher soziale Nutzen aus dem Einsatz der erneuerbaren Energien folgen kann.

Die zentralisierte Struktur der gegenwärtigen Energieversorgung bremst die breitere Anwendung der regenerativen Energiequellen, weil Milliardeninvestitionen in konventionelle nukleare und fossile Energietechnologien nicht nur private und staatliche Investitionsmittel binden, sondern auch den Aufbau einer dezentralen, flexibleren und insbesondere effizienteren Form der Energieversorgung blockieren. Ändert sich das bis heute noch stark zentralistisch geprägte Denken, Planen und Handeln der Akteure im Energiesektor nicht, so bleibt die Installation dezentraler Systeme auf der Basis erneuerbarer Energien weiterhin auf Nischenanwendungen beschränkt. Doch auch dort, wo einzelne Pioniere Techniken der erneuerbaren Energien einsetzen wollen, werden sie von rechtlichen und administrativen Hürden behindert.

Der Stellenwert der regenerativen Energien wird in der energiepolitischen Debatte immer noch zu gering eingeschätzt. Zum Teil liegt es an der Unwissenheit der Akteure in der Energiepolitik über Möglichkeiten, Potentiale und Preise der erneuerbaren Energien. Zum anderen aber werden einige derer, die heute das Geschehen auf dem Energiemarkt mitbestimmen, auf lange Sicht in einer dezentralen Energiewirtschaft die Verlierer sein. Ihre persönliche Entwicklung und ihre berufliche Karriere sind mit den Strukturen von heute verknüpft; dementsprechend klein ist ihr Interesse daran, daß sie sich ändern. Dieses Zusammenspiel von Unkenntnis und

Desinteresse an der Förderung der erneuerbaren Energien wird ergänzt durch die Argumentation derer, die eine solche Förderung für den verkehrten Weg halten.

Viele Personen aus den eben beschriebenen Kreisen gehören aber den kapitalkräftigen Teilen der Energiewirtschaft, der Grundstoffindustrie, der Energieversorger oder der Anlagenindustrie an. Mit ihrem Kapital und noch viel schlimmer mit ihrem Einfluß auf Politik und öffentliche Meinung verhindern sie ein Umschwenken in nennenswertem Umfang auf die erneuerbaren Energien. Selbstverständlich – und glücklicherweise – gibt es in den genannten Wirtschaftszweigen nicht nur Ablehnung gegenüber Neuerungen von Struktur und Technikbasis der Energiewirtschaft. Eine Reihe von Energieversorgern, Energielieferanten und Anlagenherstellern beschäftigt sich ernsthaft mit einer Energiezukunft auf der Basis erneuerbarer Ressourcen und sucht seine Rolle darin.

Zersplitterte Zuständigkeiten in den Verwaltungen, ein veraltetes Energierecht, verwaltungstechnische Hemmnisse und fehlendes Interesse bei den Entscheidungsträgern in den zuständigen Behörden sind weitere Hürden. Einer der Eckpfeiler einer realen Solarstrategie muß deshalb in der Verbesserung der rechtlichen und administrativen Rahmenbedingungen sowie in Informationen für die Zuständigen in den Verwaltungen und ihre Aus-, Weiter- und Fortbildung bestehen.

Zahlreiche Techniken zur Nutzung erneuerbarer Energien, zum Beispiel Windkraftanlagen, sind in den letzten Jahren trotz der relativ bescheidenen Forschungsförderung zur Einsatzreife entwickelt worden. Soll sich dieser Prozeß fortsetzen und in nennenswerte Marktanteile münden, dann müssen Forschung, Entwicklung und Demonstration von Anlagen, Konzepten und Materialien für die Nutzung der erneuerbaren Energien kontinuierlich und am Markt orientiert vorangetrieben werden. Die Exportchancen der inzwischen gegen all diese Hemmnisse entstandenen Industrie werden kaum durch Fördermittel verbessert; im Gegenteil. In anderen Ländern wird inzwischen eine wachsende Zahl entsprechender Projekte ausgeschrieben. Chancen der deutschen Industrie, dabei zu sein, werden durch ungenügende politische Unterstützung verspielt.

Das größte Hemmnis ist aber die nach wie vor ausstehende Entscheidung auf politischer Ebene, diesen Weg konsequent zu gehen, Ernst zu machen mit all den Lippenbekenntnissen zu einem konkurrenzfähigen und ökologisch zukunftsfähigen Industriestandort Deutschland.

Was tun? Maßnahmen

Die Sonnenenergie stärker zu nutzen ist im Grunde schon heute eine Notwendigkeit. Nicht nur umweltpolitische Gründe verlangen, die Markteinführung zu beschleunigen, sondern auch energie-, industrie- und entwicklungspolitische Gründe. Ein planvoller Ausbau der Marktchancen der erneuerbaren Energien ist nur möglich in gemeinsamer Anstrengung aller gesellschaftlichen Gruppen und Organisationen. Ob Bund, Länder, Kommunen oder die Wirtschaft, alle müssen über das bisher Getane hinaus weitere Anstrengungen unternehmen, um die neuen Energietechnologien in den Markt der Industrieländer und der Entwicklungsländer einzuführen. Eckpfeiler einer solchen realen Solarstrategie ist die Überwindung der genannten Hemmnisse für die Nutzung der erneuerbaren Energien.

Die Technologien der erneuerbaren Energien brauchen eine Förderung auf breiter Front, von privaten Initiativen einzelner Menschen bis zur öffentlichen Starthilfe. Öffentliche Anstrengungen sollten sich auf folgende Handlungsfelder konzentrieren:

1) Verbesserung der Wettbewerbsfähigkeit, Starthilfen für die Markteinführung und die verstärkte Nutzung im In- und Ausland.
2) Verbesserung der rechtlichen und administrativen Rahmenbedingungen für den Einsatz erneuerbarer Energien.
3) Bessere Information, Beratung, Aus-, Fort- und Weiterbildung.
4) Marktorientierte Forschung, Entwicklung und Demonstration von Anlagen und Materialien zur Nutzung erneuerbarer Energien.

Der Aufbau einer Sonnenenergiezukunft fängt bei uns allen an, den Privatmenschen, den Hausbesitzern, den Landwirten, den Lehrern und und und. Was kann der und die einzelne für den SES-Pfad und gegen die existierenden Hemmnisse tun? Eingefahrene Strukturen, Lebensformen, Weltbilder und so fort lassen sich nur von der Basis aus erneuern. Der Druck zur Veränderung muß aus der Mitte der Gesellschaft kommen, aus Alltag und Familie, damit die Entscheidungsträger in Politik und Wirtschaft die richtige Richtung einschlagen.

Praktisch jedem bietet sich ein breites Spektrum von Möglichkeiten. Hier nur einige Beispiele: Jeder Hausbesitzer oder Bauherr sollte überprüfen, wieviel Energie sein Haus braucht, das er bereits hat oder baut oder plant, und er sollte diesen Verbrauch so weit nach unten drücken wie möglich. Darüber hinaus sollte er sich damit befassen, inwieweit er Solararchitektur, dezentrale Solarthermie und Photovoltaik einsetzen kann und will. Vor der Installation einer solarthermischen oder photovoltaischen Anlage auf dem Dach sind Vorüberlegungen nötig. Baugenehmigungen müssen eingeholt werden, die Statik der Dachkonstruktion muß den Anforderungen genügen. Auch die Vorschriften des Denkmalschutzes müssen eingehalten werden. Soll eine Photovoltaikanlage parallel zum Stromnetz betrieben werden, muß sie vor Baubeginn bei dem zuständigen EVU angemeldet werden. Informationen geben die zuständigen Baubehörden, die Verbraucherberatung und die Verbände, die sich die erneuerbaren Energien zur Aufgabe gemacht haben; Ratschläge sollte man sich bei Planern (Architekten, Ingenieuren u. ä.) holen, die mit Solartechnik Erfahrung haben. Reicht beim Bau eines Hauses das Kapital nicht zum Einbau einer Photovoltaik- oder Solarthermieanlage, so kann dennoch der spätere Einbau baulich vorbereitet werden, meist sogar ohne Zusatzkosten.

Reststoffe, ob nun Gülle, Stroh oder Holz, fallen in jedem land- und forstwirtschaftlichen Betrieb an und können genutzt werden. Auch hier sind die Tips erfahrener Fachleute von unschätzbarem Wert. Wer zum Beispiel Biogas aus Gülle produzieren will, kann die Ausbeute verbessern, indem er zerkleinertes Stroh oder auch Gras beimischt. Zusätzlich können Abfälle aus Schlachthöfen, Molkereien etc. hinzugegeben werden. Da der Betreiber einer Biogasanlage solchen Lieferanten Abfallgebühren erspart, kann er diese sogar in Rechnung stellen und zusätzlichen Gewinn machen. Wichtig ist aber, daß für das ausgefaulte Substrat genügend landwirtschaftliche Fläche zur Verfügung steht und die Lebensbedingungen für die Mikroorganismen optimal sind; denn die machen die Hauptarbeit. Um eine solche Anlage zu finanzieren, können sich Landwirte zu Genossenschaften oder Betreibergesellschaften zusammenschlie-ßen und ihre Reststoffe gemeinsam nutzen.

Windkraftanlagen und Kleinwasserkraftwerke sollten an guten Standorten errichtet oder modernisiert werde. Wenn die Kosten für einen Investor zu groß sind, kann eine Betreibergesellschaft ge-gründet und die finanzielle Last auf viele Schultern verteilt werden. Auch hier muß verschiedenen Anforderungen Rechnung getragen werden. Grundsätzlich ist für eine Windkraftanlage eine Baugeneh-migung nötig. Mindestabstände zu Nachbargebäuden müssen ein-gehalten werden; die Genehmigungsrichtlinien gibt es bei den zu-ständigen Landesbauämtern oder den oben genannten anderen Stellen. Ein Geräuschgutachten kann erforderlich sein, da, abhän-gig von der Siedlungsstruktur, bestimmte Geräuschgrenzwerte ein-gehalten werden müssen. Bei Wasserkraftwerken sind die Wasser-rechte und die Wasserqualität von Bedeutung. Und sowohl Wind-wie auch Wasserkraftanlagen müssen Rücksicht nehmen auf die Anforderungen des Natur- und Landschaftsschutzes.

Jeder Bürger einer Gemeinde kann durch einen Bürgerantrag Einfluß auf den örtlichen Energieversorger nehmen, da der meist in kommunaler Hand ist. Solch ein Bürgerantrag kann zum Beispiel verlangen, daß das EVU kostengerechte Vergütung für Strom aus erneuerbarer Energie anbietet, falls das noch nicht geschieht. Unter kostengerechter Vergütung versteht man, daß Betreiber von strom-erzeugenden Anlagen, die erneuerbare Energierohstoffe nutzen, für ihren Strom einen Preis bekommen, der den real anfallenden Kosten entspricht.

Rechtlich ist das möglich. Der aus erneuerbaren Energiequellen (Wasser, Wind, Biomasse oder Photovoltaik) erzeugte Strom wird vom Anlagenbetreiber in das öffentliche Netz eingespeist. Der Be-treiber erhält eine Einspeisevergütung, die seine Kosten deckt, soweit diese Kosten bei elektrizitätswirtschaftlich rationeller Betriebsführung unvermeidlich sind. Bezahlt wird die kostendeckende Vergütung durch das aufnehmende EVU, welches seinerseits die Mehrkosten, die ihm dadurch entstehen, auf die Stromverbraucher umlegt. Die Verbraucher erhalten einen »Mischstrom« mit einem solaren Anteil und zahlen dafür einen »Mischpreis«.

Die kostendeckende Vergütung ist innerhalb der Elektrizitätswirtschaft – die ja nicht marktwirtschaftlich strukturiert ist, sondern ein gesetzlich gewolltes Monopol – eine Selbstverständlichkeit. Jeder Kraftwerksbetreiber erhält für den gelieferten Strom eine Vergütung, die (mindestens) seine betriebswirtschaftlichen Kosten deckt. Auch teurer Strom darf dort kostendeckend vergütet werden, soweit die Ausgaben bei elektrizitätswirtschaftlich rationeller Betriebsführung unvermeidbar sind. Dies gilt zum Beispiel für den teuren Strom aus Pumpspeicherkraftwerken, weil diese der Sicherheit der Stromversorgung dienen. Die gesetzliche Grundlage findet sich im Energiewirtschaftsgesetz. Probleme ergeben sich erst dort, wo private Betreiber außerhalb der Elektrizitätswirtschaft gleiches Recht beanspruchen, das heißt ebenfalls eine kostendeckende (Einspeise-)Vergütung. Grund dafür, daß das abgelehnt wird, kann neben der Höhe der Vergütung eine Abwehrhaltung gegen die aufwachsende Konkurrenz der erneuerbaren Energien sein.

In der Elektrizitätswirtschaft ist »elektrizitätswirtschaftlich rationelle Betriebsführung« die Voraussetzung für eine Strompreisgenehmigung durch die Strompreisaufsicht. So steht es in der Bundestarifordnung Elektrizität, abgekürzt BTO Elt, im Paragraphen 12. Die gleiche Einschränkung gilt selbstverständlich auch für die Einspeiser von Strom aus erneuerbaren Energiequellen. Nur diejenigen Kosten dürfen vom aufnehmenden EVU auf den Strompreis umgelegt werden, die unbedingt erforderlich sind[165].

Um den Betreibern von Solaranlagen einen finanziellen Anreiz zu Effektivität und Preisgünstigkeit zu geben, sollte man ihnen eine Einspeisevergütung gewähren, deren Höhe vom Baujahr der Anlage abhängt. In einem standardisierten Verfahren läßt sich leicht feststellen, welche Kosten eine optimierte Anlage einer Bauserie verursacht. An diesen Kosten, einschließlich der Kosten für die nötigen Beschaffungskredite, sollte sich die Einspeisevergütung orientieren. Ineffizienz bei Bau und Betrieb können dann nicht auf die Preise abgewälzt werden. Alle ein bis zwei Jahre sollte die Einspeisevergütung für die dann neu produzierten Anlagen überprüft werden.

Verschiedene Preisaufsichtsbehörden haben sich bereits mit der kostendeckenden Vergütung befaßt. Nach ihren Entscheidungen kann man davon ausgehen, daß Strom aus Wasser, Biomasse, Wind und photovoltaischen Anlagen bis zu einer Höhe von einem Prozent des Stromverbrauchs einer Region »kostengerecht« vergütet werden kann. Diese Festlegung auf ein Prozent ist eine politische Entscheidung. Nach einem Gutachten von Ulrich Immenga kann eine Tariferhöhung um drei Prozent – und aus umweltpolitischen Erwägungen auch um wenige Prozentpunkte darüber hinaus – von der Aufsichtsbehörde toleriert werden.

Das Modell der kostengerechten Vergütung ist insbesondere wegen seiner Langzeitwirkung geeignet, die Einführung der erneuerbaren Energien auf dem Energiemarkt zu beschleunigen. Die kostendeckende Vergütung verschafft den erneuerbaren Energien mit einem politischen Mittel einen Markt, den sie sonst derzeit nicht hätten. Solch ein »politischer« Markt scheint vorübergehend aus verschiedenen Gründen nötig zu sein: damit der Klimaschutz vorankommt, damit in die Solartechnik die Massenfertigung einkehren kann und die Kosten sinken und damit die besonderen strukturellen Hemmnisse überwunden werden, die die Marktchancen dieser Techniken bisher klein halten.

Unabhängig davon, daß es sinnvoll und wünschenswert ist, wenn eine kostengerechte Einspeisevergütung genehmigt wird, wäre darüber hinaus eine bundesweite gesetzliche Regelung erstrebenswert, die die kostengerechte Einspeisevergütung für Strom aus erneuerbaren Quellen nicht mehr der Freiwilligkeit einzelner Energieversorger überläßt, sondern – in einem wirtschaftsverträglichen Umfang – verbindlich vorschreibt. Diese Regelung sollte gelten, bis die innerdeutsche Solarstromproduktion einen Anteil von anfangs einem und später bis zu fünf Prozent an der gesamten deutschen Strom-Jahresproduktion erreicht. Wenn ein Prozent der Stromproduktion auf diese Art finanziell gefördert wird, bedeutet das eine Unterstützung der erneuerbaren Energien im Umfang von insgesamt 800 Millionen Mark.

Der Aufbau einer Stromversorgung aus erneuerbaren Quellen verlangt einen langen Atem. Zwar liefern die erneuerbaren Energien zum gegenwärtigen Zeitpunkt keinen bedeutenden Beitrag zur Stromversorgung, doch ist ein bedeutender Zuwachs bei gleichzeitiger drastischer Preissenkung möglich, wenn der Einstieg in die Massenproduktion gelingt. Massenproduktion setzt eine berechenbare, gleichmäßige Massennachfrage voraus. Strohfeuerartig aufflammende und rasch wieder verlöschende Nachfrageschübe, wie sie nahezu zwangsläufig auftreten, wenn ein Förderprogramm aus Steuergeldern finanziert wird, sind nicht hilfreich. Eine Förderung der erneuerbaren Energien muß deshalb daran gemessen werden, ob die Finanzierung über einen langen Zeitraum gesichert ist. Dies ist bei der vorgesehenen Finanzierung über den Strompreis der Fall.

Zwar ist das Modell der kostengerechten Einspeisevergütung ursprünglich aus Gründen des Umweltschutzes entworfen worden, doch wird es in beträchtlichem Umfang neue Arbeitsplätze im Solaranlagen installierenden Handwerk schaffen. Der Export von Anlagen, die erneuerbare Energien nutzen, wird mehr und mehr zum Arbeitsplatzfaktor. Ein Beispiel dafür ist die Entwicklung des Exports von Windanlagen aus Dänemark. Die Märkte für Solarenergieanlagen liegen hauptsächlich in den Entwicklungsländern; diese Länder gehen immer mehr dazu über, solche Exportländer zu bevorzugen, die selbst diese Technologien in hohem Maße fördern und im eigenen Land ihre Marktreife demonstriert haben.

In Anbetracht des hohen Flächenbedarfs für die »Ernte« von Solarstrom mit Photovoltaik müssen in aller Regel Anlagen, die auf bereits versiegelten Flächen aufgestellt werden können, den Freilandanlagen vorgezogen werden. Dies spricht für Solaranlagen auf Gebäudedächern und an Fassaden. Da auch das Preis-Leistungsverhältnis solcher Anlagen besser ist als das großer Freilandanlagen, sprechen beide Gesichtspunkte für eine Förderung dezentraler, das heißt, vorwiegend privater Anlagen.

Kostengerechte Vergütung des gelieferten Stroms weckt das Eigeninteresse des Betreibers an einer gut funktionierenden Anlage vom Beginn der Planung bis zur endgültigen Außerbetriebnahme. Jeglicher staatlicher Verwaltungsaufwand kann deshalb entfallen.

Die bisherige Förderpraxis dagegen, den Bau von Stromerzeugungsanlagen finanziell zu unterstützen, nicht aber die Produktion von
Strom, verlangt hohen staatlichen Prüfungs- und Überwachungsaufwand, damit die eingesetzten Fördermittel auch effektiv genutzt
werden. Ist eine mit solchen Fördermitteln angeschaffte Anlage einmal kaputt, besteht kein Anreiz, sie wieder zu reparieren.

Die Finanzierung der kostengerechten Vergütung über den
Strompreis kann als praktiziertes Verursacherprinzip verstanden
werden. Ein Teil der höheren Kosten der Solarenergie ist nämlich
dadurch gerechtfertigt, daß externe Schäden vermieden werden,
wie sie Kohle und Kernenergie nach sich ziehen. Die Mehrkosten,
die einem normalen Vierpersonenhaushalt durch kostendeckende
Vergütung des Stroms entstehen, liegen bei wenigen Mark pro
Monat.

Verlassen wir die individuelle Ebene – oder, im Falle der kostengerechten Vergütung, die kommunale – und gehen zur staatlichen
über. Eine der zentralen Aufgaben ist die Internalisierung der Kosten der Energiewirtschaft, die Änderung der Preise dahingehend,
daß sie die ökologische Wahrheit sagen. Eine Reihe von Mechanismen kann dies bewirken. Wichtigster Mechanismus, den Weg in
eine Sonnenenergie und Effizienz fördernde Energiewirtschaft zu
bereiten, ist eine ökologische Steuerreform.

Die Preise sagen nicht die ökologische Wahrheit. Längst ist es
überfällig, die sozialen und ökologischen Kosten von konventioneller Energietechnologien durch eine Besteuerung spürbar zu machen. Der Naturverbrauch ist einfach zu billig. Die ökologische
Steuerreform hat zum Ziel diese Fehlentwicklung zu korrigieren.
Diese Energiesteuer oder Kohlendioxydsteuer darf aber nicht zu
einer Mehrbelastung der Steuerzahler führen. Dabei soll die Natur
verteuert und zum Beispiel Arbeit verbilligt, oder andere Steuern
gesenkt und damit diese neuen Belastungen ausgeglichen werden.
Durch einen bewußten Eingriff in die Preisbildung wird die Entwicklung in Richtung »Zukunftsfähigkeit« korrigiert und ein Inno-
vationsschub in einen gewollten Strukturwandel zugunsten ener-
gieeffizienten Wirtschaftens und der Nutzung erneuerbarer Energien ausgelöst. Staaten, die eine Vorreiterrolle übernehmen,
können hieraus langfristig Vorteile erzielen.

Die ökologische Steuereform sieht eine quellennahe Besteuerung aller nichterneuerbarer Primärenergien vor. Das heißt, für importierte Stoffe ist dies der Importhafen, und für im Inland geförderte Energieträger ist dies der Förderbetrieb. Daß die Energiepreise steigen, muß aber spürbar sein, das heißt, die Energiepreise müssen stufenweise heraufgesetzt werden. Bei dem derzeitig diskutierten Vorschlag soll in der ersten Stufe der Preis real um fünf Prozent, in einem Zeitraum von fünf oder sechs Jahren, steigen. Im ersten Jahr der Steuerreform bedeutet dies etwa zwei Pfennig pro Liter Heizöl beim Endverbraucher (0,45 DM pro Gigajoule). Bei diesem Steuersatz wird eine Energieeinsparung in der Größenordnung von sechs bis zehn Prozent von den Experten erwartet. Regelungen des heutigen Steuersystems die ökologisch kontraproduktiv sind, sollen gleichzeitig abgeschafft werden.

Die Ökologische Steuerreform soll auf keinen Fall zu einer Mehreinnahme des Staatshaushaltes führen. Aufkommensneutralität ist das Stichwort. Was heiß das? Die zusätzlichen Einnahmen des Staates durch die oben beschriebene Besteuerung von Primärenergie muß zum Beispiel durch eine Entlastung der Beiträge zur Arbeitslosenversicherung kompensiert werden. Das Schlagwort heißt: Macht Kilowattstunden arbeitslos statt Menschen. Hierbei ist allerdings darauf zu achten das die Wettbewerbsfähigkeit energieintensiver Branchen oder Produktionen zumindest im Inland geschützt werden. Dies kann durch eine Energieeinfuhrsteuer für energieintensive Importprodukte sichergestellt werden. Eine rasche Europäisierung der ökologischen Steuerreform ist selbstverständlich anzustreben. Höhere Energiepreise würden allen drei Linien des »SES«-Pfades zugute kommen: Solartechniken und Techniken zur rationellen Energienutzung würden konkurrenzfähiger, und es wäre zu erwarten, daß auch die Bereitschaft der Menschen zurückgeht, zusätzliche Energiedienstleistungen zu konsumieren.

Nach einer neuen, von Greenpeace in Auftrag gegebene Studie des Deutschen Institut für Wirtschaftforschung (DIW), sind neben der Verringerung der ökologischen Belastungen und eine zu erwartenden Effizienzrevolution und den damit einhergehenden Wettbewerbsvorteile, sondern auch Wachstumseffekte auf dem Arbeitsmarkt in der Höhe von 1 bis 2 Prozent vorausgesagt. Auf Grund der schlechten Datenbasis konnten allerdings nur die alten Bundesländer untersucht werden. Dies beeinträchtigt jedoch nicht die Aussage der erzielten Ergebnisse.[166]

Neben der bereits erwähnten freiwilligen – oder mittels eines Bürgerantrags oder Ratsherrenbeschlusses erreichten – Möglichkeit eines Energieversorgers, in seiner Region kostengerechte Vergütung für die Stromerzeugung aus erneuerbaren Energien zu gewähren, gibt es seit einiger Zeit den gesetzlichen Anspruch auf eine Einspeisevergütung für Strom. Diese Einspeisevergütung macht für Strom aus erneuerbaren Energien rund 17 Pfennig pro Kilowattstunde aus. Diese in vielen Fällen nicht kostendeckende Vergütung sollte unabhängig von der Einführung der kostengerechten Vergütung erhöht werden. Diese Basisvergütung ist ungedeckt, das heißt, sie ist nicht an die Bedingung geknüpft, daß sich durch sie der Strompreis des Energieversorgers nicht mehr als ein bis fünf Prozent erhöhen darf, wie es bei der kostengerechten Vergütung der Fall ist. Die Einspeisevergütung ist eine der Ursachen für die Markterfolge der Windenergie in den letzten Jahren.

Um die Einführung erneuerbarer Energien auf dem Wärmemarkt zu fördern, können zwei Wege beschritten werden. Eine Möglichkeit ist, Privatpersonen steuerliche Abschreibemöglichkeit einzuräumen, eine andere die Gewährung eines Betriebskostenzuschusses für größere Wärmeerzeugungsanlagen, der vom Umfang der Wärmeerzeugung aus erneuerbaren Quellen abhängig gemacht wird.

Von besonderer Bedeutung ist es, die Exportbedingungen zu verbessern, denn, wie schon an anderer Stelle gesagt: Der wachsende Energiebedarf in Entwicklungsländern wird für den Zustand der Ökosphäre des Planeten und die Welt-Energiepolitik eine immer größere Rolle spielen. Zur Exportförderung kann ein Ausschuß für erneuerbare Energien gebildet werden, in dem staatliche, öffentliche Institutionen und Unternehmensverbände die Export-Aktivitäten koordinieren, ähnlich dem US-amerikanischen »Committee on Renewable Energy Commerce and Trade«. Solch ein Ausschuß könnte dann Marktstudien, Workshops, Demonstrations- und Trainingprogramme finanzieren. Vorbild dafür ist der »International Fund for Renewable Energy and Energy Efficiency« in den USA. Es sollte selbstverständlich sein, daß Anbieter aus dem Bereich der erneuerbaren Energien an Auslandsdelegationen und Wirtschaftsgesprächen auf Regierungsebene beteiligt und gleichberechtigt behandelt werden, wenn es um die Vergabe von Krediten für große Auslandsprojekte geht. In begrenztem Umfang sollte der Export durch Fördermittel gestärkt werden, damit sich die Exportchancen denen von Japan und den USA angleichen.

Neben dem Zugang zum Markt und der Wettbewerbsfähigkeit spielen oft administrative Hürden eine wichtige Rolle. Diese zu beseitigen und geeignete rechtliche und administrative Rahmenbedingungen zur Förderung einer Solarenergiewirtschaft zu nutzen, ist ein eigenes Paket von Zukunftsaufgaben.

Das Energiewirtschaftsrecht sollte an den folgenden Punkten verbessert werden: Kleinanlagen zur Nutzung von erneuerbaren Energien sollten von der Investitionsaufsicht nach Paragraph 4 des Energiewirtschaftsgesetzes (EnWG) freigestellt werden. Auch die Freistellung der Betreiber von Anlagen zur Nutzung regenerativer Energien von der Genehmigungspflicht nach 5 EnWG sollte angestrebt werden, allerdings nur bis zu einer festgelegten Obergrenze der Anlagenleistung. Außerdem muß dem dezentralen Charakter der erneuerbaren Energien im Energiewirtschaftsgesetz Rechnung getragen werden. Das Energiewirtschaftsgesetz sieht nicht die Möglichkeit vor, den erzeugten Strom an den Nachbarn zu liefern; Stromtransport ist ein Monopol der Energieversorger. Um den Transport von elektrischem Strom zu erleichtern, wäre eine Durchleitungsregelung im Rahmen einer generellen EU-Regelung unterhalb der Mittelspannungsebene erforderlich (gerade in diesem niedrigen Spannungsbereich braucht die dezentrale Stromgewinnung die Möglichkeit zur Durchleitung). Oft treten Zielkonflikte auf, weil ein Konzern gleichzeitig Stromverteiler und Stromerzeuger ist. Um diese Konflikte zu vermeiden, wäre eine Trennung von Netzbesitz und dem Besitz der Stromerzeugungsanlagen anzustreben. Denkbar ist eine öffentlich-rechtliche Gesellschaft, die das Netz verwaltet und als Mittler zwischen den Abnehmern und den Erzeugern auftreten kann, in diesem Fall auch privaten und dezentralen Erzeugern aus erneuerbaren Energien. So muß der Stromverteiler nicht mit sich selbst in Konkurrenz treten, weil er gleichzeitig Stromerzeuger ist.

Bauplanungs- und Baurecht: Die aktive und passive Solarenergienutzung müssen schon bei der Planung eines Gebäudes berücksichtigt werden. Dazu müssen sie in die Bauleitplanung des Baugesetzbuches (BauGB) aufgenommen werden. Mehr noch: Die Brauchwassererwärmung mit Solarenergie sollte bei Neubauten zur Pflicht gemacht werden, soweit dies wirtschaftlich zumutbar ist; zumindest sollten Bauherren verpflichtet werden, alle Voraussetzungen für eine spätere Installation entsprechender Anlagen vorzusehen. Öffentliche Zuschüsse zum Bau von Sozialwohnungen sollten davon abhängig gemacht werden, daß die Gebäude nach dem Niedrigenergiehausstandard errichtet werden. Doch schon auf der Ebene der Städteplanung muß den Belangen der Nutzung der erneuerbaren Energien Rechnung getragen werden. Dies kann zum Beispiel durch die geeignete Ausrichtung von Straßen und damit Dächern erreicht werden. Aber auch die Einplanung von Nahwärmenetzen, die Verdichtung von Wohnsiedlungen und die Mischnutzung von Stadtvierteln unterstützen den Einsatz erneuerbarer Energien. Hilfreich hierfür wäre auch die bauordnungsrechtliche Befreiung von ausgewählten Anlagen zur Nutzung von erneuerbaren Energien als »verfahrensfreie Vorhaben« oder die Priviligierung solarer Anlagen im Außenbereich.

Natur und Wasserschutz: Erneuerbare Energiequellen zu nutzen, schont unzweifelhaft die Natur. Daher sollte die Nutzung dieser Quellen als besonderer öffentlicher Belang in das Bundesnaturschutzgesetz aufgenommen werden. Anlagen zur Nutzung der erneuerbaren Energien dienen in erster Linie dem Umweltschutz und sollten daher bis zu einer gewissen Größe von Umweltschutzausgleichsabgaben befreit werden. Wasserkraftanlagen können weit mehr als sechzig Jahre lang ökonomisch betrieben werden. Die Vergabezeit für Wasserrechte sollte zur besseren Investitionsabsicherung von Anlagen zur Erzeugung von Strom aus Wasserkraft von 30 auf 60 Jahre verlängert werden.

Darüber hinaus gibt es eine Reihe weiterer Gesetze und Verordnungen, die überprüft werden sollten. Zu ihnen gehört zum Beispiel das Mietrecht. Es sollte den erneuerbaren Energien mehr Chancen eröffnen, als bisher. Mieter könnten das Recht erhalten, die Dachflächen der Häuser oder die Flächen der Balkone ihrer Wohnungen zur Installation von thermischen oder photovoltaischen Anlagen zu nutzen – dies natürlich in einer Form, die die Interessen beider Seiten, des Hausbesitzers und des Mieters, wahrt.

Im öffentlichen Haushalt sollten die Betriebskostenrechnungen bei der Bewertung von Investitionen für Anlagen zur Nutzung erneuerbarer Energien im Haushaltsrecht voll berücksichtigt werden. Dadurch wird klarer, daß manche erneuerbare Energietechnologie, gemessen an den gesamten Betriebskosten, über die Lebensdauer der Anlage durchaus konkurrenzfähig sein kann, was bei alleiniger Betrachtung der Investitionskosten nicht sichtbar wird. Eigentlich sollte es selbstverständlich sein, daß alle öffentlichen Gebäude auf die Nutzung der Sonnenenergie umgerüstet werden. Diese Anlagen hätten Demonstrationscharakter und würden eine Vorbildfunktion übernehmen.

Damit sich das Wissen über den Stand der Technik auf dem Feld der erneuerbaren Energien effektiver verbreiten kann, wäre eine bessere Koordinierung zwischen Forschung, Entwicklung, Demonstration und Markteinführung wünschenswert. Dazu wäre es förderlich, eine Organisation einzurichten, die ähnlich arbeitet wie das Department of Energy (DOE, USA) oder die New Energy Development Organisation (NEDO, Japan) und Wirtschaft, Forschung und Politik an einen Tisch bringt, so daß die Informationen schneller ausgetauscht werden können. Das gewonnene Wissen muß dann einer breiten Öffentlichkeit zugänglich gemacht werden. Geeignete Mittel dazu sind Aufklärungsoffensiven sowie in größerem Umfang als heute die Präsentation auf Messen und Austellungen, die die Förderung der erneuerbaren Energien im Zusammenhang mit umweltbewußter und rationeller Energieverwendung zum Ziel haben.

Als vor einigen Jahren der Verband der solarthermischen Anlagenhersteller in Griechenland gefragt wurde, ob er eine marginale Förderung für thermische Anlagen befürworte, bat der Verband, stattdessen mit diesem Geld eine produzentenneutrale Werbekampagne im Fernsehen zu organisieren. Effekt dieser unüblichen Fördermaßnahme – einer staatlichen Werbung – war ein starkes Ansteigen der Verkaufszahlen von solarthermischen Anlagen in Griechenland. Der Preisverfall durch diesen Produktionsanstieg hat im

Endeffekt für den Verbraucher zu billigeren Anlagen geführt, als wenn es eine Förderung gegeben hätte.

Weitere Demonstrationszentren müssen eingerichtet und gefördert werden. Diese sind Anlaufspunkte für Verbraucher, Architekten, Ingenieure, Handwerker, betroffene Bewilligungsbehörden usw., deren Aufgaben die Beratung und die Fort-, Weiter- und Ausbildung sind. In diesen Demonstrationszentren könnten auch die Industrie- und Handelskammern ihre Aktivitäten zur Schulung ihrer Mitglieder auf dem Gebiet der Nutzung erneuerbarer Energiequellen und der rationellen Energieverwendung verstärken. Dazu sollten die verfügbaren Mittel der Handwerksförderung in Anspruch genommen werden. Zur anlagenorientierten Beratung für die Hersteller und Installateure (Technikberatung) sowie die Anwender (Verbraucherberatung) sollten vorhandene Institutionen stärker genutzt und erweitert werden, wie zum Beispiel Prüfstellen der Universitäten und Hochschulen, technische Prüf- und Beratungsdienste, die Stiftung Warentest, der Informationsdienst BINE in Bonn, Verbraucherberatungen und die Verbände. Notwendig ist eine praxisnahe, möglichst neutrale und vergleichende Beratung. Das verlangt eine bessere Koordinierung und die gleichbleibende Ausstattung dieser Stellen mit Geld und Personal.

Das Thema erneuerbare Energien sollte als Aufgabe für Erziehung und Bildung verankert werden und in die Lehrplänen der Bildungsträger aufgenommen werden. Dafür ist die Entwicklung von geeigneten Lehrplänen, Lehrmitteln und Lehrbüchern für Ausbildungseinrichtungen erforderlich. Weiter sollten Lehrstühle für erneuerbare Energien im Bereich der Universitäten und Hochschulen eingerichtet werden. Die Forschung sollte in die Lage versetzt werden, die Datenbasis für Energiebilanzen und die Einschätzung des Trends auf dem Markt für erneuerbare Energien zu verbessern.

In Forschung und Entwicklung gibt es nach wie vor viel zu tun. Deshalb sollte neben der notwendigen Grundlagenforschung die anwendungsorientierte Forschung und Entwicklung nicht nur konsequent fortgeführt, sondern verstärkt werden. Die Bemühungen sollten sich im besonderen auf die folgenden Weiterentwicklungen konzentrieren:

Speichersysteme müssen gefunden und erforscht werden, mit denen Sonnenenergie kurzzeitig wie auch von einer Saison in die andere gespeichert werden kann. Die Herstellung von Photovoltaikmodulen und Flachkollektoren muß billiger werden. Weiterentwickelt werden müssen Großwindkraftwerke, innovative Photovoltaikzellen (zum Beispiel die Nano-Solarzelle) und Komponenten und Teilsysteme von solarthermischen Kraftwerken. Erforscht werden muß, auf welchen technischen Wegen höhere Prozentsätze des Stroms im öffentlichen Versorgungsnetz aus erneuerbaren Quellen eingespeist werden können und wie sich erneuerbare Energiequellen mit Blockheizkraftwerken und Brennstoffzellen koppeln lassen. Projekte, die großtechnisch ausgewählte Energietechniken demonstrieren, müssen weiter gefördert werden, soweit absehbar ist, daß sich durch Innovationen die Kosten senken lassen. Weniger punktuell und berechenbarer muß der Weg der einzelnen Technologien von Grundlagenforschung über anwendungsorientierte Forschung und Entwicklung zu Demonstration, Markteinführung und Marktdurchdringung gefördert werden. Die bisher oft eher zufälligen Einzelprojekte mit ihrer begrenzten Wirkung müssen durch Strategien abgelöst werden, zu denen alle Akteure beitragen und sich verbindlich verpflichten müssen. Dazu gehört die ergänzende Begleitung durch die Hersteller und Anwender und deren frühzeitige Einbindung und Beteiligung an den Projekten sowie eine verstärkte Koordination der Beteiligten.

Eine Möglichkeit für die Industrie, auf dem SES-Pfad mitzugehen, ist es, Produktionsziele zu formulieren, wie es die Industrie anderer Länder bereits getan hat. Die Photovoltaikindustrie Japans hat sich zum Beispiel das Ziel gesteckt, bis zum Jahr 2000 jährlich mindestens Solarmodule mit einer Spitzenleistung von 74 Megawatt zu produzieren. In den USA lautet das Ziel 50 Megawatt. Dementsprechend könnte Europa seine Zielmarke bei 70 Megawatt postieren. Flankiert werden könnte der Beschluß durch ein »100 000 Dächer- und Fassaden-Programm« mit anfangs hohen und im Laufe der Jahre zurückgehenden Zuschüssen. Zur Begleitung sind Demonstrationsprojekte erforderlich, um eine kontinuierliche Innovation in der Technik sicherzustellen. Ähnliche Ziele, wie hier am Beispiel der Photovoltaik vorgeführt, können auch für andere Technologien formuliert werden.

Entwicklungshilfeorganisationen in der EU verfügen über zum Teil weltweit führende Erfahrungen mit der Nutzung erneuerbarer Energien in Entwicklungsländern, zum Beispiel die Gesellschaft für Technische Zusammenarbeit (GTZ) in der Bundesrepublik Deutschland oder Organisationen in Österreich. Diese Erfahrungen sollten genutzt und zusätzliche Gelder bereitgestellt werden, um die rationelle Energienutzung und die erneuerbaren Energien in den Entwicklungsländern zu fördern.

Notwendig ist auch die Einrichtung einer internationalen Sonnenenergieagentur für einen Technologietransfer in die Entwicklungsländer und die internationale Kooperation bei der Nutzung der erneuerbaren Energien. Ähnliches gibt es im Bereich der Atomenergie schon seit Jahrzehnten. Die Internationale Atomenergiebehörde (IAEA) fördert mit viel Geld die Nutzung der Kernkraft in vielen Ländern. Die Technologien zur Nutzung erneuerbare Energien brauchen eine solche Organisation auch. Diese International Solar Energy Agency (ISEA) wird schon von einigen Ländern der Dritten Welt gefordert. Ihre Aufgabe läge im internationalen, diskriminierungsfreien Transfer von Technologien der Nutzung erneuerbarer Energiequellen. Die ISEA soll jedem interessierten Staat helfen, vorhandene Entwicklungslücken zu schließen und eine eigene Infrastruktur zur Nutzung erneuerbarer Energien aufzubauen. Die Finanzierung könnte durch Beiträge der Staaten erfolgen, die Mitglied dieser Agentur werden.

Die Markteinführung erneuerbarer Energietechnologien ist eine Aufgabe, die durch alle Ressorts geht, die alle Bereiche der Gesellschaft und alle Akteure der Energiewirtschaft betrifft. Dies ist nicht einfach zu organisieren. Hierfür gleich ein Ministerium zu gründen, wie seinerzeit das Atomministerium unter Franz-Josef Strauß, ist sicherlich nicht nötig; Bundes- und Landesbeauftragte für erneuerbare Energien könnten die ressortübergreifenden Probleme genau so gut angehen.

Und die Kosten eines Einstiegs in den »SES«-Pfads? Die zusätzlichen Belastungen durch die kostengerechte Vergütung und die Kostenneutralität der Ökosteuer sind bereits erläutert worden. Weitergehende Maßnahmen sind von zwei Arbeitsgruppen diskutiert worden. In dem vom Wirtschaftsministerium eingerichteten Arbeitskreis zu den notwendigen Maßnahmen zur Markteinführung der erneuerbaren Energien gehörten neben der Verbände der Solarenergie (Eurosolar, DGS) auch die Vertreter von Industrie und Energiewirtschaft (BDI, VDEW etc.) dazu. In diesem Gremium war man sich über kostendeckende Vergütung und Energiesteuer nicht einig geworden, teilweise Einigkeit existierte über den Umfang eines Förderprogrammes für die nächsten 5 bis 7 Jahren.

Technologie	Fördersatz	Förderbedarf	Zuwachs	
	in % der Invest.-kosten	in Mio. DM	installierte Leistung (MWel/th)	jährlicher Energieertrag (GWhel/th)
Windenergie	10 – 30	250 – 600	2000 – 3500	4000 – 8700
Kleinwasserkraft	10 – 30	110 – 250	300 – 500 (1)	900 – 2000
Photovoltaik	30 – 70	300 – 500	50 – 80 (2)	35 – 72
Solarkollektoren	10 – 30	550 – 1110	800 – 2800	361 – 1250
Biomasse	10 – 50	400 – 800	1400 – 3000 (3) 600 – 1000 (4)	2111 – 9000 900 – 3600
Umweltwärme	10 – 30	300 – 500	300 – 600	194 – 1000
Geothermie	10 – 30	150 – 200	300 – 650 (3)	528 – 1944
Gesamt		2100 – 4000	2800 – 7050 (3) 2950 – 5080 (4)	3194 – 13149 (3) 5840 – 13800 (4)

Tabelle 19: Grobschätzung des voraussichtlichen Mittelbedarfs für ein Förderprogramm erneuerbarer Energietechnologien
(1) einige Teilnehmer halten einen Zuwachs von 700 – 1200 MWel mit 4,2 – 7,2 TWh jährlichen Energieertrag bei entsprechend höheren Förderbeträgen für erschließbar; (2) einige Teilnehmer halten einen Zuwachs von bis zu 2000 MWel mit 0,18 TWh jährlichen Energieertrag bei entsprechend höheren Förderbeträgen für erschließbar; (3) MWth; (4) MWel
Quelle: Arbeitsgruppe 6 »Maßnahmen zur verstärkten Nutzung erneuerbarer Energien«, BMWi Gesprächszirkel zum Energiekonsens. BMWi Dokumentationen Nr. 361, Bonn, 1994

Zur Erinnerung, dies ist ein Förderprogramm das konsensual erarbeitet wurde, also der kleinste gemeinsame Nenner. Dieses Programm erschließt nur Bruchteile des technischen Potentials den dieser Arbeitskreis zugrunde gelegt hat, im Bereich der Biomasse

254

nur 4%, im Bereich der Photovoltaik weniger als ein Zehntausendstel des Potentials. Eine andere Gruppe[167] untersuchte für zwei Zielszenarien die Kosten für ein Kohlendioxyd Reduktions Programm. Die Zielszenarien gehen von einer Reduktion des Kohlendioxyds bis ins Jahr 2010 um 27 oder 43 Prozent aus. An den vermiedenen Kohlendioxydemissionen sind die erneuerbaren Energietechnologien mit 5 bis 8 Prozent beteiligt, was einem Anteil von 5 bis 7,5 Prozent an der Energieversorgung des Jahres 2010 bedeutet. Die Kosten bis ins Jahr 2010 für ein solches Programm (incl. Effizienzsteigerung und anderen Maßnahmen) liegen bei zirka 25 Milliarden oder 43 Milliarden DM, davon entfallen auf die Solartechnologien 7,6 oder 13,4 Milliarden. Dieses Markteinführungskonzept ist in den ersten 6 Jahren dem schon erläuterten Konzept ähnlich. Bei einer Einführung einer Energiesteuer, parallel zu solch einem Programm, kann das Fördervolumen, durch die schnellere Konkurrenzfähigekeit von Effizienz und erneuerbaren Technologien gegenüber den klassischen, deutlich gesenkt werden. Beide Markteinführungsprogramme sind extrem vorsichtig bei der Einschätzung der Geschwindigkeit mit der erneuerbare Energietechnologien den Markt erobern können, beide Konzepte sind eher als untere Grenze dessen, was unter Einsatz bestimmter Geldmittel erreichbar ist, zu verstehen.

Ein Programm hundertausend photovoltaische Stromerzeugungsanlagen von durchschnittlich 2 Kilowatt installierter Leistung auf deutschen Dächer, wie von einigen Politikern gefordert, verlangt keine unmöglichen Förderungen. Insgesamt müßte mit einem Finanzvolumen von 2 bis 2,4 Milliarden gerechnet werden, bei einer stärkeren Preisreduktion der Photovoltaik in den nächsten Jahren sogar weniger. Wird dieses Programm über sechs bis acht Jahre durchgeführt so sind dies 250 bis 400 Millionen DM pro Jahr. Damit würde man einen zusätzlichen Markt von rund 50 Prozent des heutigen Weltmarktes schaffen. Dies würde sicherlich sehr schnell zu einer Erhöhung der Produktionskapazitäten, wenn nicht in Deutschland, dann eben in anderen Teilen der Welt führen.

Ein anderes Beispiel wäre 10000 Megawatt Strom aus Biomasse. Dies wäre eine Verzehnfachung des Ansatzes der AG 6. In sechs bis acht Jahren installiert, ähnliche Fördermaßnahmen annehmend, ergäbe dies vier bis acht Milliarden Fördervolumen. Jährlich 0,5 bis 1,3 Milliarden DM. Nach acht Jahren wäre dann die Leistung von zehn Großen Kraftwerken oder Atomkraftwerken dezentral ans Netz gegangen. Also im Mittel 400 Millionen DM pro Gigawatt installierter Leistung, nicht viel wenn man sich daran erinnert, daß für einen Schnellen Brüter, der nie funktioniert hat, in Deutschland zirka 7000 Millionen DM staatliche Förderung gegeben wurden. Solch ein Programm ist in Deutschland bei dieser Förderung und den erläuterten flankierenden Maßnahmen sicherlich durchführbar, da die mittelständische Industrie sehr schnell in der Lage wäre, standardisierte Anlagen zu produzieren und zu installieren.

Warum diese Zahlenspiele? Es sei an die Milliarden der Kohlesubvention, Wackersdorf, die Rüstungsausgaben (1992 zirka 50 Milliarden) oder an die Förderung der Magnetschwebebahn in Milliardenhöhe erinnert. Dort wo politischer Wille herrscht, politische Entscheidungen gefällt werden, oftmals nicht im Konsens, teils sogar gegen den Willen von Mehrheiten (wie im Falle der Atomenergie) ist Geld kein Problem. Die Frage ist also nicht, was die Kosten eines Einstiegs in den »SES«-Pfads sind, sondern welche Prioritäten wir heute in unserer Industrie- und Energiepolitik haben. Statt Magnetschwebebahnen zu fördern, könnte man auch den Aufbau einer großen deutschen Photovoltaikindustrie fördern oder eine Vielzahl mittelständischer Unternehmen und den Landwirten bei der Nutzung von Energietechnologien mit Biomasse unterstützen oder solarthermische Produzenten fördern oder... .

Es mangelt nicht an Geld, es mangelt an politischem Mut und Interesse, Effizienz und erneuerbare Technologien in den Markt einzuführen. Es sei auch an dieser Stelle gefragt, was eine neue Welt kosten würde, was ein neues Klimasystem für die Erde kosten würde, im Vergleich zu den Kosten, die ein SES-Pfad verursachen würde.

Obwohl die Liste der aufgezählten Maßnahmen lang ist: Dies sind sicherlich nicht alle Maßnahmen, die denkbar und sinnvoll wären. Das wichtigste ist, sofort anzufangen, denn jeder Tag, der vergeht, ohne daß eine »Sonnenstrategie« zum Zuge kommt, macht das Problem nur größer – größer, indem der Energieverbrauch der Welt weiter steigt, und größer, da später begonnen wird, das Klimaproblem zu lösen.

Und zuletzt ein Nachwort:
Es ist machbar Herr Nachbar!

Auch ohne die Gefahr globaler Veränderungen der Ökosphäre des Planeten Erde ist der Wandel zu einer ökologischen Industriegesellschaft auf dem SES-Pfad eine Notwendigkeit. Wenn wir uns im besten Sinne des Wortes ökonomisch verhalten wollen, dann bedeutet das für unser Leben auf diesem Planeten, von den Erträgen zu leben, ohne die Substanz anzugreifen (Sonne); diese Erträge vernünftig, das heißt, möglichst produktiv zu nutzen und nicht zu verschwenden (Effizienz); und zuletzt bedeutet es, diese Erträge und den Wohlstand, der damit erwirtschaftet wird, gehörig einzuteilen, also untereinander zu teilen (Suffizienz). Ein zukunftsfähiges Wirtschaften in den Grenzen dieser Erde ist nur aus dieser Perspektive möglich, der Perspektive des Seßhaften, des Haushälters, der Leben auf dieser Erde auch noch nach vielen Generationen erhalten möchte. Aus dieser makroökonomischen Sichtweise gibt es keinen Widerspruch zwischen Ökonomie und Ökologie.

Was die ökologischen Probleme angeht, stehen wir heute an einem Scheideweg. Wir müssen in den nächsten Jahren auf diese Herausforderung reagieren. Je nachdem, wie wir reagieren, wird dann unsere Antwort ausfallen, wenn spätere Generationen uns fragen werden, was wir dazu beigetragen haben, auch ihnen ein Leben in Würde und Wohlstand zu ermöglichen. Im Gegensatz zu früheren Generationen werden wir nicht die Möglichkeit haben, uns mit Unwissenheit herauszureden. Jeder hat genügend Gelegenheiten, sich über den Zustand der Erde und über das breite Spektrum unserer Handlungsmöglichkeiten zu informieren, seine individuelle Entscheidung zu fällen, sein Verhalten zu ändern oder nicht, politischen Einfluß auszuüben oder nicht.

Nehmen wir die ökologischen Bedrohungen ernst, dann werden in Zukunft alle Bereiche des Lebens von dem Wandel in eine zukunftsfähige Industriegesellschaft betroffen sein. So wie die Menschenrechte immer weniger Privatsache eines Staates sind, wird die Umwelt- und Energiepolitik der Souveränität der einzelnen Staaten entzogen werden. Die Konferenz der Vereinten Nationen über Umwelt und Entwicklung in Rio de Janeiro war ein erster Schritt in diese Richtung – ein erster Schritt, diese Probleme als weltweite Probleme global zu diskutieren. Doch die Konferenz in Rio hatte neben vielen anderen auch diesen Fehler: Das Tempo wird vom Langsamsten bestimmt. Es wird höchte Zeit, erste Schritte zu tun, und wenn es auch noch so kleine Schritte sind. Es kann nicht angehen, daß derjenige das Tempo bestimmt, der Probleme noch nicht wahrhaben möchte.

Einen internationalen Abstimmungsprozeß über die Lösung der ökologischen Probleme einzuleiten, ist ein Teil der Aufgabe; der zweite, dringliche Teil der Aufgabe sind nationale und regionale Alleingänge. Entwicklung hat noch nie im Troß stattgefunden. Den Weg gezeigt, haben immer die Pioniere oder Pionierländer, die vorpreschten; die Mehrheit folgte dann langsam nach.

In Rio und in der ökologischen Agenda ist auch versäumt worden, Schwerpunkte zu setzen. Wenn Dutzende von Aufgaben dringlich sind, wird keine erledigt. Aus unserer Sicht müssen die dringlichsten Schwerpunkte zukünftiger Politik das Problem des Bevölkerungswachstums, die Ernährung dieser Menschen, das Klimaproblem und die Versorgung der Menschen mit einem Grundwohlstand sein. Egal wie gut und schnell eine ökologische Umstellung unserer Industriegesellschaft und unseres Welthandels gelingt, alle Erfolge können durch zu schnelles Wachstum der Erdbevölkerung konterkariert werden. Die Lösung des Ernährungs- und des Klimaproblems verlangt, die Bodennutzung und die Art unserer Energieproduktion in den Mittelpunkt des Interesses zu stellen. Mit der Energieversorgung befaßt sich dieses Buch ausführlich; eine Umstellung der Bodennutzung wird von uns verlangen, zu einer zukunftsfähigen Landwirtschaft zu kommen, die die Bodenfunktionen dauerhaft bewahrt. Letztlich ist die Versorgung aller Menschen mit einem Grundwohlstand nur mit einer Revolution in der Ressourcenproduktivität zu erreichen. Eine wesentlich produktivere Nutzung der Ressourcen dieser Erde würde zugleich das Problem der Bodennutzung und der Energieversorgung mildern.

Eine zuverlässige Versorgung mit Lebensmitteln braucht Energie für die Landwirtschaft, insbesondere in den Ländern, die heute Entwicklungsländer heißen. Diese Energie kann dort leicht aus erneuerbaren Quellen gewonnen werden. Wenn dabei die Landwirtschaft gezielt eingesetzt wird, um Biomasse zur Energiegewinnung anzubauen, kann das gleich mehrere positive Effekte haben. Auf die Bodennutzung: weil zumindest ein Teil der Stoffströme, die in einer Region in Bewegung gesetzt werden, auch wieder in der Region enden; auf die Selbstversorgung von Regionen: weil sie unabhängiger werden von Dünger und Energie; und auf die Artenvielfalt: weil die Landwirtschaft ein breiteres Spektrum von Arten nutzt und so auch das Tempo des Artensterbens ein wenig gedrosselt wird.

Eine Solarstrategie ist nicht der bloße Ersatz einer Gruppe von Technologien durch eine andere, neue. Den SES-Pfad zu gehen, bedeutet einen Paradigmawechsel, einen Wechsel der Strategien, mit denen der Mensch sein Überleben auf diesem Planeten zu verlängern versucht – von der Vergewaltigung der Natur durch immer energiehungrigere Technologien zu einem ganzheitlichen Ansatz, in dem der Mensch sich als Teil der Region versteht, in der er lebt, in dem er seine Bedürfnisse nach Nahrung und Energiedienstleistungen mit möglichst in der Region geschlossenen Stoffströmen befriedigt, und in dem er nur den Energieinhalt in den Stoffen wandelt und »verbraucht« (siehe Abbildung 35).

Heute wird die Technosphäre mit einem riesigen Materialstrom gefüttert, und diese Materialien werden mit ständig steigender Umsetzungsgeschwindigkeit zu Wohlstand umgearbeitet. Angetrieben wird diese Dienstleistungsmaschine durch das Verbrennen der fossilen Ressourcen, und dabei entsteht Müll an allen Orten. Im Idealfall wäre diese Maschine zukünftig eine andere. Sie würde Materialien deutlich produktiver nutzen. Sie würde nachwachsende Rohstoffe und Produkte langsamer umsetzen und nur Materia-

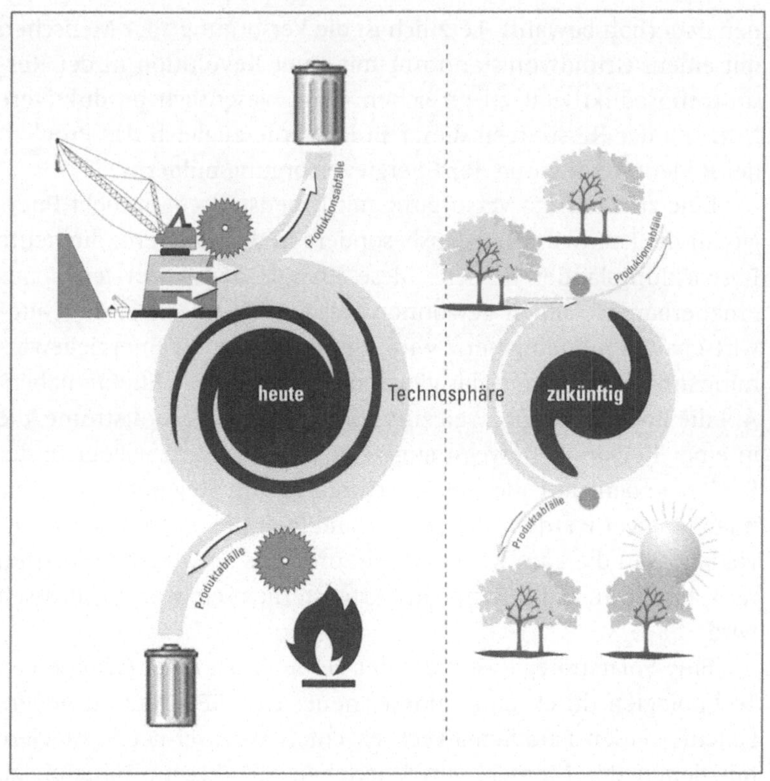

Abbildung 37: Technosphäre heute und zukünftig

lien in die Natur entlassen, die dort ohnehin vorkommen. Einen großen Teil der Materialien würde diese Maschine rezyklieren. Die Energieversorgung in dieser Technosphäre basiert dann nur noch auf solarer Energie (siehe Abbildung 37).

Eine Utopie, sicherlich. Aber eine reale Utopie. Wir können schon einmal mit dem Bereich der Energieversorgung auf der Basis erneuerbarer Rohstoffe beginnen. Andere Teile der Technosphäre können wir uns als Zukunftsaufgaben vornehmen, die chemische Industrie zum Beispiel oder das Verkehrswesen.

Es soll hier nicht der Eindruck erweckt werden, ein SES-Pfad sei das Allheilmittel für alle ökologischen Probleme. Die Einführung der erneuerbaren Rohstoffe in die Energieversorgung ist eine der wichtigen Säulen einer Strategie zur Wandlung unserer Industriegesellschaft – eine Säule, auf die sich vieles abstützt und die zu stärken deshalb enorme Synergieeffekte nach sich ziehen wird.

Welche Entscheidung wir heute an diesem Scheideweg auch fällen, die Welt wird sich ändern. Sie wird sich auch ändern, wenn wir nicht die Ökologie zum Leitstern ihrer Änderung machen, nur wird sich dann der Änderungsprozeß an anderen Zielmarken orientieren. Getrieben von den ökologischen Problemen, die dann zu Katastrophen werden, wird die Welt sich in einer Weise ändern, die sie wahrscheinlich ungerechter, inhumaner und instabiler werden läßt. In den Szenarien, die wir vorgestellt haben, sind Tendenzen bis ins Jahr 2010, 2030 oder 2050 hochgerechnet worden – wenige Jahre bis zu einem halben Jahrhundert in die Zukunft also. Schaut man die gleiche Distanz nach hinten, in die Vergangenheit, dann kann man vielleicht ermessen, wie viel sich in solchen Zeiträumen ändern kann.

Vor 15 Jahren tauchten gerade die ersten Personal Computer auf dem Markt auf; IBM und Intel, zwei der Großen der späteren Entwicklung waren zu diesem Zeitpunkt darin noch gar nicht involviert. Im Gegenteil: Die Firmen, die zu diesem Zeitpunkt den EDV-Markt hauptsächlich mit Großrechnern beherrschten, sahen in der dezentralen PC-Technologie keine Zukunft. Hätte damals jemand in Szenarien die Zukunft dieses Technologiebereichs ausgelotet, er hätte sicherlich dem PC nur einen marginalen Markt prognostiziert und ihn als additives System eingestuft. Vor 35 Jahren, im Jahr 1960, waren weltweit Atomkraftwerke mit gerade 0,8 Gigawatt installierter Leistung gebaut. Und heute? Trotz großer Widerstände, trotz der riesigen Probleme, diese Technologie in den Griff zu bekommen, trotz des Wachstumsstillstands seit mehr als einem Jahrzehnt waren 1990, also nach dreißig Jahren, 329 Gigawatt installierte Leistung erreicht. Vor 35 Jahren war die Satellitentechnologie gerade drei Jahre alt. Im Oktober 1957 hatte mit dem Start der russischen »Sputnik«-Sonde die Geschichte einer Technik begonnen, die heute die Basis für internationale Kommunikation, Navigation oder Erderkundung ist und in weniger als acht Jahren Menschen auf den Mond gebracht hat. Und wenn wir gar 55 Jahre in die Vergangenheit gehen, dann können wir auf unsere Welt von heute nur wie auf die Phantasien eines Science-Fiction-Romans blicken. Wer hätte 1940 zum Beispiel die heutige Flugtechnik und die damit verbundene weltweite Mobilität vorhergesagt? Neben diesen technischen und den damit verbundenen sozialen und ökonomischen Veränderungen hat es in diesen 15, 35 und 55 Jahren große soziale, politische und ökonomische Änderungen gegeben, bei denen nicht die Technik im Zentrum stand; denken wir nur an den Aufstieg und Verfall des Warschauer Paktes.

Wer sich die Größenordnung dieser Veränderungen vor Augen führt, könnte ein Gefühl der Ohnmacht verspüren. Aber es gibt auch eine optimistische Perspektive. Wenn die Welt wandelbar ist und dieser Wandel im kleinen begonnen werden kann, wenn heute und hier, in der Region, das Morgen begonnen werden kann, dann eröffnet uns diese wandelbare und wunderbare Welt Freiheitsgrade. Der Weg auf dem SES-Pfad kann in der Region, kann sogar vom einzelnen begonnen werden. Die bisherigen Erfolge in der Verbreitung der erneuerbaren Energien haben regionale und individuelle Initiativen gegen die etablierte Energiewirtschaft errungen.

Und wie sieht das Energiesystem der Zukunft aus? Alle Details wissen wir heute nicht. Ob die Biomasse weltweit 20 oder 30 Prozent Anteil haben wird, in welcher Region und wie Windenergie oder die Photovoltaik zum Durchbruch kommen werden – dies vorauszusagen, sozusagen den Weltenergieplan von morgen schon heute zu haben, ist nicht möglich. Aber wir wissen: »Es ist machbar, Herr Nachbar«.

Sonne – Effizienz – Suffizienz: Dies sind die Eckpfeiler einer realistischen zukünftigen Energieversorgung. Diese Pfeiler so schnell wie möglich durch eine »Sonnenstrategie« aufzurichten, ist angesichts der drohenden Umweltprobleme ein politisches Gebot der Stunde. Politik und Wirtschaft müssen nun die Hemmnisse auf dem Weg erkennen und beiseite räumen. Sie müssen damit beginnen, eine »Sonnenstrategie« zu realisieren. Das Wichtigste ist allerdings, aus umweltpolitischen Gründen sofort mit der Umsetzung der »Sonnenstrategie« zu beginnen.

Glossar

Anergie: Teil einer Energiemenge, der bei der Energiewandlung nicht in Arbeitsfähigkeit umwandelbar ist (vgl. Energiewandlung). Es gilt: Exergie + Anergie
= Energie.

Absorptionskältemaschine: Hier wird statt der Verdampfungswärme, die Absorptionswärme eines Gases (z. B. Ammoniak) in einer Flüssigkeit (z. B.
Wasser) ausgenutzt. Der Kompressor einer Wärmepumpe wird durch eine
Wärmequelle und einen zweiten Kreislauf bestehend aus einem Absorber,
einer Lösungsmittelpumpe, einem Austreiber und einem Drosselventil ersetzt. Das Arbeitsmittel (z. B. Ammoniak) entzieht in einem Wärmetauscher
der zu kühlenden Umgebung Wärme und verdampft. In einem Absorber
nimmt das Absorptionsmittel (z. B. Wasser) das gasförmige Arbeitsmittel
auf. Dabei wird Absorptionswärme frei, und das Ammoniak geht in Lösung.
Über eine Pumpe wird die Lösung in einen Austreiber (z. B. Sonnenkollektor)
befördert, wobei der Druck der Lösung erhöht wird. Eine Wärmequelle (z. B.
Sonne) erhitzt die Lösung, und das Arbeitsmittel (Ammoniak) wird ausgetrie-
ben. Ein nachfolgender Kondensator verflüssigt das Arbeitsmittel. In den
jeweiligen Kreisläufen installierte Drosselventile reduzieren den Druck des
Arbeits- wie Absorptionsmittel und der Prozeß kann von vorne beginnen.

Band-Gap: Der Energiebetrag (in eV), der nötig ist, um ein Elektron vom Valenz-
band über die verbotene Energielücke in das Leitungsband zu heben. Dies
ist die nötige Mindestenergie eines Lichtquants für die Erzeugung bewegli-
cher Ladungsträger in einer Solarzelle.

Blockheizkraftwerk: Kraftwerk, das in Kraft-Wärme-Kopplung arbeitet und si-
multan Wärme und Strom abgibt. Blockheizkraftwerke sind jeweils aus einer
Wärmekraftmaschine und einem elektrischen Generator zusammengesetzt.
Wärmekraftmaschinen können Gas-, Dieselmotoren oder Gasturbinen sein.
Der im Generator erzeugte Strom dient der Eigenversorgung oder wird ins
öffentliche Netz eingespeist. Die Abwärme der Wärmekraftmaschinen aus
Kühlwasser, Abgasen und Schmieröl werden in der Nahwärmeversorgung
verwendet. Kleine Blockheizkraftwerke erbringen Leistungen von wenigen
zehn Kilowatt, große zehn Megawatt und mehr; Gesamtwirkungsgrade
(thermische und elektrische) von BHKKen reichen an 90 Prozent heran.

Brennstoffzelle: Geräte der elektrochemischen Energieumwandlung. Wasserstoff (H_2) und Sauerstoff (O_2) rekombinieren zu Wasser (H_2O) und geben

Strom und Wärme ab. Brennstoffzellen haben hohe Wirkungsgrade, arbeiten geräuscharm und sind sehr schadstoffarm.

Dampfturbine/Gasturbine: Wärmekraftmaschine mit rotierenden Laufteilen, in der das Enthalpiegefälle (vgl. Enthalpie) von Wasserdampf/Gas in einer oder mehreren Stufen in mechanische Arbeit umgewandelt wird. Angekuppelte elektrische Generatoren wandeln die mechanische Arbeit in elektrische Energie um. In Gas- und Dampfturbinen-Kombikraftwerken werden Wirkungsgrade von mehr als 50 Prozent erreicht.

Dezibel A: Um dem subjektiven Empfinden des Menschen nahe zu kommen, verwendet man bei Schallpegelmesseungen ein Filter, das den unteren und den oberen, hörbaren Frequenzbereich dämpft. Schalldruckpegel, die unter Zuhilfenahme dieses mit A bezeichneten Filters durchgeführt werden, gibt man in dB(A) an. Die Schmerzgrenze liegt bei 120 dB (A) und entspricht dem Geräuschpegel eines Propeller-Flugzeugs.

Dezimale Vielfache und Teile:

Zehnerpotenz	Vorsatz	Vorsatzzeichen	Zehnerpotenz	Vorsatz	Vorsatzzeichen
10^{18}	Exa	E	10^{-1}	Dezi	d
10^{15}	Peta	P	10^{-2}	Zenti	c
10^{12}	Tera	T	10^{-3}	Milli	m
10^{9}	Giga	G	10^{-6}	Mikro	μ
10^{6}	Mega	M	10^{-9}	Nano	n
10^{3}	Kilo	k	10^{-12}	Piko	p
10^{2}	Hekto	h	10^{-15}	Fento	f
10	Deka	da	10^{-18}	Atto	a

Einheiten:

Einheit	Kilojoule	Steinkohleeinheit (kg)	Kilowattstunde
Kilojoule	-	0,0000341	0,0003
Steinkohleeinheit (kg)	29308	-	8,14
Kilowattstunde	3600	0,123	-

Elektrolyten: Sind Stoffe, die in der Schmelze und in Lösung den elektrischen Strom leiten.

ELSBETT (Firmenname) Motoren: Diese Motoren sind in der Lage alle pflanzlichen, tierischen und mineralischen Öle und Fette zu verbrennen. Hierfür weisen sie einige spezielle thermodynamischen und mechanischen Optimierungen auf. Die ELSBETT-Motorentechnologie ist weltweit patentiert.

Endenergie: Energie, die dem Verbraucher für die Umsetzung in Nutzenergie zur Verfügung gestellt wird.

Energieintensität (EI): Verhältnis von Energie zu Dienstleistung oder Arbeit, zu deren Verrichtung sie aufgewendet wird. Die EI von Volkswirtschaften ist eine Maßzahl, die angibt, wieviel (Primär-)Energie aufgewendet wird, um eine Einheit des Bruttosozialprodukts pro Zeiteinheit herzustellen.

Die EI von Energiewandlern und Energiewandlungssystemen gibt an, wieviel Energie aufzuwenden ist, um einen Energiewandler/ein Energiewandlungssystem zu bauen, in Betrieb zu nehmen, bis zum Ende seiner Lebensdauer zu betreiben und zu warten, anschließend abzuwracken, seine Teile zu rezyklieren und wiederzuverwenden oder endzulagern.

Energiewandler: Natürliches oder vom Menschen geschaffenes Kraftwerk zur Umwandlung einer Energie in eine andere. Ein Sonnenkraftwerk wandelt die Primärenergie Sonnenstrahlung in die Sekundärenergien Strom und Wärme um; ein Windenergie-Konverter wandelt die kinetische Energie des Windes zunächst in mechanische Energie des Rotors um, danach in elektrische Energie des an den Rotor angekuppelten Generators; ein Automobil wandelt chemische Energie des Kraftstoffs letzlich in Bewegungsenergie um. Auch ein Haus ist ein Energiewandler; die ihm zugeführte Energien Sonnenstrahlung, Erdgas, elektrischer Strom werden in Energiedienstleistungen umgewandelt; warme und beleuchtete Räume, Kraftunterstützung der Bewohner durch Maschinen vieler Art und Energie für die telefonische Kommunikation. Beispielhaft für einen Energiewandler ist eine Pflanze, die photosynthetisch Sonnenlicht in Biomasse umwandelt. Grundsätzlich geht jeder Energiewandlungsschritt mit Energieverlusten einher. Die Höhe der Verluste wird durch den Wirkungsgrad beschrieben.

Energieerhaltungssatz wurde 1842 von dem Arzt Robert Meyer formuliert: Energie kann weder geschaffen werde, noch verschwinden. Energie kann stets nur von einer Form in eine andere umgewandelt werden. Beispielsweise wandelt das Automobil chemische Energie des Kraftstoffs in mechanische Energie des Vortriebs um; das Solarhaus wandelt Sonnenenergie in Wärme oder elektrischen Strom um, der Windenergiekonverter kinetische (Bewegungs-) Energie des Windes in mechanische Energie der Rotation und, in einem Folgeschritt, rotatorische Energie in elektrische Energie. Jeder Wandlungsschritt geschieht in einem Energiewandler, sei es ein Kraftwerk, ein Automobil, ein Photovoltaikgenerator auf dem Hausdach. Alle Energieumwandlung, in welcher Vielzahl von Wandlungsschritten auch immer, endet in der Umwandlung in Wärme (von der Temperatur der Umgebung), die in den Weltraum abgestrahlt wird und für weitere irdische Energieumwandlung auf immer verloren ist (vgl. Anergie).

Der Begriff Energiewandlung ist in der Umgangssprache unüblich, in der Fachsprache jedoch zutreffend. Im Alltagsgebrauch spricht man von Energienutzung, Energieverwendung, Energieanwendung, gelegentlich von Energieerzeugung oder Energiegewinnung. Nutzung, Verwendung oder Anwendung meinen sprachlich das, was thermodynamische Energiewandlung oder Energieumwandlung ist. Von Energiegewinnung und -erzeugung zu sprechen, ist sprachlich und thermodynamisch falsch; die Begriffe sollten nicht gebraucht werden.

Enthalpie: Begriff aus der Thermodynamik, der die Summe der inneren Energie eines Körpers, einer Flüssigkeit oder eines Gases und der Fähigkeit äußere Arbeit zu leisten, bezeichnet. Das Enthalpiegefälle eines Arbeitsgases nimmt bei Entspannung in einer Gasturbine von der (hohen) Enthalpie vor der Turbine auf die (niedrigere) Enthalpie hinter der Turbine ab; die Enthalpiedifferenz ist ein Maß für die (Rotations-)Arbeit der Turbine.

Entropie: Thermodynamischer Begriff, der sich aufgliedert in die Energie- und Stoffentropie: Jede Energie-(Stoff-)Umwandlung ist mit Entropievermehrung verbunden. Alle Energie-(Stoff-)Umwandlung beginnt beim entropischen Minimum und strebt dem entropischen Maximum zu. Die unberührte Kohlengrube ist ein Energie- und Stoffreservoir minimaler Entropie in maximaler Ordnung. Mit der Ausbeutung und dem Durchlauf durch die komplette Energie- und Stoffwandlungskette vom Primärenergierohstoff bis zur Wärmeabstrahlung in den Weltraum, also von der Rohkohle in den Flözen der Grube bis zu den Ablagerungen der festen, flüßigen und gasförmigen Rest- und Schadstoffe in der Geosphäre, sind die energetischen und stofflichen Entropiemaxima größter Unordnung erreicht. Energien und Stoffe beim Entropiemaximum sind für die Menschen nicht mehr nutzbar.

Exergie: Teil der Energie, der sich unter gegebenen thermodynamischen Zuständen in jede andere Energieform umwandeln läßt. Der Exergieanteil eines Energiestromes nimmt mit jedem Umwandlungsvorgang ab (bleibt theoretisch höchstens konstant). Es gilt: Energie = Exergie + Anergie. Bei – nicht verlustlosem – Durchlauf der Energiewandlungskette nimmt der Exergieanteil ständig ab und der Anergieanteil, das heißt der nicht in Arbeitsfähigkeit umwandelbare, ständig zu.

Grundlast: Teil des nachgefragten Bedarfs an elektrischer Energie im Stromnetz, der zeitlich konstant ist. Er wird von den Kraftwerken mit den geringsten Betriebskosten abgedeckt, wobei diese mit so wenig Unterbrechungen wie nur möglich gefahren werden, um kein Kapital ungenützt zu lassen. Grundlastkraftwerke sind Braunkohlekraftwerke, Kernkraftwerke und Laufwasserkraftwerke.

Halbwertszeit: Die Zeit, in der die ursprüngliche Konzentration oder Aktivität eines Stoffes auf die Hälfte abgesunken ist.

Heliostat: Teil eines solarthermischen Turmkraftwerks, das aus leicht konkav gekrümmten Spiegeln besteht, welche die direkte Sonnenenergiestrahlung reflektieren und in einem Strahlungsabsorber konzentrieren. Der Heliostat folgt durch elektromotorische Antriebe dem Tages- und Jahresgang der Sonne.

Joule: Die SI-Einheit der Energie und der physikalisch gleichartiger Größen Arbeit und Wärmemenge ist das Joule (J).

Isotop: (isos [grch.] gleich; topos [grch.] der Ort) Die zu einem Element gehörenden Atome gleicher Kernladungs- und damit Ordnungszahl (Anzahl der Protonen), aber verschiedener Massenzahl (Summe der Protonen und Neutronen). Die chemischen Eigenschaften sind weitgehend gleich, und die Isotope stehen auch alle an der gleichen Stelle im Periodensystem der Elemente. Sie unterscheiden sich allerdings oft in ihrer Stabilität bzw. der Art ihres radioaktiven Zerfalls.

Katalytische Verbrennung/Heizer: Wasserstoff-Diffusionsbrenner, welche in einer Wasserstoffenergiewirtschaft die jetzigen Gasbrenner in den Haushalten und der Industrie ersetzen können. Bei der katalytischen Verbrennung

reagiert Wasserstoff mit Luft im Kontakt mit festen, zum Beispiel metalli-
schen Katalysatoren bei relativ niedrigen Temperaturen. Die Hauptvorteile
katalytischer Heizer sind ein sehr hoher Wirkungsgrad der Energiewandlung
und ein äußerst schadstoffarmer Betrieb. Prinzipiell ist es möglich, auch
Erdgas katalytisch zu verbrennen, die Verwendung von Wasserstoff bringt
Vereinfachungen der Technik mit sich.

Konzentrationsfaktor: Das Verhältnis zwischen der Aperturfläche (Öffungsflä-
che des Kollektors) zu der vom Reflektor (Spiegel) angestrahlten projizierten
Absorberfläche. Zum Beispiel hat der Flachkollektor einen Konzentrationsfaktor von 1 (Kleemann 1993).

Leitungsgebundene Energie: Energie, die in Leitungssystemen zum Nutzer
transportiert wird, wie Nah- und Fernwärme, Erdgas, elektrischer Strom,
Wasserstoff. In der Energieversorgung moderner industrieller Volkswirt-
schaft zeigt sich ein deutlicher Trend zu leitungsgebundenen Energien. Die
Leitungssysteme dienen nicht nur dem Transport, sondern fungieren gleichzeitig als – temporär – Energiespeicher.

Naphtha: Rohölschnitt zwischen Benzin und Kerosin. Verdampft zwischen 30
und 100 bis 200°C, je nachdem ob es sich um leichtes oder schweres
Naphtha handelt. Naphtha ist ein wichtiger Rohstoff für petrochemische
Verfahren. Durch kracken entsteht eine große Anzahl an Produkten.

Nutzenergie: Energie, die nach der letzten Umsetzung in den Geräten des
Verbrauchers zur Verfügung steht. Nutzenergie wird benötigt, um die Energiedienstleistungen Wärme, Licht, Kraft und Kommunikationsdienste bereitzustellen.

Parabolrinnen: Innenseitig verspiegelte Rinne, in deren Brennlinie ein Absorber-
rohr montiert ist, durch das ein Wärmeträgermedium (z. B. Wasserdampf)
strömt. Direkte Sonnenstrahlung wird von der Parabolrinne in das Absorber-
rohr reflektiert und in ihm konzentriert. Parabolrinnen wandeln direkte Sonnenstrahlung in fühlbare Wärme des Wärmeträgermediums um. Viele hin-
tereinander angeordnete Parabolrinnen sind Teil eines Parabolrinnenkraft-
werks.

Photon: von griechisch Phos, das Licht. Auch als Lichtquanten oder Strahlungs-
quanten bezeichnet. Photonen sind stabile Elementarteilchen, die Quanten
der elektromagnetischen Strahlung. Sie repräsentieren den korpuskularen
Charakter der elektromagnetischen Strahlung (Welle-Teilchen-Dualismus).

pn-Übergang: In der Halbleiterphysik eine an Ladungsträgern verarmte Grenzschicht zwischen einem Metall und einem Halbmetall (Schottky-Barriere)
oder zwischen zwei Halbleitern mit unterschiedlichen Leitungstypen. Stellt
für elektrischen Strom in einer Richtung (Sperrichtung) einen hohen, in der
anderen (Fluß- oder Durchflußrichtung) einen niedrigen Widerstand dar.

Primärenergie: Energie, die keiner Umsetzung (Umwandlung oder Umformung)
unterworfen wurde, d. h. der Energiegehalte der fossilen Energierohstoffe
Kohle, Rohöl, Erdgas, der Kernenergierohstoffe Uran- oder Thoriumverbin-
dungen, der rohstofflosen Energie solare Strahlung, Umgebungswärme,
kinetische und potentielle Energie von Wind und Wasserkraft, Meereswellen
und Gezeiten, der Biomasse, des Enthalpiegefälles ozeanischer Temperatur-
schichtungen sowie Magma im Erdinnern.

Prozeßwärme: Wärme für industrielle Verfahren und Prozesse, die in Industriestaaten bis zur Hälfte aller Endenergien ausmachen kann. In sonnenreichen Ländern kann solare Prozeßwärme im Temperaturbereich von 100 bis 1000 Grad Celsius aus Sonnenkraftwerken der solaren industriellen Kraftwirtschaft bezogen werden.

statische Reichweite: Reichweite bei gleichbleibender Förderung und gleichbleibenden Verbrauch

Sekundärenergie: Energie, die aus der Umsetzung von Primärenergie oder aus anderen Sekundärenergieträgern gewonnen wird.

Steinkohleeinheiten: Steinkohleeinheiten oder SKE erlauben einen Vergleich der verschiedenen Energieträger nach ihrem Heizwert.

Treibhauseffekt: Erwärmung der bodennahen Luftschichten infolge der Rückstrahlung der irdischen Wärmeabstrahlung. Der durch verschiedene, vom Menschen verursachte Prozesse auf der Erde erhöhte Ausstoß von Gasen wie Kohlendioxid, Methan und anderen verstärkt den natürlichen Treibhauseffekt. In der Folge sind weltweit klimatische Veränderungen zu erwarten.

Watt: Die SI-Einheit der Leistung sowie der physikalisch gleichartigen, als Energie- bzw. Wärmemenge pro Zeit definierten Größen Energie- und Wärmestrom ist das Watt (W): 1 Watt ist gleich der Leistung, bei der während der Zeit 1 Sekunde die Energie 1 Joule umgesetzt wird.

Wärmepumpe: Wärmepumpen heben Energie von einem niedrigen Temperaturniveau auf ein höheres an. Hierfür ist eine Wärmequelle erforderlich, z. B. die Umgebungsluft oder das Erdreich. Mit dieser Wärme wird ein niedrig siedendes Arbeitsmittel (Kältemittel) in einem Wärmetauscher (der Kühler eines Autos ist z. B. ein Wärmetauscher) verdampft. Dieser Dampf wird mit einer Pumpe (Kompressor) verdichtet, wobei sich der Druck und die Temperatur des Gases erhöhen. Das erhitzte Gas kann nun über eine zweiten Wärmetauscher, z. B. einen Heizkörper, die gewonnene Wärme an kältere Luft oder kälteres Wasser abgeben. Hierdurch wird das Arbeitsmittel wieder flüssig (kondensiert). In einem Expansionsventil wird der noch vorhandene hohe Druck des Arbeitsmittels abgebaut. Das Arbeitsmittel entspannt und der Prozeß kann von vorne beginnen.

Wirkungsgrad: Verhältnis von abgegebener zu zugeführter Energie eines Energiewandlers oder -wandlungssystems. Wirkungsgrade sind Momentanwerte ohne Zeitbezug. Nutzungsgrade berücksichtigen zeitlich veränderliche Wirkungsgrade. Jahresnutzungsgrade geben an, wieviel Nutzenergie innerhalb eines Jahres von einem Energiewandler abgegeben wurde, und zwar im Verhältnis zu der in diesem Zeitraum zugeführten Energie.
Beispiele typischer Werte von Wirkungsgraden einiger Energiewandler, darunter zum Vergleich zwei natürliche Energiewandler (Bakertienwachstum und Photosynthese)

Energiewandler	Energieform	Wirkungsgrad
Großer elektrischer Generator	mech. - elektr.	98 – 99
Großer Kraftwerkskessel	chem. - therm.	90 – 98
Großer elektrischer Motor	elektr. - mech.	90 – 97
Trockenzellenbaterie	chem. - elektr.	85 – 95
Kleiner elektrischer Motor	elektr. - mech.	60 – 75
Optimales bakterielles Wachstum	chem. - chem.	50 – 65
Große Gasturbine	elektr. - mech.	35 – 40
Dieselmotor	elektr. - mech.	30 – 40
Leistungsfähigste Photovoltaikzelle	strahl. - elektr.	20 – 35
Verbrennungskraftmaschinen	elektr. - mech.	15 – 25
Leuchtstofflampen	elektr. - strahl.	10 – 12
Dampflokomotive	chem. - mech.	3 – 6
Photosynthese, maximal	strahl. - chem.	3 – 6

chem. = chemisch; elektr. = elektrisch; mech. = mechanisch; strahl. = Strahlungsenergie (elektromagnetisch, solar); therm. = thermisch
Quelle: V. Smil, General Energetics, New York 1991

Dank

Für ihre Kommentare und anregenden Diskussionen während der Erstellung des Manuskriptes möchten wir uns bei Ernst Ulrich von Weizsäcker, Hermann Scheer, Friedrich Schmidt-Bleek und Wolfgang Sachs bedanken. Für ihre Hilfestellung und Geduld bei der Fertigstellung dieses Buches danken wir Wolfram Huncke und Dorothée Engel. Nicht zu vergessen Rainer Klüting, der unseren Text in eine verständliche Sprache gebracht hat sowie Hans Kretschmer, Agim Meta, Ursula Tischner und Susanne Krampen, die die phantasievollen Abbildungen erstellt haben. Den ‹Testleserinnen› Maria Breuer und Anja Doluschek möchten wir für ihren Sachverstand und ihre Unterstützung unseren herzlichen Dank aussprechen.

Wuppertal, im Februar 1995

Literaturverzeichnis

1 Schmidt-Bleek, F.: Wieviel Umwelt braucht der Mensch, Birkhäuser Verlag, Berlin, Basel 1994
2 Lehmann, H.: Energy and Environment, Proceedings of Seminar »European Strategy for Energy Research and Technological Development, EU-Kommission, Venedig 1993
3 World Energy Council: Montreal 1989
4 Hall/Surlock: Biomass 21, 1989
5 British Petroleum: Statistical Review of World Energy, London 1993
6 Varchim, J. und Radkau, J.: Kraft, Energie und Arbeit – Energie und Gesellschaft, Rowohlt, Reinbek 1988
7 Jahrbuch Bergbau 1994
8 Bundesanstalt für Geowissenschaften und Rohstoffe, 1991/92
9 Enquete-Kommission: Protecting the Earth, Status Report with Recommendations for a New Energy Policy, Study Commission of the German Bundestag Preventive Measures to Protect the Earth's Atmosphere, 1990 und IPCC: Radiative Forcing of Climate Change, Intergovernmental Panel of Climate Change, 1994
10 Barrows, H.K.: Water power engineering, Mac Graw Hill, New York 1943
11 zu den historischen Entwicklungen der Technik siehe: J. Varchim und J. Radkau: Kraft, Energie und Arbeit – Energie und Gesellschaft, Rowohlt, Reinbek 1988 und v. Klinckowstroem, C.: Knaurs Geschichte der Technik, Droemer, München/Zürich 1959
12 Baker, N., Palz, W., Steemers, T.C. und Turrent, D.: Thermische Solarenergie in Europa, TÜV Verlag, Köln 1987 und Agence Francaise pour la Maitrise de l'Energie, TECSOL: Equipement solaire thermique en Europe, EG-Kommission, Brüssel 1992
13 Moreira, J. R. und Poole, A. D.: Hydropower and its constraints, in: Renewable Energy: Sources for Fuels and Electricity, Earthscan Publication Ltd, London 1993
14 Statistisches Bundesamt (Hrsg.): Statistisches Jahrbuch für das Ausland, 1991
15 World Energy Council: Renewable Energy Ressources – Opportunities and Constraints 1990 – 2020, Report 1993, World Energy Council, GB, Juli 1993
16 Moreira, J. R. und Poole, A. D.: Hydropower and its constraints, in: Renew-

able Energy: Sources for Fuels and Electricity, Earthscan Publication Ltd, London 1993

17 Wagner, E.: Wasserkraftnutzung und Wasserkraftpotential in der Bundesrepublik Deutschland, VDEW, Frankfurt 1990

18 Kaltschmitt, M. und Wiese, A. (Hrsg.): Erneuerbare Energieträger in Deutschland, Potentiale und Kosten, Springer-Verlag, Berlin, Heidelberg 1993

19 Kunz P., Jäger, F., Mannsbart, W. und Poppke, H.: Bestand und wirtschaftliche Nutzungsmöglichkeiten von Kleinstwasserkraftanlagen in der Bundesrepublik Deutschland, in: Wasserwirtschaft 75, 1985

20 Water Power & Dam Construction: The world's small hydro power, 1990

21 Commission of the European Communities: The European Renewable Energy Study (TERES): Main Report, Commission of the European Communities, Directorate-General (CEC DGXVII ESD – DECON – ITC – ERM) for Energy, Brüssel 1993

22 Eurostat: Grundzahlen der Gemeinschaft, 31. Ausgabe, Luxemburg 1994

23 Water Power & Dam Construction: The world's hydro ressources, Water Power & Dam Construction Handbook, 1992

24 Eurostat: Panorama of EC industry 93, Commission of the European Communities, 1993

25 Moreira, J. R. und Poole, A. D.: Hydropower and its constraints, in: Renewable Energy: Sources for Fuels and Electricity, Earthscan Publication Ltd, London 1993

26 OECD: Energy Statistic and Balances of non-OECD Countries 1991-1992, Organisation for Economic Co-operation and Development, Paris 1994

27 Water Power & Dam Construction: The world's hydro ressources, Water Power & Dam Construction Handbook, 1992

28 World Energy Council: Renewable Energy Ressources – Opportunities and Constraints 1990 – 2020, Report 1993, World Energy Council, GB, Juli 1993

29 Water Power & Dam Construction: The world's small hydro power, 1990

30 Xiong, S.: Small hydro development in China: archievements and prospects, in: Water Power & Dam Construction, Oktober 1990

31 Melichow, P.: Energie von der Sonne, Deutsche Verlagsanstalt, Stuttgart 1974

32 International Energy Association Large Scale Wind Energy: Annual Report, national Energy Administration, Stockholm, Schweden

33 Molly, J.-P.: Öffentliche Anhörung zum Thema Erneuerbare Energien: der Weg zu einer nachhaltigen und klimaverträglichen Energieversorgung, Enquete-Kommission des Deutschen Bundestages Schutz der Erdatmosphäre, Oktober 1993

34 International Energy Agency: Wind Energy Annual Report, 1991

35 Consejo Nacional de Energia, Kuba 1993

36 Keuper, A.: Windenergienutzung in der Bundesrepublik Deutschland, in: DEWI-Magazin Nr.4, Zeitschrift des Deutschen Windenergie-Instituts, Wilhelmshaven, Februar 1994

37 Keuper, A.: persönliche Mitteilung, DEWI Wilhelmshaven 1995

38 Hau, E.: Windkraftanlagen, Springer-Verlag, Berlin, Heidelberg 1994

39 Maribo Pedersen, P.: Die Entwicklung der Windenergietechnologie und ihre Anwendung in Holland und Dänemark, Regenerative Energie, VDI Berichte 1024, VDI Verlag, Düsseldorf 1993

40 Ministerium für Wirtschaft, Mittelstand und Technologie des Landes Nordrhein-Westfalen: Windkraftanlagen in NRW, Ergebnisbericht eines Projektes zur Windstromerzeugung im nordwestdeutschen Binnenland, 1992/93

41 Kaltschmitt, M. und Wiese, A. (Hrsg.): Erneuerbare Energieträger in Deutschland, Potentiale und Kosten, Springer-Verlag, Berlin, Heidelberg 1993

42 Bußmann, W.: Nachdenklichkeit im Boom, in: Energie Spektrum, Mai 1994

43 Gerdes, G. und Pahlke, T.: Wind- und Flächenpotentialstudie für die Niedersächsische Küste, in: DEWI-Magazin Nr. 3, August 1993

44 European Wind Energy Association EWEA, 1991 und Selter, H.: Potential of Windenergy in the E.C., Dordrecht 1986

45 Eurosolar: Das Potential der Sonnenenergie in der EU, Bonn 1993 und Garrad, A.: An Assessment of the Offshore Wind Potential in the E.C., Garad Hassan & Partners, Germanischer Lloyd 1993

46 Haefele, W. et al.: Energy in a finite world, International Institute of Applied systems Analysis/Ballinger, Cambridge, Massachusetts 1981

47 Grubb, M.J. und Meyer, N.I.: Wind energy: Resources, systems and regional strategies in Renewable Energy: Sources for Fuels and Electricity, Earthscan Publication Ltd, London 1993

48 World Energy Council: Renewable Energy Ressources – Opportunities and Constraints 1990 – 2020, Report 1993, World Energy Council, GB, Juli 1993

49 Hall, D.O., Rosillo-Calle, F., Williams, R.H., Woods, J.: Biomass for energy: supply prospects, in: Renewable Energy Sources for Fuels and Electricity, Earthscan Publication Ltd., London 1993

50 Henning, R.K.: Produktion und Nutzung von Pflanzenöl als Kraftstoff im Sahel, am Beispiel von Mali, Deutsche Gesellschaft für technische Zusammenarbeit (GTZ) GmbH, Eschborn, September 1992 und 1. Fachlicher Zwischenbericht zum Projekt: Produktion und Nutzung von Pflanzenöl als Kraftstoff, Projet Pourghere, DNHE – GTZ, Bamako, Mali 1994

51 Johansson, T.B.: Solar energy: a strategy in support of environment and development, World solar summit, UNESCO Headquarters, Paris, Juli 1993

52 Sinor, J.E.: Ethanol share of auto fuel market Brazil to hold at 40 percent, The clean fuels report, J. E. Sinor Consultants Inc., November 1993

53 Strehler, A.: persönliche Mitteilung, Bayrische Landesanstalt für Landtechnik, München-Weihenstephan 1993 und Hartmann, H., und Strehler, A.: Die Stellung der Biomasse, Schriftenreihe »Nachwachsende Rohstoffe«, Landwirtschaftsverlag GmbH 1995

54 Kaltschmitt, M. und Wiese, A. (Hrsg.): Erneuerbare Energieträger in Deutschland, Potentiale und Kosten, Springer-Verlag, Berlin, Heidelberg 1993

55 Bundesministerium für Wirtschaft: Energie-Daten 1994

56 Gernhardt, D., Mohr, M., Skiba, M. und Unger, H.: Theoretisches und technisches Potential von Solarthermie, Photovoltaik, Biomasse und Wind in Nordrhein-Westfalen, 4. Technischer Fachbericht zum Forschungsvorhaben IV B3-258002, Ruhr Universität, Bochum 1993

57 Hartmann, H.: Energie aus Biomasse, Institut und Bayrische Landesanstalt für Landtechnik der TU München-Weihenstephan, September 1994

58 Eurosolar: Das Potential der Sonnenenergie in der EU, Bonn 1993

59 Hall, D.O., Rosillo-Calle, F., Williams, R.H., Woods, J.: Biomass for energy: supply prospects, in: Renewable Energy Sources for Fuels and Electricity, Earthscan Publication Ltd., London 1993

60 Kircherer, A., Spliethoff, H., Hien, K., Lewandowski, I., Eghbal, K. und Kahn, G.: Große Erträge und hoher Ausbrand, in: Energie, Jahrg. 46, Nr. 3, März 1994

61 Eurostat: Sozialreport Europa, Brüssel 1991

62 Eurostat: Statistische Grundzahlen der Gemeinschaft, 29. Ausgabe, Luxemburg 1992

63 BMWi: Energieversorgung EG 1993, Zahlen für 1990, Bonn 1993 und Eurostat: Statistische Grundzahlen der Gemeinschaft, 29. Ausgabe, Luxemburg 1992

64 AG Energie: Endenergieverbrauch privater Haushalte BRD 1990, Informationszentrale der deutschen Elektrizitätwirtschaft 1990 und Schüßler, R.: Der Energieverbrauch der privaten Haushalte, Europäische Hochschulschriften, Frankfurt 1987

65 »Solar Architecture in Europe«, Commission of the European Communities, 1991 und Dritter Bericht der Enquete-Kommission des Deutschen Bundestages »Vorsorge zum Schutz der Erdatmosphäre«, 1990 und Ebel, W. et al., »Energieeinsparpotentiale im Gebäudebestand«, IWU, Darmstadt 1990 und Weidlich, B., Kerschberger, A., Lohr, A. und Alexa, B.C.: Systemstudie Lichtdurchlässige Wärmedämmung, Berlin und Köln 1989

66 Eurosolar: Das Potential der Sonnenenergie in der EU, Bonn 1993

67 BINE: Sonnenenergie zur Warmwasserbereitung: Solaranlagen auf dem Prüfstand, BINE Informationspaket, Verlag TÜV-Rheinland GmbH, Köln 1990

68 Weiß, W.: Im Selbstbau errichtete Solaranlagen, in: BWK Bd. 43, Nr. 12, Dezember 1991

69 Waldert, H.: Auszug aus dem Buch von Helmut Waldert: »Gründungen« Falter-Verlag, Wien 1992 in Das Solarzeitalter 4/93

70 Deutscher Fachverband Sonnenenergie e.V.: DFS-Kollektorstatistik 1992/ 1993

71 Dalenbäck, J.-O.: persönliche Mitteilung, Chalmers University of Technology, 1994

72 Nast, M. und Ufheil, M.: Heimische Nutzung solarer Wärme-Möglichkeiten und Potentiale, Forschungsverbund Sonnenenergiethemen 93/94, Köln 1994

73 Schwarzer, K.: Speicher Solar-Kocher, FH Jülich

74 Dalenbäck, J.-O.: Solare Wärmeversorgung in Schweden, VDI Berichte 1024, VDI Verlag, Düsseldorf 1993 und Fisch, N., Kübler, R., Lutz, A. und Hahne, E.: Solare Nahwärme – Stand der Projekte, in: Sonnenenergie & Wärmetechnik 1/94

75 Gernhardt, D., Mohr, M., Skiba, M. und Unger, H.: Theoretisches und technisches Potential von Solarthermie, Photovoltaik, Biomasse und Wind in Nordrhein-Westfalen, 4. Technischer Fachbericht zum Forschungsvorhaben IV B3-258002, Ruhr Universität, Bochum 1993

76 Gesprächskreis 5: »Potentiale der erneuerbaren Energien«, BMWi, Bonn, Dezember 1994

77 Kleemann, M. und Meliß, M.: Regenerative Energien, Springer-Verlag, Berlin, Heidelberg 1993

78 Aringhoff, R.: Öffentliche Anhörung zum Thema Erneuerbare Energien: der Weg zu einer nachhaltigen und klimaverträglichen Energieversorgung, Enquete-Kommission des Deutschen Bundestages Schutz der Erdatmosphäre, Oktober 1993

79 De Laquile, P., Kearney, D., Heyer, M. und Diver, R.: Solar-thermal electric technology in Renewable Energy Sources for Fuels and Electricity, Earthscan Publication Ltd., London 1993

80 Finker, A., Schmitz-Goeb, M. und Streuber, Ch.: Phoebus-Versuche erfolgreich, in: Energie Spektrum, November 1993

81 Aringhoff, R.: Öffentliche Anhörung zum Thema Erneuerbare Energien: der Weg zu einer nachhaltigen und klimaverträglichen Energieversorgung, Enquete-Kommission des Deutschen Bundestages Schutz der Erdatmosphäre, Oktober 1993

82 Klaiß, H. und Staiß, F. (Hrsg.): Solarthermische Kraftwerke für den Mittelmeerraum, Bd. 2: Energiewirtschaft, Solares Angebot, Flächenpotential, Laststruktur, Technik und Wirtschaftlichkeit, Springer-Verlag, Berlin, Heidelberg 1992 und Nitsch, J., Systemanalyse Gruppe, DLR, Stuttgart

83 Nitsch, J. und Winter, C.-J. (Hrsg): Wasserstoff als Energieträger, Technik, Systeme, Wirtschaft, Berlin 1988

84 PVIR: Enron Proposes $150 Million, 100 MW PV Generating Plant in Nevada, in: Photovoltaik Insider's Report, Bd. XIII, Nr. 12, Dezember 1994

85 PVIR: PV Module Output Rises Scant 7% In 1993 To New Record 62,5 MW, in: Photovoltaik Insider's Report, Bd. XIII, Nr. 2, Februar 1994 und PVIR: PV Module output worldwide jumps 19% to a new record 72,7 MW in 1994, in: Photovoltaic Insider's Report, Bd. XIV, Nr. 2, Februar 1995

86 Meliß, M.: REGLOB 92: Globale Betrachtung regenerativer Energieressourcen und ihrer technischen Nutzungsmöglichkeiten, Fachhochschule Aachen, Abt. Jülich, Mai 1992

87 Knobloch, J. und Wettling, W.: Hocheffiziente Silizium-Solarzellen: Technologie und Potentiale in Solarzellen, Meissner, D. (Hrsg.), Vieweg & Sohn Verlagsgesellschaft mbH, Braunschweig/Wiesbaden 1993, DPIE: The Australian Renewable Energy Industry, Department of Primary Industries and Energy, Australien 1993

88 BINE: Hocheffiziente Silizium-Solarzellen, Projekt Info Service Nr. 198/ Dezember 1992

89 Räuber, A.: Entwicklungstendenzen der Photovoltaik, in: Sonnenenergie & Wärmetechnik 4/93

90 Hoffmann, W. und Goethe, R.: Neuartige Solarzelle macht Fertigungsschritte überflüssig, in: Sonnenenergie & Wärmetechnik 3/93

91 Eurosolar: Technologie der Photovoltaik USA – Japan – Europa, Bonn 1993

92 Green, M. A.: Crystalline- and Polycrystalline-Silicon Solar Cell in Renewable Energy Sources for Fuels and Electricity, Earthscan Publication Ltd., London 1993, Maag, W.: Neuartige Kugelzellen rücken flexible Module in greifbare

Nähe, in: Sonnenenergie & Wärmetechnik 5/93, PVIR: TI's spheral solar module archives milestone 10.3% efficiency level, in: Photovoltaic Insider's Report, Bd. XIII, Nr. 11, November 1994

93 PVIR: TI's spheral solar module archives milestone 10.3% efficiency level, in: Photovoltaic Insider's Report, Bd. XIII, Nr. 11, November 1994

94 Fuhs, W.: Amorphe Materialien für Dünnschichtsolarzellen in Solarzellen; Meissner, D. (Hrsg.), Vieweg & Sohn Verlagsgesellschaft mbH, Braunschweig/Wiesbaden 1993

95 Bloss, W. H., Pfisterer, F. und Schubert, M.: Öffentliche Anhörung zum Thema Erneuerbare Energien: der Weg zu einer nachhaltigen und klimaverträglichen Energieversorgung, Enquete-Kommission des Deutschen Bundestages Schutz der Erdatmosphäre, Oktober 1993

96 Silvanus, W.: Die Sonnenkraftwerke laufen vom Band, in: Frankfurter Rundschau, Nr. 4826. Februar 1994, PVIR: United Solar Fabricates a-Si cell with record stabilized efficiency of 10.2%, in: Photovoltaik Insider's Report, Bd. XIII, Nr. 2, Februar 1994

97 Karg, F. H.: Polykristalline Dünnfilmsolarzellen in Solarzellen; Meissner, D. (Hrsg.), Vieweg & Sohn Verlagsgesellschaft mbH, Braunschweig/Wiesbaden 1993

98 Die neue Solarzelle tankt noch mehr Sonnenkraft, in: Stuttgarter Zeitung Nr. 212, Dezember 1993

99 PVIR: Energy Photovoltaics Commercializes First CIS Module, Systems, in: Photovoltaic Insider's Report, Bd. XIV, Nr.1, Januar 1995

100 Grätzel, M.: Entwicklung einer neuen photovoltaischen Zelle zur billigen und effizienten Erzeugung von Elektrizität aus Sonnenlicht, in: Wege in die Solargesellschaft IV, 1993

101 Hagedorn, G. und Hellriegel, E.: Kumulativer Energieverbrauch für die Herstellung von Solarzellen und von photovoltaischen Kraftwerken, Forschungsstelle für Energiewirtschaft (FfE), München, Juli 1989

102 Palz, W. und Zibetta, H: Energy pay back time of photovoltaic modules, International Journal of Solar Energy Bd. 10, 3/4

103 Reetz, T.: Prozeßkettenanalyse zum CdTe-Solarmodul, Interner Bericht KFA – STE – IB – 2/93

104 Hoffmann, W.: Expertengespräch: Politische Rahmenbedingungen einer realistischen Sonnenstrategie, Friederich-Ebert-Stiftung, Bonn, Dezember 1994

105 Kaltschmitt, M. und Wiese, A. (Hrsg.): Erneuerbare Energieträger in Deutschland, Potentiale und Kosten, Springer-Verlag, Berlin, Heidelberg 1993

106 Gernhardt, D., Mohr, M., Skiba, M. und Unger, H.: Theoretisches und technisches Potential von Solarthermie, Photovoltaik, Biomasse und Wind in Nordrhein-Westfalen, 4. Technischer Fachbericht zum Forschungsvorhaben IV B3-258002, Ruhr Universität, Bochum 1993

107 Eurosolar: Das Potential der Sonnenenergie in der EU, Bonn 1993

108 Kaltschmitt, M. und Wiese, A. (Hrsg.): Erneuerbare Energieträger in Deutschland, Potentiale und Kosten, Springer-Verlag, Berlin, Heidelberg 1993

109 van Brummelen, M.: Scenarios for introduction of buildings in the Netherlands, 11th European Photovoltaics Solar Energy Conference, Montreux 1992

110 Hill, R., Pearsall, N. M. und Claiden, P.: The Potential Generating Capacity of PV-Clad Building in the UK, Newcastle Photovoltaics Applications Centre University of Northhumbria, 1992

111 Khatib, H.: Solar energy in developing countries, in: World solar summit, Juli 1993

112 Schmidt-Küntzel, B.: Solarstrom für die Sahelzone, in: Energiewirtschaftliche Tagesfragen 43. Jg. (1993) Heft 10

113 DLR: Solarer Wasserstoff: Energieträger der Zukunft, Deutsche Forschungsanstalt für Luft- und Raumfahrt, Stuttgart 1989 und BMFT: Solare Wasserstoffenergiewirtschaft, Ad-hoc-Ausschuß beim Bundesministerium für Forschung und Technologie, Bonn, April 1988 und Enquete-Kommission: Erneuerbare Energien: Solare Großanlagen und Import solarer Energieträger, Bd. 3, Enquete-Kommission »Vorsorge zum Schutz der Erdatmosphäre« des Deutschen Bundestages, Economica Verlag GmbH, Bonn und Verlag C. F. Müller GmbH, Karlsruhe 1990

114 Nitsch, J. und Winter, C.-J. (Hrsg): Wasserstoff als Energieträger, Technik, Systeme, Wirtschaft, Berlin, 1988

115 Enquete-Kommission: Erneuerbare Energien: Solare Großanlagen und Import solarer Energieträger, Bd. 3, Enquete-Kommission »Vorsorge zum Schutz der Erdatmosphäre« des Deutschen Bundestages, Economica Verlag GmbH, Bonn und Verlag C. F. Müller GmbH, Karlsruhe 1990

116 Stimming, A.: Perspektiven und Technik der Brennstoffzelle, 6. VDI-GET-Jahrestagung: Energiehaushalten und CO_2-Minderung, Würzburg, März 1992

117 eine gute Übersicht gibt: Schüßler, M.: Potentiale und Kosten für eine risikoarme Energieversorgung, Wuppertal Institut, Wuppertal-Paper Nr. 11, März 1994

118 Traube, K.: Perspektiven der Umstrukturierung des westdeutschen Energiesystems angesichts des CO_2-Problems, Bremen, Mai 1992

119 Böhnisch, H.: Integration erneuerbarer Energiequellen in die Stromversorgung Rottweils, Stuttgart, August 1992

120 Lehmann, H.: Der Zukunft entgegen – der Drei-S-Pfad, Die Mitbestimmung, Düsseldorf, 1988

121 Schmidt-Bleek, F.: Wieviel Umwelt braucht der Mensch?, Birkhäuser Verlag, Basel, Berlin 1994

122 Factor 10 Club: Carnoules Declaration, Wuppertal Institut, 1995

123 Feist, W.: IWU Darmstadt, 1986

124 Klinghaus, R.: Spar-Lektion: Der Negawatt-Mann, in: Amory Lovins in Wuppertal, Wuppertal-Texte 2, Wuppertal Institut, 1994

125 Weiterführende Literatur: Hennicke, P. (Hrsg.): Den Wettbewerb in der Energiewirtschaft planen, Berlin, Heidelberg 1991

126 Thomas, S.: Kommunales Klimaschutzprogramm für die Landeshauptstadt Hannover, Abschlußbericht Hannover-Studie, Wuppertal Institut, 1995

127 Weiterführende Literatur: v. Braunmühl, W.: Contracting – eine Idee gewinnt an Boden, oder: wie man Energiesparen zum Geschäft macht, Umweltstandort Deutschland, Birkhäuser Verlag, Basel, Berlin 1994

128 Lehmann, H., Schmidt-Bleek, F.: Material flows from a systematical point of view, Fresenius Bulletin, Basel 1993

129 Dürr, H.P.: Die 1,5-Kilowatt-Gesellschaft, Vortragsmanuskript, Wuppertal 1994

130 siehe auch Factor 10 Club: Carnoules Declaration, Wuppertal Institut, 1995

131 UNDP: Human Development Report, New York 1992

132 FAO: Reports 1991 und 1992, Food and Agricultural Organisation, Rom

133 Das Projekt »Power for the World« ist ein Vorschlag von Wolfgang Palz und Eurosolar von 1993

134 Moreira, J. R. und Poole, A. D.: Hydropower and its constraints in Renwable Energy Sources for Fuels and Electricity, Johansson, T.B. et al. (Hrsg.), Earthscan Publication Ltd., London 1993

135 Flavin, C. und Lenssen, N.: Powering the Future: Blueprint for a Sustainable Electricity Industry, World Watch Paper Nr. 119, Juni 1994

136 International Union for the Conservation of Nature: Unsere Verantwortung für die Erde, Gland, Schweiz, Oktober 1991

137 Deutsche Gesellschaft für Ernährung e.V.: Vollwertig Essen und Trinken nach den 10 Regeln der DGE

138 Lehmann, H. und Reetz, T.: Sustainable Land use in the European Union, Wuppertal-Paper Nr. 26, 1995

139 Worldwatch Institute, based on Meridian Corporation, »Energy System Emission and Material Requirements«, prepared for U.S. Department of Energy, 1989, Gipe, P.: »Wind Energy Comes of Age«, Gipe & Assoc., 1990, und andere Quellen

140 v. Weizsäcker, E.U.: Erdpolitik, Wissenschaftliche Buchgesellschaft, Darmstadt 1989

141 Hohmeyer, O.: Die sozialen Kosten des Energieverbrauchs, Springer-Verlag, Berlin 1989

142 Hagedorn, G., Hellriegel, E.: Umweltrelevante Stoffströme bei der Herstellung verschiedener Solarzellen, Umweltvorsorgeprüfung bei Forschungsvorhaben – Am Beispiel der Photovoltaik –, Bd. 5, Bericht des Forschungszentrum Jülich (KFA) in der Reihe: Angewandte Systemanalyse der Programmgruppe STE Nr. 67, Jülich 1992

143 Lewins, B.: CO_2-Emissionen von Energiesystemen zur Stromerzeugung unter Berücksichtigung der Energiewandlungskette, Fachbereich 16 Bergbau und Geowissenschaften der Technischen Universität Berlin, Berlin 1993

144 Hagedorn, G., Hellriegel, E.: Umweltrelevante Stoffströme bei der Herstellung verschiedener Solarzellen, Umweltvorsorgeprüfung bei Forschungsvorhaben – Am Beispiel der Photovoltaik –, Bd. 5, Bericht des Forschungszentrum Jülich (KFA) in der Reihe: Angewandte Systemanalyse der Programmgruppe STE Nr. 67, Jülich 1992 und Hantzsche, U.: Prozeßkettenanalyse von Bau- und Werkstoffen: Bereitstellung von Flachglas, Forschungszentrum Jülich (KFA), Interner Bericht KFA-STE-IB-8/91, Dezember 1991

145 Lewins, B.: CO_2-Emissionen von Energiesystemen zur Stromerzeugung unter Berücksichtigung der Energiewandlungskette, Fachbereich 16 Bergbau und Geowissenschaften der Technischen Universität Berlin, Berlin 1993

146 Dones, R. und Zollinger, E.: Ökoinventare für Energiesysteme, Teil VII

Kernenergie, Grundlagen für den ökologischen Vergleich von Energiesystemen und den Einbezug von Energiesystemen in Ökobilanzen für die Schweiz, ETH, Zürich 1993

147 Hagedorn, G. und Hellriegel, E.: Umweltrelevante Stoffströme bei der Herstellung verschiedener Solarzellen, Umweltvorsorgeprüfung bei Forschungsvorhaben – Am Beispiel der Photovoltaik –, Bd. 5, Bericht des Forschungszentrum Jülich (KFA) in der Reihe: Angewandte Systemanalyse der Programmgruppe STE Nr. 67, Jülich 1992

148 Hirtz, W., Huber, W., Kolb, G.: Umweltvorsorgeprüfung bei Forschungsvorhaben – Am Beispiel der Photovoltaik –, Programmgruppe Systemforschung und Technologische Entwicklung, Forschungszentrum Jülich GmbH, Dezember 1993, Karus, M., Wittassek, R. und Linden, W.: Umweltaspekte bei der Nutzung von Cadmium-Tellurid-Solarzellen, Katalyse Institut für angewandte Umweltforschung, Köln, Mai 1990 und STE 1991: Umweltauswirkungen bei der Nutzung von Solarzellen, Programmgruppe Systemforschung und Technologische Entwicklung, Forschungszentrum Jülich GmbH, November 1991

149 United Nations: Report of the technical panel on hydropower on its second session, United Nations Conference on New and Renewable Sources of Energy, A/CONF.100/PC/30, United Nations, General Assembly, 21. Januar 1981

150 Vauk, G.: Biologisch-ökologische Begleituntersuchung zum Bau und Betrieb von Windkraftanlagen, NNA-Berichte 3/Sonderheft, Schneverdingen 1990

151 DeBell, D.S., Witesell, C.D. und Schubert, T.H.: Using N2-fixing Albaizin to increase growth of Eucalyptus plantation in Hawaii, in: Forest Science 35 (1), 1989

152 Albert, R., Lazu, L., Lütgert, J., Ney, P. und Owsianik, E.: Ökologische-energetische Bilanzierung nachwachsender Rohstoffe (Schilfgras), in: Environmental Protection Service GmbH, März 1993

153 Council for Agricultural Science and Technology: Ecological impacts of ferderal conservation and cropland reduction programs, Summary Report Nr. 117, Ames, Iowa, September 1990

154 Hall, D. O., Rosillo-Calle, F., Williams, R. H. und Woods, J.: Biomass for Energy: Supply Prospects in Renewable Energy Sources for Fuels and Electricity, Johansson, T.B. et al. (Hrsg.), Earthscan Publication Ltd., London 1993

155 Keuper, A.: Windenergie ist aktiver Umwelt- und Naturschutz, in: DEWI Magazin Nr. 2, Zeitschrift des Deutschen Windenergie-Instituts, Wilhelmshaven, Februar 1993

156 AVU: Lärm-Minderung durch prinzipielle Verkehrs-Beruhigung!, Hrsg: Arbeitskreis Verkehr und Umwelt-Umkehr e. V., 1992

157 Kutter, W. (Hrsg.): Handbuch zur Ökologie, Analytica 1993

158 Keuper, A.: Windenergie ist aktiver Umwelt- und Naturschutz, in: DEWI Magazin Nr. 2, Zeitschrift des Deutschen Windenergie-Instituts, Wilhelmshaven, Februar 1993

159 Newsweek: 28. März 1994

160 Hasse, J. und Schwahn, Ch.: Windkraft und Ästhetik der Landschaft: We-

sermarsch, Interdisziplinäre Studie in drei Teilen, im Auftrag des Landkreises Wesermarsch, Bunderhee und Göttingen, 1992

161 N.I.T.: Windenergie und Fremdenverkehr (Pilotstudie): Einstellungen von Urlaubern zur Windenergienutzung, Institut für Tourismus- und Bäderforschung in Nordeuropa GmbH, Kiel, Oktober 1991

162 Behr, H. D.: Licht und Schatten, in: Wind-Kraft Journal, 12 (1992) 3

163 Keuper, A.: Windenergie ist aktiver Umwelt- und Naturschutz, in: DEWI Magazin Nr. 2, Zeitschrift des Deutschen Windenergie-Instituts, Wilhelmshaven, Februar 1993

164 TECSOL: Equipement solaire thermique en Europe, EG-Kommission, Agence Francaise pour la Maitrise de l'Energie, Brüssel 1992

165 Solarenergie-Förderverein e.V. (SFV): Das Aachener Modell, Info 146, September 1994

166 Görres, A., Ehringhaus, H. und v. Weizsäcker, E.U.: Der Weg zur ökologischen Steuerreform, Olzog Verlag, München 1994 und Greenpeace/Deutsches Institut für Wirtschaftsforschung: Ökosteuer – Sackgasse oder Königsweg? Wirtschaftliche Auswirkungen einer ökologischen Steuerreform. Gutachten im Auftrag von Greenpeace e. V., DIW, Berlin, Mai 1994

167 Gruppe Energie 2010, Altner, G., Dürr, K.P., Michelsen, G. et al., persönliche Mitteilung von Hennicke, P.

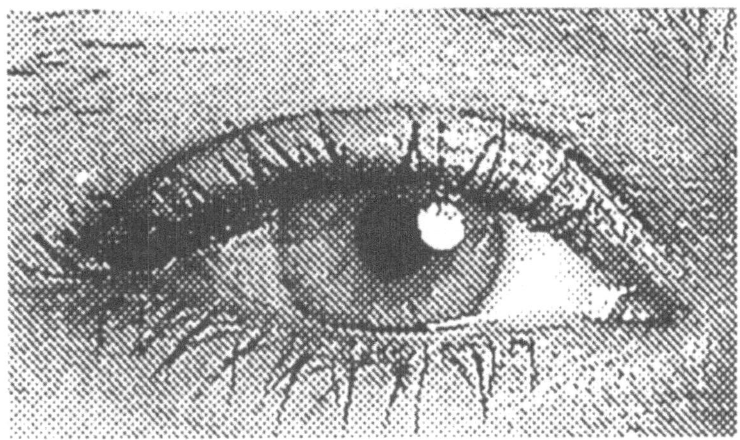

Im Blickpunkt...

...Ihres Interesses steht die Umweltpolitik. Erneuerbare Energien, neue Wohlstandsmodelle, Verkehrskonzepte für die Zukunft und Least-Cost-Planning sind nur einige Themen unserer Bücher, die wir u.a. in enger Kooperation mit dem Wuppertal Institut für Klima, Umwelt und Energie herausgeben. Einige Titel stellen wir Ihnen auf den folgenden Seiten vor.

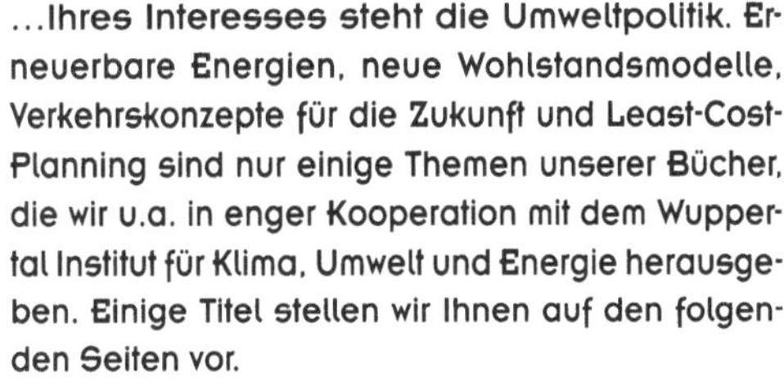

Schreiben Sie uns, wenn Sie weitere Informationen erhalten möchten.
Wir senden Ihnen umgehend ausführliche und detaillierte Informationen zu unserem Programm.

Birkhäuser Verlag AG • Klosterberg 23
CH-4010 Basel / Schweiz
Telefax: +41 / 61 / 271 76 66
e-mail: 100010.2310@compuserve.com

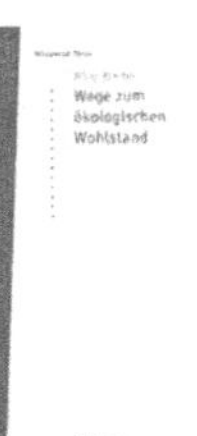

Birkhäuser 

MIPS –
das Maß für ökologisches Wirtschaften

Das zukunftsweisende Buch
eines engagierten Wissen-
schaftlers: Wir müssen nicht
einfach den Gürtel enger
schnallen, um die Umwelt
zu retten, sondern wir
müssen lernen, mit den uns
zur Verfügung stehenden
Ressourcen rationaler
umzugehen.

«Der ökologische Struktur-
wandel steht erst am
Anfang. Er ist dringlich.
Er muß als Chefsache in
Wirtschaft und Politik
begriffen werden.
Nun haben die Chefs die
richtige Lektüre.»
Ernst Ulrich von Weizsäcker

Friedrich Schmidt-Bleek
**Wieviel Umwelt braucht
der Mensch?**
MIPS – Das Maß für
ökologisches Wirtschaften

Mit einem Vorwort von
Ernst Ulrich von Weizsäcker
304 Seiten mit 10 Farbfotos und
35 zweifarbigen Grafiken
Gebunden mit Schutzumschlag.
ISBN 3-7643-2959-9

In allen Buchhandlungen erhältlich

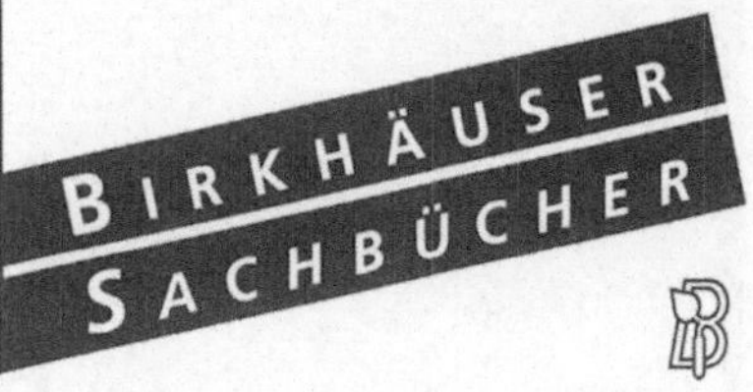

Der neue Bericht
des Club of Rome

Mit der Natur rechnen
bietet verständliche Information zu ökonomischen
und umweltbezogenen
Argumenten, Umweltwerte
in das System der Volkswirtschaftlichen Gesamtrech-
nungen einzubeziehen.
Ziel des neuen Berichtes ist
es, die Öffentlichkeit und
die polititschen Akteure zu
drängen, jetzt Schritte zu
unternehmen, einen besse-
ren „Kompaß" für unsere
Gesellschaft zu entwerfen.

Wouter van Dieren
Mit der Natur rechnen
Der neue Club-of-Rome-
Bericht

Aus dem Englischen von
Anja Köhne
ca. 300 Seiten. Broschur
ISBN 3-7643-5173-X

In allen Buchhandlungen erhältlich

Über die Widersprüche globaler Umweltpolitik

Ein engagiertes und aufrüttelndes Buch. Was hat Rio gebracht, solange sich der Nord-Süd-Gegensatz mit seinen Konflikten um wirtschaftliche Ungleichheit und politische Abhängigkeit auch in der internationalen Umweltpolitik widerspiegelt?

Mit Beiträgen von:

Paul Ekins, Klaus Meyer-Abich, Vandana Shiva, Christine von Weizsäcker, Wolfgang Sachs u.a.

Wolfgang Sachs (Hrsg.)
Der Planet als Patient
Über die Widersprüche
globaler Umweltpolitik

Aus dem Englischen von
Hans Dieter Heck
290 Seiten
Broschur
ISBN 3-7643-5058-X
Wuppertal Paperback

In allen Buchhandlungen erhältlich